21世纪高等学校信息安全专业规划教材

计算机网络安全

马 利 姚永雷 主编

清华大学出版社
北 京

内 容 简 介

本书系统介绍了计算机网络安全知识和理论，内容包括计算机网络安全概述、对称密码学、高级加密标准、公钥密码学、消息鉴别、数字签名、身份认证、IP安全、Web安全性、电子邮件安全、系统安全。

本书每章结尾附有习题和答案，便于读者理解所学内容。

本书可作为信息安全、计算机和通信等专业本科生和研究生的教科书，也可供从事相关专业的教学、科研和工程人员参考。

图书在版编目(CIP)数据

计算机网络安全/马利，姚永雷主编．—北京：清华大学出版社，2010.8
(21世纪高等学校信息安全专业规划教材)
ISBN 978-7-302-21735-0

Ⅰ．①计…　Ⅱ．①马…　②姚…　Ⅲ．①计算机网络—安全技术—高等学校—教材
Ⅳ．①TP393.08

中国版本图书馆CIP数据核字(2010)第105516号

责任编辑：魏江江　顾　冰
责任校对：焦丽丽
责任印制：杨　艳
出版发行：清华大学出版社　　**地　址**：北京清华大学学研大厦A座
http://www.tup.com.cn　　**邮　编**：100084
社 总 机：010-62770175　　**邮　购**：010-62786544
投稿与读者服务：010-62795954，jsjjc@tup.tsinghua.edu.cn
质量反馈：010-62772015，zhiliang@tup.tsinghua.edu.cn
印 装 者：北京嘉实印刷有限公司
经　销：全国新华书店
开　本：185×260　**印　张**：16.75　**字　数**：400千字
版　次：2010年8月第1版　**印　次**：2010年8月第1次印刷
印　数：1～3000
定　价：25.00元

产品编号：034085-01

出版说明

由于网络应用越来越普及，信息化的社会已经呈现出越来越广阔的前景，可以肯定地说，在未来的社会中电子支付、电子银行、电子政务以及多方面的网络信息服务将深入到人类生活的方方面面。同时，随之面临的信息安全问题也日益突出，非法访问、信息窃取、甚至信息犯罪等恶意行为导致信息的严重不安全。信息安全问题已由原来的军事国防领域扩展到了整个社会，因此社会各界对信息安全人才有强烈的需求。

信息安全本科专业是2000年以来结合我国特色开设的新的本科专业，是计算机、通信、数学等领域的交叉学科，主要研究确保信息安全的科学和技术。自专业创办以来，各个高校在课程设置和教材研究上一直处于探索阶段。但各高校由于本身专业设置上来自于不同的学科，如计算机、通信和数学等，在课程设置上也没有统一的指导规范，在课程内容、深浅程度和课程衔接上，存在模糊不清、内容重叠、知识覆盖不全面等现象。因此，根据信息安全类专业知识体系所覆盖的知识点，系统地研究目前信息安全专业教学所涉及的核心技术的原理、实践及其应用，合理规划信息安全专业的核心课程，在此基础上提出适合我国信息安全专业教学和人才培养的核心课程的内容框架和知识体系，并在此基础上设计新的教学模式和教学方法，对进一步提高国内信息安全专业的教学水平和质量具有重要的意义。

为了进一步提高国内信息安全专业课程的教学水平和质量，培养适应社会经济发展需要的、兼具研究能力和工程能力的高质量专业技术人次。在教育部相关教学指导委员会专家的指导和建议下，清华大学出版社与国内多所重点大学共同对我国信息安全人才培养的课程框架和知识体系，以及实践教学内容进行了深入的研究，并在该基础上形成了"信息安全人才需求与专业知识体系、课程体系的研究"等研究报告。

本系列教材是在课程体系的研究基础上总结、完善而成，力求充分体现科学性、先进性、工程性，突出专业核心课程的教材，兼顾具有专业教学特点的相关基础课程教材，探索具有发展潜力的选修课程教材，满足高校多层次教学的需要。

本系列教材在规划过程中体现了如下一些基本组织原则和特点。

(1) 反映信息安全学科的发展和专业教育的改革，适应社会对信息安全人才的培养需求，教材内容坚持基本理论的扎实和清晰，反映基本理论和原理的综合应用，在其基础上强调工程实践环节，并及时反映教学体系的调整和教学内容的更新。

(2) 反映教学需要，促进教学发展。教材要适应多样化的教学需要，正确把握教学内容和课程体系的改革方向，在选择教材内容和编写体系时注意体现素质教育、创新能力与实践能力的培养，为学生知识、能力、素质协调发展创造条件。

（3）实施精品战略，突出重点。规划教材建设把重点放在专业核心（基础）课程的教材建设上；特别注意选择并安排一部分原来基础比较好的优秀教材或讲义修订再版，逐步形成精品教材；提倡并鼓励编写体现工程型和应用型的专业教学内容和课程体系改革成果的教材。

（4）支持一纲多本，合理配套。专业核心课和相关基础课的教材要配套，同一门课程可以有多本具有各自内容特点的教材。处理好教材统一性与多样化，基本教材与辅助教材、教学参考书，文字教材与软件教材的关系，实现教材系列资源的配套。

（5）依靠专家，择优落实。在制定教材规划时依靠各课程专家在调查研究本课程教材建设现状的基础上提出规划选题。在落实主编人选时，要引入竞争机制，通过申报、评审确定主编。书稿完成后认真实行审稿程序，确保出书质量。

繁荣教材出版事业，提高教材质量的关键是教师。建立一支高水平的、以老带新的教材编写队伍才能保证教材的编写质量，希望有志于教材建设的教师能够加入到我们的编写队伍中来。

21世纪高等学校信息安全专业规划教材

联系人：魏江江 weijj@tup.tsinghua.edu.cn

前　言

在全球信息化的背景下，信息已成为一种重要的战略资源。信息的应用涵盖国防、政治、经济、科技、文化等各个领域，在社会生产和生活中的作用愈来愈显著。随着Internet在全球的普及和发展，计算机网络成为信息的主要载体之一。信息网络技术的应用愈加普及和广泛，应用层次逐步深入，应用范围不断扩大。国家发展和社会运转，以及人类的各项活动对计算机网络的依赖性越来越强。

另一方面，计算机网络的全球互联趋势愈来愈明显，人类活动对计算机网络的依赖性不断增大，基于网络的应用层出不穷，也使得网络安全问题更加突出，受到越来越广泛的关注。计算机网络的安全性已成为当今信息化建设的核心问题之一。

网络安全是指网络系统的硬件、软件及其系统中的数据受到保护，不因偶然的或者恶意的原因而遭受到破坏、更改、泄露，系统连续可靠地运行，网络服务不中断。网络安全是一门涉及计算机科学、网络技术、通信技术、密码技术、信息安全技术、应用数学、数论、信息论等多种学科的综合性学科。全书内容安排如下：

(1) 第1章着重讨论了目前存在的网络安全挑战；介绍了网络安全的定义、网络安全的属性、网络安全层次结构、网络安全模型；在介绍OSI安全体系结构中主要关注了安全攻击、安全机制和安全服务；网络安全防护体系的建立是基于安全技术的集成基础之上，依据一定的安全策略建立起来的，在介绍时侧重了网络安全策略和网络安全体系。

(2) 密码是通信双方按约定的法则对信息进行特定变换的一种重要保密手段。密码学是实现网络安全服务和安全机制的基础，是网络安全的核心技术，在网络安全领域占有不可替代的重要地位。第2章详细介绍了密码学的基本概念、对称密码学、数据加密标准DES、高级加密标准AES、RC4算法和基于对称密码的通信保密性等基础理论。

(3) 公钥密码体制不仅用于加解密，而且可以广泛用于消息鉴别、数字签名和身份认证等服务，是密码学中一个开创性的成就。公钥密码体制的最大优点是适应网络的开放性要求，密钥管理相对于对称密码体制要简单得多。但是，公钥密码体制并不会取代对称密码体制，原因在于公钥密码体制算法相对复杂，加解密速度较慢。实际应用中，公钥密码和对称密码经常结合起来使用，加解密使用对称密码技术，而密钥管理使用公钥密码技术。第3章详细讨论了公钥密码体制原理、ElGamal公钥密码体制、密钥管理等基础理论。

(4) 保障消息完整性和真实性的重要手段是消息鉴别技术。在开放的网络通信环境中,消息鉴别是保证网络通信安全的一个重要环节,对于防止主动攻击、维护开放网络中信息的安全具有非常重要的意义。第4章介绍了消息鉴别的概念和模型、鉴别函数、散列函数、消息鉴别码等知识。

(5) 数字签名已成为计算机网络不可缺少的一项安全技术,在商业、金融、军事等领域得到了广泛的应用。第5章介绍了数字签名基本概念、一些著名的数字签名方案,以及一些特殊形式的数字签名。

(6) 认证是防止主动攻击的重要技术,是安全服务的最基本内容之一。根据被认证实体的不同,身份认证包括两种情况。第6章首先介绍了用户认证和认证协议的基本原理,然后介绍三个在网络上提供身份认证服务的标准。

(7) 在TCP/IP协议分层模型中,IP层是可能实现端到端安全通信的最底层。通过在IP层上实现安全性,不仅可以保护各种带安全机制的应用程序,而且可以保护许多无安全机制的应用。IP级安全性包括三个方面的内容:认证、保密和密钥管理。第7章详细介绍了IP层安全标准IPSec、IPSec安全体系结构、认证头协议(AH)、封装安全载荷协议(ESP)、密钥管理协议(IKE),以及用于网络认证和加密的一些算法等知识。

(8) 随着网络交易、网络银行、电子政务、网络事务处理等业务的兴起,Web的安全性问题日益突出。为了保证Web的安全,安全Web服务应运而生。Web安全性非常广泛。第8章首先讨论Web安全性的普遍需求,然后集中讨论两种应用与Web商业的标准模式SSL/TLS和SET。

(9) 随着互联网的迅速发展和普及,电子邮件已经成为网络中最为广泛、最受欢迎的应用之一。但是,电子邮件的发展也面临着机密泄漏、信息欺骗、病毒侵扰、垃圾邮件等诸多安全问题的困扰。人们对电子邮件服务的要求日渐提高,其认证和保密性的需求也日益增长。第9章介绍电子邮件系统的基本构成及其面临的安全问题,讨论了PEM、PGP和S/MIME三种电子邮件的安全标准。

(10) 计算机系统面临非授权的使用、计算机病毒、木马等多个严重的安全问题。第10章介绍了计算机病毒、入侵检测和防火墙。

本书既注重网络安全基础理论,又着眼培养读者解决网络安全问题能力。本书的特点是文字简明、图表准确、通俗易懂,用循序渐进的方式叙述网络安全知识,对网络安全的原理和技术难点的介绍适度,内容安排合理,逻辑性强,重点介绍网络安全的概念、技术和应用,在内容上将理论知识和实际应用紧密地结合在一起。本书共10章,适用于34～51学时的课堂教学。

通过对本书的学习,可使读者较全面地了解网络系统安全的基本概念、网络安全技术和应用,培养读者解决网络安全问题的能力。

本书由马利和姚永雷主编,张波为本书录入了初稿并完成了书中所有插图。此书的出版得到了多位专家的帮助,在此一并感谢。

限于作者水平,书中难免存在不当之处,恳请广大读者批评指正。

马　利

2010年5月

目　　录

第1章 概 述

在全球信息化的背景下，信息已成为一种重要的战略资源。信息的应用涵盖国防、政治、经济、科技、文化等各个领域，在社会生产和生活中的作用愈来愈显著。随着 Internet 在全球的普及和发展，计算机网络成为信息的主要载体之一。信息网络技术的应用愈加普及和广泛，应用层次逐步深入，应用范围不断扩大。国家发展和社会运转，以及人类的各项活动对计算机网络的依赖性越来越强。

另一方面，计算机网络的全球互联趋势愈来愈明显，人类活动对计算机网络的依赖性不断增大，基于网络的应用层出不穷，也使得网络安全问题更加突出，受到越来越广泛的关注。计算机网络安全已成为当今信息化建设的核心问题之一。

1.1 网络安全挑战

计算机网络，尤其是 Internet，正面临着严重的安全挑战。Internet 是一个全球性的互联网，在发展初期规模不大，主要用于高等学校和科研院所，并假定用户之间存在信任关系，用户都是善意的。因此，Internet 在初期设计几乎没有考虑安全方面的特性。但是，随着 Internet 规模逐渐扩大，用户数量的不断增长，这种信任模式已经逐步恶化。而且，以电子商务、电子政务为代表的新应用，对网络安全提出了更高的要求。Internet 初期完全开放的设计特性而没有考虑安全的状况已经不能适应当代的需要。

1988 年莫里斯蠕虫病毒发作使得 Internet 上超过 10%的计算机受害，之后每年重大网络安全事件不断发生。表 1-1 列出了历年的重大网络安全事件。

表 1-1 重大网络安全事件

名 称	日 期	影 响
莫里斯(Morris)蠕虫	1988 年	与 Internet 连接的 10%的计算机受害
梅丽莎(Melissa)	1999 年 5 月	一周内感染超过 100 000 台计算机，造成损失约 15 亿美元
爱虫(I Love You)病毒	2000 年 5 月	约 87 亿美元的经济影响
红色代码(Red Code)蠕虫	2001 年 7 月	14 小时内超过 359 000 台计算机被感染
尼姆达(Nimda)蠕虫	2001 年 9 月	高峰时 160 000 台计算机被感染，超过 15 亿美元的经济影响
求职信(Klez)	2002 年	7.5 亿美元的经济影响
冲击波(Blaster)	2003 年	约 8 亿美元的经济影响
震荡波(Sasser)	2004 年 5 月	破坏能力和影响超过冲击波
极速波(Zobot)蠕虫	2005 年 8 月	具有像“冲击波”和“震荡波”一样的传播能力的恶意蠕虫
熊猫烧香	2006 年	约 80 亿人民币的经济损失
灰鸽子 2007	2005—2007 年	国内后门的集大成者，连续三次位列年度十大病毒
俄格网络战争	2008 年	俄罗斯与格鲁吉亚的冲突中，双方通过 Internet 相互攻击。开启了信息战争的先河
Conficker 蠕虫	2009 年	感染了全球超过数以千万计的计算机

近几年,安全攻击的复杂性提高很多,攻击的自动化程度和攻击速度以及杀伤力逐步提高;攻击工具的特征更难发现,更难利用特征进行检测。如红色代码和尼姆达这样的混合型威胁,使用组合的攻击方式来更快地进行传播,造成比单一型病毒更大的危害。2003年1月的蠕虫王,被释放后不到10分钟,就感染了75 000台计算机。从世界范围看,网络入侵活动日益增加,并超过了恶意代码感染的次数。而且,入侵工具传播范围越来越广,入侵技术不断提高,对攻击者的知识要求反而降低了。当前,防火墙是人们用来防范入侵者的主要保护措施,但是越来越多的攻击技术可以绕过防火墙,不仅对广大用户,而且对Internet基础设施也将形成越来越大的威胁。

自1994年我国正式接入Internet以来,互联网规模和应用迅猛发展。2009年中国互联网信息中心(CNNIC)发布的第23次中国互联网发展情况统计报告显示,截止2008年12月31日,中国网民规模达到2.98亿人,普及率达到22.6%,年增长率为41.9%。然而目前中国互联网安全情况不容乐观,各种网络安全事件层出不穷。综合来看,当前网络安全形势严峻的原因主要有以下三点:

(1) 由于近年来中国互联网持续快速发展,我国网民数量、宽带用户数量、.cn域名数量都已经跃居全球第一位,而我国网络安全基础设施建设跟不上互联网发展的步伐,民众的网络安全意识薄弱,中小企业大多采用粗放式的安全管理风格,这三者相加直接导致中国互联网安全问题的突出。

(2) 随着技术的不断提高,攻击工具日益专业化、易用化,攻击方法也越来越复杂、隐蔽,防护难度较大。

(3) 电子商务领域不断扩展,与现实中的金融体系日益融合,为网络世界的虚拟要素附加了实际价值,这些信息系统成为黑客攻击牟利的目标。

根据公安部公共信息网络安全监察局2008年病毒疫情调查报告统计,62.7%的被调查单位发生过信息网络安全事件,感染计算机病毒、蠕虫和木马程序的情况依然最为突出,其次是网络攻击、端口扫描、垃圾邮件和网页篡改。近几年每年新增计算机病毒、木马的数量如图1-1所示。

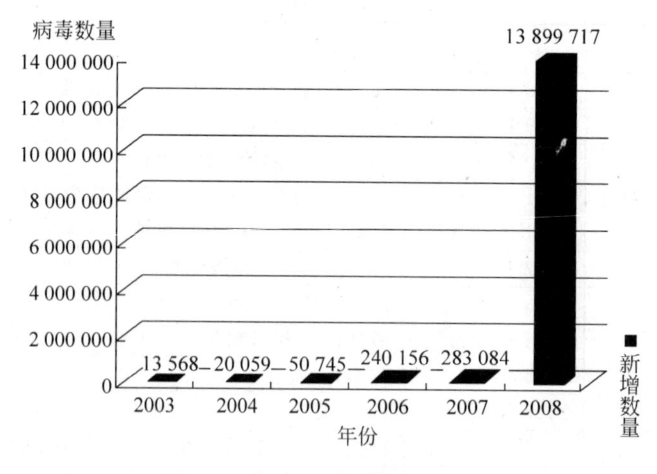

图1-1 木马、病毒新增数量对比

攻击者攻击目标明确，针对网站和用户使用不同的攻击手段。对政府网站主要采用篡改网页的攻击形式，对企业则采用有组织的分布式拒绝服务(DDoS)等攻击手段，对个人用户则通过窃取账号、密码等形式窃取用户个人财产，对金融机构则用网络钓鱼进行网络仿冒，在线盗取用户身份和密码。

在2008年中，病毒木马呈现爆发性增长，制作病毒木马门槛的降低和背后的高利益诱惑都是其主因。2008年上半年，国家互联网应急中心(CNCERT)对常见的木马程序活动状况进行了抽样监测，发现我国大陆地区302 526个IP地址的主机被植入木马。包含恶意代码URL链接的垃圾邮件的数量有所增加，载有恶意软件(不仅仅是恶意代码的链接)的电子邮件数量也在不断增加。针对DNS和域名转发服务器的攻击数量有明显增多的趋势。新型网络应用的发展带来了新的安全问题和威胁。

当今社会，互联网已成为重要的国家基础设施，在国民经济建设中发挥着日益重要的作用。随着我国政府信息化基础建设的推进，信息公开程度的提升，网络和信息安全也已成为关系到国家安全、社会稳定的重要因素，社会各界都对网络安全提出了更高的要求，采取有效措施，建设安全、可靠、便捷的网络应用环境，维护国家网络信息安全，成为社会信息化进程中亟待解决的问题。

1.2 网络安全的基本概念

1.2.1 网络安全的定义

网络安全指网络系统的软件、硬件以及系统中存储和传输的数据受到保护，不因偶然的或者恶意的原因而遭到破坏、更改、泄露，网络系统连续可靠正常地运行，网络服务不中断。

计算机网络是地理上分散的多台自主计算机互联的集合。互联由各种各样的通信设备、通信链路、网络软件实现，而且必须遵循特定的网络协议。因此，网络安全从其本质上讲就是网络上的信息安全。为了保证网络上信息的安全，首先需要自主计算机系统的安全；其次需要互联的安全，即连接自主计算机的通信设备、通信链路、网络软件和通信协议的安全；最后需要各种网络服务和应用的安全。

网络安全的具体含义会随着利益相关方的变化而变化。

从一般用户(个人、企业等)的角度来说，他们希望涉及个人隐私或商业利益的信息在网络上传输时能够保持机密性、完整性和真实性，避免其他人或对手利用窃听、冒充、篡改、抵赖等手段侵犯自身的利益。

从网络运行者和管理者角度说，他们希望对网络信息的访问受到保护和控制，避免出现非法使用、拒绝服务和网络资源非法占用和非法控制等威胁，制止和防御网络黑客的攻击。

安全保密部门希望对非法的、有害的或涉及国家机密的信息进行过滤和防堵，避免机要信息泄露，避免对社会产生危害，对国家造成巨大损失。

从社会教育和意识形态角度来讲，网络上不健康的内容，会对社会的稳定和人类的发展造成阻碍，必须对其进行控制。

1.2.2 网络安全的属性

根据网络安全的定义，网络安全具有以下几个方面的属性：

(1) 机密性。保证信息与信息系统不被非授权的用户、实体或过程所获取与使用。

(2) 完整性。信息在存储或传输时不被修改、破坏，或不发生信息包丢失、乱序等。

(3) 可用性。信息与信息系统可被授权实体正常访问的特性，即授权实体当需要时能够存取所需信息。

(4) 可控性。对信息的存储于传播具有完全的控制能力，可以控制信息的流向和行为方式。

(5) 真实性。也就是可靠性，指信息的可用度，包括信息的完整性、准确性和发送人的身份证实等方面，它也是信息安全性的基本要素。

其中，机密性、完整性和可用性通常被认为是网络安全的三个基本属性。

因此，从广义来说，凡是涉及网络上信息的保密性、完整性、可用性、真实性和可控性的相关技术和理论都是网络安全的研究领域。网络安全是一门涉及计算机科学、网络技术、通信技术、密码技术、信息安全技术、应用数学、数论、信息论等多种学科的综合性学科。

1.2.3 网络安全层次结构

国际标准化组织(ISO)提出的 OSI 模型，即开放系统互连参考模型，是一个计算机互连为网络的标准框架。但是，目前事实上的标准是 TCP/IP 参考模型。Internet 网络体系结构就以 TCP/IP 为核心。基于 TCP/IP 的参考模型将计算机网络体系结构分成四个层次，分别是：

(1) 网络接口层。对应 OSI 参考模型中的物理层和数据链路层。

(2) 网际互连层。对应于 OSI 网络层，主要解决主机到主机的通信问题。

(3) 传输层。对应于 OSI 参考模型的传输层，为应用层实体提供端到端的通信功能。

(4) 应用层。对应于 OSI 参考模型的高层，为用户提供所需要的各种服务。

从网络安全角度，参考模型的各层都能够采取一定的安全手段和措施，提供不同的安全服务。但是，单独一个层次无法提供全部的网络安全特性，每个层次都必须提供自己的安全服务，共同维护网络系统中信息的安全。

在物理层，可以在通信线路上采取电磁屏蔽、电磁干扰等技术防止通信系统以电磁(电磁辐射、电磁泄露)的方式向外界泄露信息。

在数据链路层，对点对点的链路可以采用通信保密机进行加密，信息在离开一台机器进入点对点的链路传输之前可以进行加密，在进入另外一台机器时解密。所有细节全部由底层硬件实现，高层无法察觉。但是这种方案无法适应经过多个路由设备的通信链路，因为在每台路由设备上都要进行加解密的操作，造成安全隐患。

在网络层，使用防火墙技术处理经过网络边界的信息，确定来自哪些地址的信息可以或者禁止访问哪些目的地址的主机，以保护内部网免受非法用户的访问。

在传输层，可以采用端到端的加密，即进程到进程的加密，以提供信息流动过程的安全性。

在应用层，主要是针对用户身份进行认证，并且可以建立安全的通信信道。

综上所述，图 1-2 形象地描述了网络安全的层次。

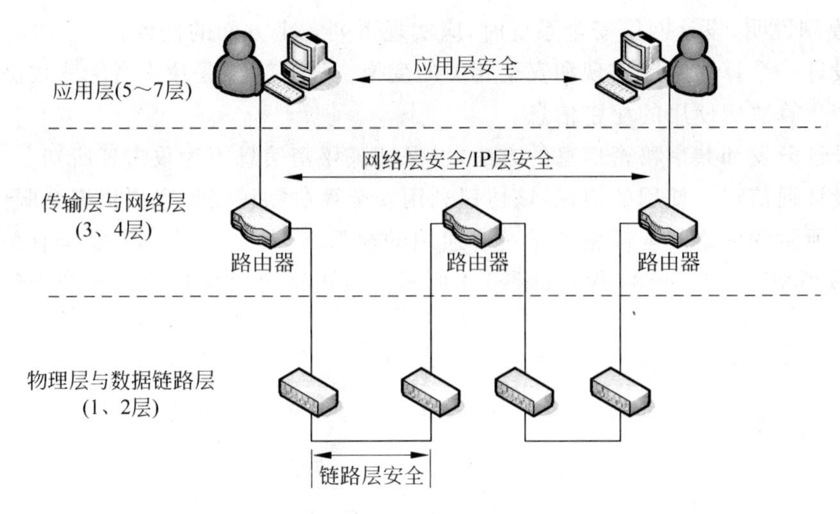

图 1-2　网络安全层次

1.2.4　网络安全模型

图 1-3 给出了网络安全模型。消息从通信的一方(发送方)通过 Internet 传送至另一方(接收方),发送方和接收方是交互的主体,必须协调努力共同完成消息交换的任务。通过定义 Internet 上从发送方到接收方的路由以及双方共同使用的通信协议(如 TCP/IP)来建立逻辑信息通道。

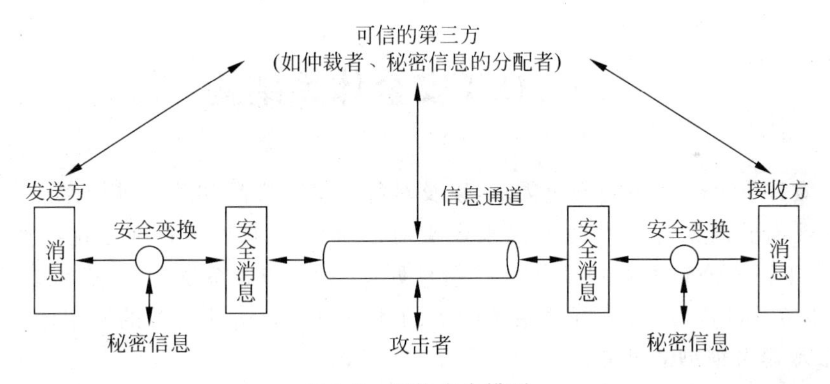

图 1-3　网络安全模型

当需要保护信息传输以保证信息的机密性、完整性、真实性的时候,就会涉及网络安全。一般来说,任何用来保证安全的方法都包含两个因素:

(1) 发送方对信息进行安全相关的转换。例如,对消息进行加密,它对消息进行变换,使得消息在传送过程中对攻击者不可读;或者将基于消息的编码附于消息后共同发送,以使接收方可以基于此编码验证发送方的身份。

(2) 双方共享某些秘密信息,并希望这些信息不为攻击者所知。如加密密钥,它配合加密算法在消息传输之前将消息加密,而在接收端将消息解密。

为了实现信息的安全传输,许多场合还需要有可信的第三方。例如,第三方负责将秘密信息分配给通信双方,而对攻击者保密;或者当通信双方关于信息传输的真实性发生争执时,由第三方来仲裁。

上述模型说明，设计网络安全系统时，应实现下列 4 个方面的任务：

(1) 设计一个算法用以实现和安全相关的变换。该算法应是攻击者无法攻破的。

(2) 产生算法所使用的秘密信息。

(3) 设计分发和共享秘密信息的方法，以保证该秘密信息不为攻击者所知。

(4) 设计通信双方使用的协议，该协议利用安全算法和秘密信息提供安全服务。

图 1-3 所示的网络安全模型虽是一个通用的模型，但是还有其他与安全有关的情形不完全符合该模型，这些情形的模型如图 1-4 所示。该模型可以保护信息系统拒绝非授权的访问。

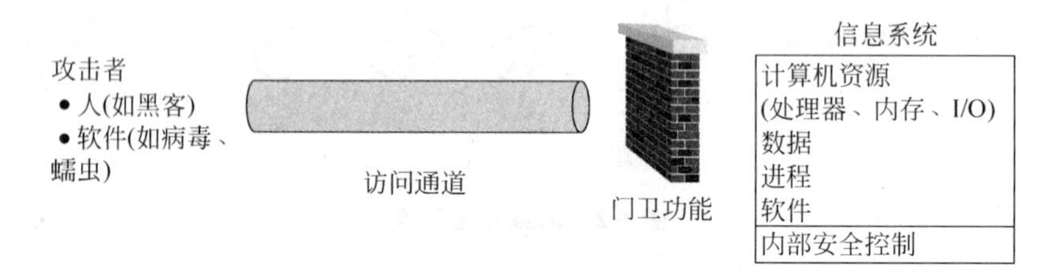

图 1-4 网络访问安全模型

应对非授权访问所需的安全机制分为两大类：第一类称为网闸功能，它包含基于口令的登录过程，该过程只允许授权用户的访问；第二类称为内部监控，该程序负责检测和拒绝蠕虫、病毒以及其他类似的攻击。一旦非法用户或软件获得了访问权，那么由各种内部控制程序组成的第二道防线就监视其活动、分析存储的信息，以便检测非法入侵者。

1.3 OSI 安全体系结构

为了有效评价一个机构的安全需求，以及对各个安全产品和政策进行评价和选择，负责安全的管理员需要以某种系统的方法来定义对安全的要求并刻画满足这些要求的措施。ISO 于 1989 年正式公布了 ISO 7498-2："信息处理系统-开放系统互连-基本参考模型-第 2 部分：安全体系结构"，定义了开放系统通信的环境中与安全性有关的通用体系结构元素，作为 OSI 基本参考模型的补充。

OSI 安全体系结构主要关注安全攻击、安全机制和安全服务。可以简短地定义如下：

(1) 安全攻击。任何危及企业信息系统安全的活动。

(2) 安全机制。用来检测、阻止攻击或者从攻击状态恢复到正常状态的过程，或实现该过程的设备。

(3) 安全服务。加强数据处理系统和信息传输的安全性的一种处理过程或通信服务。其目的在于利用一种或多种安全机制进行反攻击。

1.3.1 安全攻击

网络攻击是指降级、瓦解、拒绝、摧毁计算机或计算机网络中的信息资源，或者降级、瓦解、拒绝、摧毁计算机或计算机网络本身的行为。在最高层次上，ISO 7498-2 将安全攻击分成两类，即被动攻击和主动攻击。被动攻击试图收集、利用系统的信息但不影响系统的正常访问,数据的合法用户对这种活动一般不会觉察到。主动攻击则是攻击者访问他所需信息的故意行为,一般会改变系统资源或影响系统运作。

1. 被动攻击

被动攻击采取的方法是对传输中的信息进行窃听和监测,主要目标是获得传输的信息。有两种主要的被动攻击方式:信息收集和流量分析。

(1) 信息收集造成传输信息的内容泄露,如图 1-5(a)所示。电话、电子邮件和传输的文件都可能因含有敏感或秘密的信息而被攻击者所窃取。

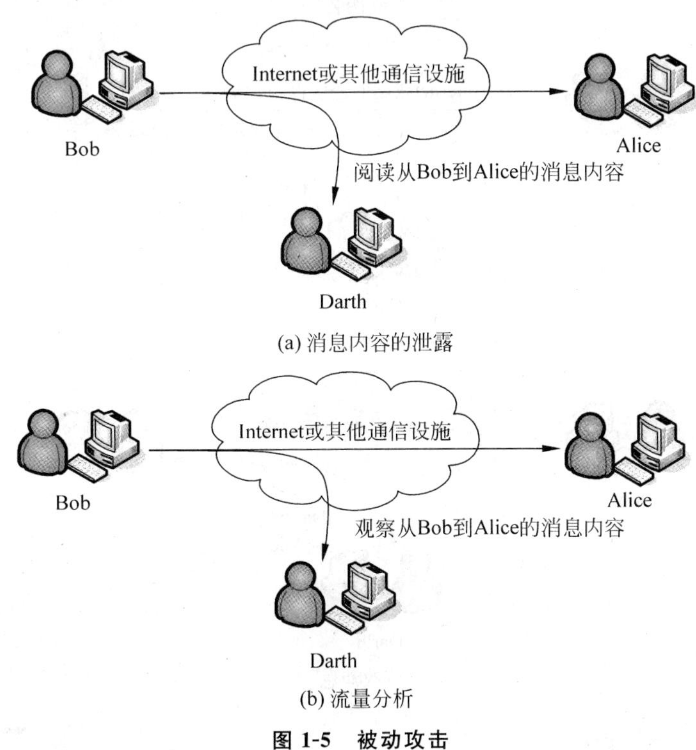

(a) 消息内容的泄露

(b) 流量分析

图 1-5　被动攻击

(2) 采用流量分析的方法可以判断通信的性质,如图 1-5(b)所示。为了防范信息的泄露,消息在发送之前一般要进行加密,使得攻击者即使捕获了消息也不能从消息里获得有用的信息。但是,即使用户进行了加密保护,攻击者仍可能获得这些消息模式。攻击者可以决定通信主机的身份和位置,可以观察传输的消息的频率和长度。这些信息可以用于判断通信的性质。

被动攻击由于不涉及对数据的更改,所以很难察觉。典型的情况是,信息流表面上以一种常规的方式在收发,收发双方谁也不知道有第三方已经读了信息或者观察了流量模式。处理被动攻击的重点是预防而不是检测。

2. 主动攻击

主动攻击包括对数据流进行篡改或伪造数据流,可分为四类:伪装、重放、修改消息和拒绝服务。其实现原理如图 1-6 所示。

(1) 伪装是指某实体假装成别的实体。典型的比如:攻击者捕获认证信息,并在其后利用认证信息进行重放,这样它就可能获得其他实体所拥有的权限。

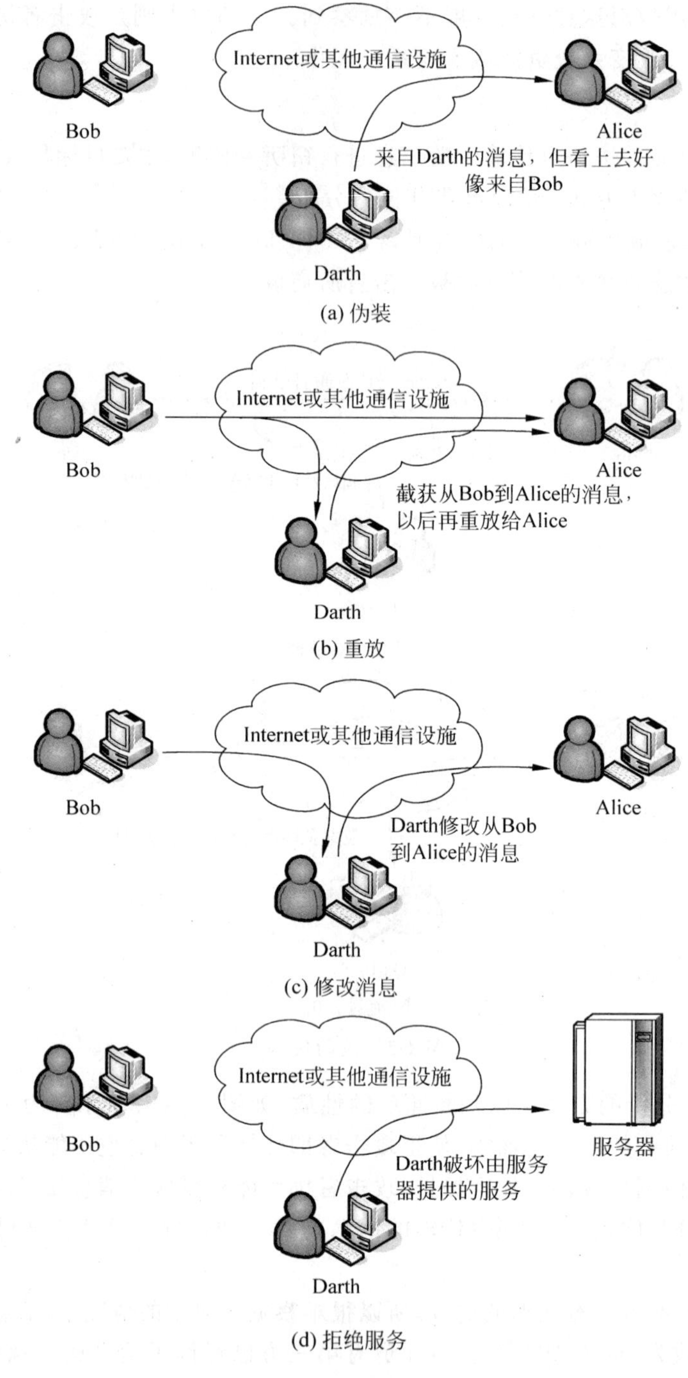

(a) 伪装

(b) 重放

(c) 修改消息

(d) 拒绝服务

图 1-6　主动攻击

(2) 重放是指攻击者将获得的信息再次发送，从而导致非授权效应。

(3) 修改消息是指攻击者修改合法消息的部分或全部，或者延迟消息的传输以获得非授权作用。

(4) 拒绝服务指攻击者设法让目标系统停止提供服务或资源访问，从而阻止授权实体对系统的正常使用或管理。典型的形式有查禁所有发向某目的地的消息，以及破坏整个网络，即或者使网络失效，或者是使其过载以降低其性能。

主动攻击与被动攻击具有完全不同的特点。被动攻击虽然难以被检测，但可以有效地预防。另一方面，因为物理通信设施、软件和网络本身所潜在的弱点具有多样性，主动攻击难以绝对预防，但容易检测。所以，处理主动攻击的重点在于检测并从破坏或造成的延迟中恢复过来。因为检测主动攻击有一种威慑效果，所以也可在某种程度上阻止主动攻击。

1.3.2 安全服务

OSI安全体系结构将安全服务定义为通信开放系统协议层提供的服务，从而保证系统或数据传输有足够的安全性。RFC 2828将安全服务定义为：一种由系统提供的对系统资源进行特殊保护的处理或通信服务；安全服务通过安全机制来实现安全策略。

OSI安全体系结构定义了5大类共14个安全服务。

1. 鉴别服务

鉴别服务与保证通信的真实性有关，提供对通信中对等实体和数据来源的鉴别。在单条消息的情况下，鉴别服务的功能是向接收方保证消息来自所声称的发送方。对于正在进行的交互，则涉及两个方面。首先，在连接的初始化阶段，鉴别服务保证两个实体是可信的，也就是说，每个实体都是他们所声称的实体。其次，鉴别服务必须保证该连接不受第三方的干扰，即第三方不能够伪装成两个合法实体中的一个进行非授权传输或接收。

(1) 对等实体鉴别。该服务在数据交换连接建立时提供，识别一个或多个连接实体的身份，证实参与数据交换的对等实体确实是所需的实体，防止假冒。

(2) 数据源鉴别。该服务对数据单元的来源提供确认，向接收方保证所接收到的数据单元来自所要求的源点。它不能防止重播或修改数据单元。

2. 访问控制服务

访问控制服务用于防止未授权用户非法使用系统资源。该服务可应用于对资源的各种访问类型(如通信资源的使用，信息资源的读、写和删除，进程资源的执行)或对资源的所有访问。

3. 数据保密性服务

为防止网络各系统之间交换的数据被截获或被非法存取而泄密，提供机密保护。同时，对有可能通过观察信息流就能推导出信息的情况进行防范。保密性是防止传输的数据遭到被动攻击。具体分成以下几种：

(1) 连接保密性。对一个N连接中所有N用户数据提供机密性保护。

(2) 无连接保密性。为单个无连接的N-SDU(N层服务数据单元)中所有N用户数据提供机密性保护。

(3) 选择字段保密性。为一个N连接上的N用户数据或单个无连接的N-SDU内被选择的字段提供机密性保护。

(4) 信息流保密性。提供对可根据观察信息流而分析出的有关信息的保护，从而防止通过观察通信业务流而推断出消息的源和宿、频率、长度或通信设施上的其他流量特征等信息。

4. 数据完整性服务

数据完整性服务用于防止非法实体对交换数据的修改、插入、删除以及在数据交换过程中的数据丢失。

(1) 带恢复的连接完整。为 *N* 连接上的所有 *N* 用户数据保证其完整性。检测在整个 SDU 序列中任何数据的任何修改、插入、删除和重播,并予以恢复。

(2) 不带恢复的连接完整性。与带恢复连接完整性的差别仅在于不提供恢复。

(3) 选择字段的连接完整性。为一个 *N* 连接上传输的 N-SDU 的 *N* 用户数据内选择字段保证其完整性,并以某种形式确定该选择字段是否已被修改、插入、删除或重播。

(4) 无连接完整性。提供单个无连接的 SDU 的完整性,并以某种形式确定接收到的 SDU 是否已被修改。此外,一定程度上还可以提供对连接重放的检测。

(5) 选择字段无连接完整性。提供在单个无连接 SDU 内选择字段的完整性,并以某种形式确定选择字段是否已被修改。

5. 抗否认性服务

抗否认性服务用于防止发送方在发送数据后否认发送和接收方在收到数据后否认收到或伪造数据的行为。

(1) 具有源点证明的不能否认。为数据接收者提供数据源证明,防止发送者以后任何企图否认发送数据或它的内容。

(2) 具有交付证明的不能否认。为数据发送者提供数据交付证明,防止接收者以后任何企图否认接收数据或它的内容。

1.3.3 安全机制

为了实现上述安全服务,OSI 安全体系结构还定义了安全机制。

这些安全机制可分成两类:一类在特定的协议层实现,另一类不属于任何的协议层或安全服务。

下面介绍在有关层次设置的一些安全机制。

1. 加密机制

这种机制提供对数据或信息流的保密,并可作为其他安全机制的补充。加密算法分为两种类型:

(1) 对称密钥密码体制。加密和解密使用相同的秘密密钥。

(2) 非对称密钥密码体制。加密使用公开密钥,解密使用私人密钥。

网络条件下的数据加密必然使用密钥管理机制。

2. 数字签名机制

数字签名是附加在数据单元上的一些数据,或是对数据单元所作的密码变换,这种数据或变换允许数据单元的接收方确认数据单元来源和数据单元的完整性,并保护数据,防止被人伪造。数字签名机制确定两个过程,对数据单元签名、验证签过名的数据单元。

签名过程使用签名者专用的保密信息作为私用密钥,加密一个数据单元并产生数据单元的一个密码校验值;验证过程则使用公开的方法和信息来确定签名是否使用签名者的专用信息产生的。但由验证过程不能推导出签名者的专用保密信息。数字签名的基本特点是签名只能使用签名者的专用信息产生。

3. 访问控制机制

访问控制机制使用已鉴别的实体身份、实体的有关信息或实体的能力来确定并实施该实体的访问权限。当实体试图使用非授权资源或以不正确方式使用授权资源时，访问控制功能将拒绝这种企图并产生事件报警和(或)记录下来作为安全审计跟踪的一部分。

访问控制机制可用以下一种或多种信息类型为基础：

- 访问控制信息库。该库存有对等实体的访问权限，这种信息可由授权中心或正被访问的实体保存。
- 鉴别信息，如通行字等。
- 用于证明访问实体或资源的权限的能力和属性。
- 按照安全策略，许可或拒绝访问的安全标号。
- 试图访问的时间。
- 试图访问的路径。
- 访问的持续时间。

4. 数据完整性机制

数据完整性包括两个方面：一是单个数据单元或字段的完整性，二是数据单元或字段序列的完整性。

确定单个数据单元完整性包括两个过程：

(1) 发送实体将数据本身的某个函数量(称为校验码字段)附加在该数据单元上。

(2) 接收实体产生一个对应的字段，与所接收到的字段进行比较以确定在传输过程中数据是否被修改。但是仅使用这种机制不能防止单个数据单元的重播。

对连接型数据传输中数据单元序列完整性的保护，要求附加明显的次序关系。例如，顺序编号、时间戳或密码链。对于无连接型数据传输，使用时间戳可提供一种防止个别数据单元重播的限定形式。

5. 鉴别交换机制

鉴别交换机制是通过互换信息的方式来确认实体身份的机制。这种机制可使用如下技术：发送方实体提供鉴别信息(如通行字)，由接受方实体验证，包括加密技术、实体的特征和(或)属性等。鉴别交换机制可与相应层次相结合以提供同等实体鉴别。

鉴别交换机制的选择取决于不同的应用场合：

(1) 当对等实体和通信方式两者都可信时，一个对等实体的验证可由通行字实现。通行字可以防错，但不能防止蓄意破坏(如重播等)。每一方使用各自不同的通行字可以实现交互鉴别。

(2) 当每一实体信得过各自的对等实体，而通信方式不可信时，对积极攻击的防护由通行字和加密相结合实现。防止重放攻击的单向鉴别需两次“握手”，而具有重放防护的相互鉴别可由三次“握手”实现。

(3) 当一实体不能(或感觉到将来不能)相信对等实体或通信方式时，应使用数字签名和(或)公证机制以实现不可否认服务。

6. 通信业务填充机制

通信业务填充机制能用来提供各种不同级别的保护，对抗通信业务分析。这种机制产生伪造的信息流并填充协议数据单元以达到固定长度，有限地防止流量分析。只有当信息流受加密保护，本机制才有效。

7. 路由选择机制

路由能动态地或预定地选取，以便只使用物理上安全的子网络、中继站或链路；在检测到持续的操作攻击时，端系统可以指示网络服务的提供者经不同的路由建立连接；带有某些安全标记的数据可能被安全策略禁止通过某些子网络、中继站或链路。

这种机制提供动态路由选择或预置路由选择，以便只使用物理上安全的子网、中继站或链路。连接的起始端(或无连接数据单元的发送方)可提出路由申请，请求特定子网、链路或中继站。端系统根据检测持续攻击网络通信的情况，动态地选择不同的路由，指示网络服务的提供者建立连接。根据安全策略，禁止带有安全标号的数据通过一般的(不安全的)子网，链路或中继站。

8. 公证机制

这种机制确证两个或多个实体之间数据通信的特征：数据的完整性、源点、终点及收发时间。这种保证由通信实体信赖的第三者——公证员提供。在可检测方式下，公证员掌握用以确证的必要信息。公证机制提供服务还使用到数字签名、加密和完整性服务。

除了以上 8 种基本的安全机制外，还有一些辅助的安全机制。它们不明确对应于任何特定的层次和服务，但其重要性直接和系统要求的安全等级有关。

(1) 可信功能。系统的软、硬件应是可信的。获得可信的方法包括形式证明法、检验和确认、对攻击的检测和记录，以及在安全环境中由可信成员构造实体。

(2) 安全标签。给资源(包括数据项)附上安全标签，表示其安全敏感程度。安全标签可以是与数据传输有关的附加数据，也可以是隐含的，如特定的密钥。

(3) 事件检测。包括检测与安全有关的事件(如违反安全的事件、特定的选择事件、事件计数溢出等)以及检测“正常”事件(如一次成功的访问)。

(4) 安全审计跟踪。独立地回顾和检查系统有关的记录和活动以测试系统控制的充分性。提供安全性违反的检测与调查，保证已建立的安全策略和操作过程的一致性。帮助损害评估，并推荐有关改进系统控制、安全策略和操作过程的指示。

(5) 安全恢复。受理事件检测处理和管理职能机制的请求，并应用一组规则来采取恢复行动。恢复行动有三种：一是立即行动。立即中止操作，如切断连接。二是暂时行动。使实体暂时失效。三是长期行动。使实体进入“空白表”或改变密钥。

表 1-2 给出了安全服务和安全机制的关系。

表 1-2 安全服务和安全机制的关系

服务	加密	数字签名	访问控制	数据完整性	认证交换	流量填充	路由控制	公证
同等实体认证	Y	Y			Y			
数据源认证	Y	Y						
访问控制			Y					

续表

服　　务	加密	数字签名	访问控制	数据完整性	认证交换	流量填充	路由控制	公证
保密性	Y						Y	
流量保密性	Y					Y	Y	
数据完整性	Y	Y		Y				
不可否认性		Y		Y				Y
可用性				Y	Y			

注：Y 表示该服务应包含在该层的标准中以供选择，空白则表示不提供这种服务。

1.4　网络安全防护体系

网络安全防护体系是基于安全技术集成的基础之上，依据一定的安全策略建立起来的。

1.4.1　网络安全策略

网络安全策略是网络安全系统的灵魂与核心，是在一个特定的环境里，为保证提供一定级别的安全保护所必须遵守的规则集合。网络安全策略的提出，是为了实现各种网络安全技术的有效集成，构建可靠的网络安全系统。

网络安全策略主要包含 5 个方面的策略。

1. 物理安全策略

物理安全策略的目的是保护计算机系统、网络服务器、打印机等硬件实体和通信链路免受自然灾害及人为破坏；验证用户的身份和使用权限、防止用户越权操作；确保计算机系统有一个良好的电磁兼容工作环境；建立完备的安全管理制度，防止非法进入计算机控制和各种偷窃、破坏活动的发生。

2. 访问控制策略

访问控制是网络安全防范和保护的主要策略，它的主要任务是保证网络资源不被非法使用和访问。它也是维护网络系统安全，保护网络资源的重要手段。

3. 防火墙控制

防火墙是一个用以阻止网络中的黑客访问某个机构网络的屏障，也可以称之为控制进出两个方向通信的门槛。在网络边界上通过建立起来的相应网络通信监控系统来隔离内部和外部网络，以阻挡外部网络的侵入。

4. 信息加密策略

信息加密的目的是保护网内的数据、文件、口令和控制信息，保护网上传输的数据。

5. 网络安全管理策略

在网络安全中，除了采用上述技术措施之外，加强网络的安全管理，制定有关规章制度，对于确保网络的安全、可靠地运行，将起到十分有效的作用。网络的安全管理策略包括确定安全管理等级和安全管理范围，制定有关网络操作使用规程和人员出入机房管理制度，制定网络系统的维护制度和应急措施等。

1.4.2 网络安全体系

网络安全体系是由网络安全技术体系、网络安全组织体系和网络安全管理体系三部分组成，三者相辅相成，只有协调好三者的关系，才能有效地保护网络的安全。

1. 网络安全技术体系

通过对网络的全面了解，按照安全策略的要求，整个网络安全技术体系由以下几个方面组成：物理安全、计算机系统平台安全、通信安全、应用系统安全。

1）物理安全

通过机械强度标准的控制，使信息系统所在的建筑物、机房条件及硬件设备条件满足信息系统的机械防护安全；通过采用电磁屏蔽机房、光通信接入或相关电磁干扰措施降低或消除信息系统系统硬件组件的电磁发射造成的信息泄露；提高信息系统组件的接收灵敏度和滤波能力，使信息系统组件具有抗击外界电磁辐射或噪声干扰能力而保持正常运行。

物理安全除了包括机械防护、电磁防护安全机制外，还包括限制非法接入、抗摧毁、报警、恢复、应急响应等多种安全机制。

2）计算机系统平台安全

指计算机系统能够提供的硬件安全服务与操作系统安全服务。

计算机系统在硬件上主要通过存储器安全机制、运行安全机制和I/O安全机制提供一个可信的硬件环境，实现其安全目标。

操作系统的安全是通过身份识别、访问控制、完整性控制与检查、病毒防护、安全审计等机制的综合使用，为用户提供可信的软件计算环境。

3）通信安全

ISO发布的ISO 7498-2是一个开放互连系统的安全体系结构。它定义了许多术语和概念，并建立了一些重要的结构性准则。OSI安全体系通过技术管理将安全机制提供的安全服务分别或同时对应到OSI协议层的一层或多层上，为数据、信息内容和通信连接提供机密性、完整性安全服务，为通信实体、通信连接和通信进程提供身份鉴别安全服务。

4）应用系统安全

应用级别的系统千变万化，而且各种新的应用在不断推出。相应地，应用级别的安全也不像通信或计算机系统安全体系那样，容易统一到一些框架结构之下。对应用而言，将采用一种新的思路，把相关系统分解为若干事务来实现，从而事务安全就成为应用安全的基本组件。通过实现通用事务的安全协议组件，以及提供特殊事务安全所需要的框架和安全运算支撑，从而推动在不同应用中采用同样的安全技术。

2. 网络安全管理体系

面对网络安全的脆弱性，除了在网络设计上增加了安全服务功能，完善系统的安全保密措施外，还必须花大力气加强网络的安全管理。网络安全管理体系由法律管理、制度管理和培训管理三部分组成。

1）法律管理

法律管理是根据相关的国家法律、法规对信息系统主体及其与外界关联行为的规范和约束。法律管理具有对信息系统主体行为的强制性约束力，并且有明确的管理层次性。与安全有关的法律法规是信息系统安全的最高行为准则。

2）制度管理

制度管理是信息系统内部依据系统必要的国家、团体的安全需求制定的一系列内部规章制度，主要内容包括安全管理和执行机构的行为规范、岗位设定及其操作规范、岗位人员的素质要求及行为规范、内部关系与外部关系的行为规范等。制度管理是法律管理的形式化、具体化，是法律、法规与管理对象的接口。

3）培训管理

培训管理是确保信息系统安全的前提。培训管理的内容包括法律法规培训、内部制度培训、岗位操作培训、普通安全意识和岗位相关的重点安全意识相结合的培训、业务素质与技能技巧培训等。培训的对象不仅仅是从事安全管理和业务的人员，而应包括信息系统有关的所有人员。

第2章　对称密码学

密码是通信双方按约定的法则对信息进行特定变换的一种重要保密手段。密码学是实现网络安全服务和安全机制的基础，是网络安全的核心技术，在网络安全领域占有不可替代的重要地位。2.1节介绍密码学的基本概念，2.2节～2.7节介绍对称密码学。

2.1　密码学基本概念

密码学是研究密码编制和密码分析的规律和手段的技术科学。研究密码变化的客观规律，设计各种加密方案，编制密码以保护信息安全的技术，称为密码编码学。在不知道任何加密细节的条件下，分析、破译经过加密的消息以获取信息的技术，称为密码分析学或密码破译学。密码编码学和密码分析学总称密码学。密码学为解决网络安全中的机密性、数据完整性、认证、不可抵赖性等提供系统的理论和方法。

在密码学中，原始的消息称为明文，而加密后的消息称为密文。将明文变换成密文，以使非授权用户不能获取原始信息的过程称为加密；从密文恢复明文的过程称为解密。明文到密文的变换法则，即加密方案，称为加密算法；而密文到明文的变换法则称为解密算法。加/解密过程中使用的明文-密文的其他参数，称为密钥。

密码学的模型如图2-1所示。

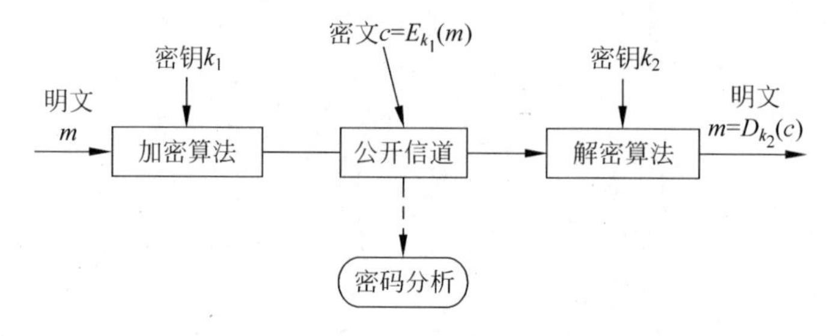

图2-1　密码学模型

一个用于加解密并能够解决网络安全中的机密性、完整性、可用性、可控性和真实性等问题中的一个或几个的系统，称为一个密码体制。密码体制可以定义为一个五元组(P,C,K,E,D)，其中：

- P称为明文空间，是所有可能的明文构成的集合。
- C称为密文空间，是所有可能的密文构成的集合。
- K称为密钥空间，是所有可能的密钥构成的集合。
- E和D分别表示加密算法和解密算法的集合，它们满足：对每一个$k\in K$，必然存在一个加密算法$e_k\in K$和一个解密算法$d_k\in K$，使得对任意$m\in P$，恒有$d_k(e_k(m))=m$。

根据加解密是否使用相同的密钥，可将密码体制分为对称密码和非对称密码。对称密码体制也叫单钥密码体制、秘密密钥密码体制,而非对称密码体制也称为公钥(公开密钥)密码体制。在对称密码体制中,加密和解密使用完全相同的密钥,或者加密密钥和解密密钥彼此之间非常容易推导。在公钥密码体制中,加密和解密使用不同的密钥。

从技术上讲,一个密码体制的安全性取决于所使用的密码算法的强度。对一个密码体制来说,如果无论攻击者获得多少可使用的密文,都不足以唯一地确定由该体制产生的密文所对应的明文,则该密码体制是无条件安全的。除了一次一密,其他所有的加密算法都不是无条件安全的。因此,实际应用中的加密算法应该尽量满足以下标准:

(1) 破译密码的代价超出密文信息的价值。

(2) 破译密码的时间超出密文信息的有效生命期。

满足了上述两条标准的加密体制是计算上安全的。对一个计算上安全的密码体制,虽然理论上可以破译,但是由获得的密文以及某些明文-密文对来确定明文,却需要付出巨大的代价,因而不能在希望的时间内或实际可能的条件下求出准确答案。

对于密码体制来说,一般有两种攻击方法:

(1) 密码分析攻击。攻击依赖于加密/解密算法的性质和明文的一般特征或某些明密文对。这种攻击企图利用算法的特征来恢复出明文,或者推导出使用的密钥。

(2) 穷举攻击。攻击者对一条密文尝试所有可能的密钥,直到把它转化为可读的有意义的明文。

根据攻击者掌握的信息,将密码分析攻击分成了几种类型,如表 2-1 所示。

表 2-1　密码分析攻击

攻击类型	密码分析者已知的信息
惟密文攻击	加密算法 要解密的密文
已知明文攻击	加密算法 要解密的密文 用(与待解的密文)同一密钥加密的一个或多个明密文对
选择明文攻击	加密算法 要解密的密文 分析者任意选择的明文,及对应的密(与待解的密文使用同一密钥加密)
选择密文攻击	加密算法 要解密的密文 分析者有目的选择的一些密文,以及对应的明文(与待解的密文使用同一密钥解密)

(1) 惟密文攻击。攻击者在仅已知密文的情况下,企图对密文进行解密。这种攻击是最容易防范的,因为攻击者拥有的信息量最少。

(2) 已知明文攻击。攻击者获得了一些密文信息及其对应的明文,也可能知道某段明文信息的格式等。例如,特定领域的消息往往有标准化的文件头。

(3) 选择明文攻击。攻击者可以选择某些他认为对攻击有利的明文,并获取其相应的密文。如果分析者能够通过某种方式,让发送方在发送的信息中插入一段由他选择的信息,那么选择明文攻击就有可能实现。

(4) 选择密文攻击。密码攻击者事先搜集一定数量的密文,让这些密文透过被攻击的加密算法解密，从而获得解密后的明文。

以上几种攻击的强度依次增强。如果一个密码体制能够抵抗选择密文攻击，则它能抵抗其余三种攻击。

使用计算机来对所有可能的密钥组合进行测试，直到有一个合法的密钥能够把密文还原成明文，这就是穷举攻击。平均来说，要获得成功必须尝试所有可能密钥的一半。

2.2 对称密码

对称加密是 20 世纪 70 年代公钥密码产生之前唯一的加密类型。迄今为止，它仍是两种类型的加密中使用最为广泛的加密类型。

对称密码的模型见图 2-2，共包括 5 个成分。

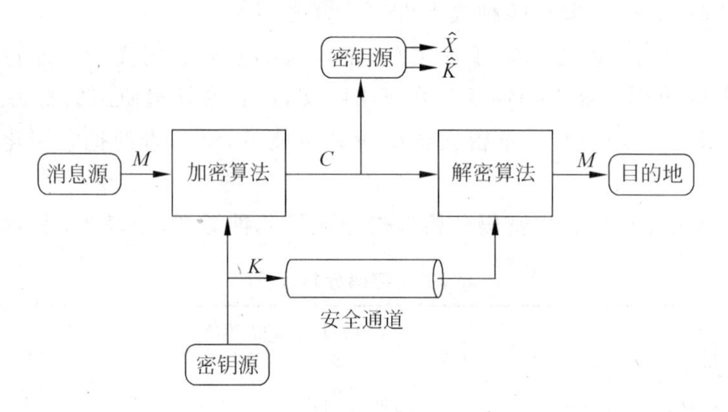

图 2-2 对称密码模型

- 明文：原始的信息，也就是需要被密码保护的信息、加密算法的输入。
- 加密算法：加密算法对明文进行各种代换和变换，使之成为不可读的形式。
- 密钥：密钥也是加密算法的输入。密钥独立于明文。算法将根据所用的特定密钥而产生不同的输出。
- 密文：作为加密算法的输出，看起来完全随机而杂乱的数据，依赖于明文和密钥。密文是随机的数据流，并且其意义是不可理解的。
- 解密算法：本质上是加密算法的逆运行，可以从加密过的信息中得到原始信息。

如图 2-2 所示，发送方产生明文消息 M，并产生一个密钥 K。通过某种安全通道，发送方将密钥告知给接收方。另一种方法是由双方共同信任的第三方生成密钥后再安全地分发给发送方和接收方。

加密算法 E 根据输入信息 M 和密钥 K 生成密文 C：

$$C = E(K, M)$$

该式表明密文 C 是明文 M 和密钥 K 的函数。对于给定的明文，不同的密钥将产生不同的密文，拥有密钥 K 的期望接收者，可以执行解密算法 D 以从密文中恢复明文：

$$M = D(K, C)$$

一般情况下，加密算法 E 和解密算法 D 是公开的，并且密码攻击者知道可以通过相对较小的努力获得密文 C。但是密码攻击者并不知道 K 和 M，而企图得到 K 和 M，或二者之一。那么，密码分析者将通过计算密钥的估计值来恢复 K，计算明文的估计值来恢复 M。

为了保证通信的安全性，对称密码体制要满足如下两个要求：

(1) 加密算法具有足够的强度，即破解的难度足够高。最起码的，即使攻击方拥有一定数量的密文和产生这些密文的明文，他(或她)也不能破译密文或发现密钥。算法强度除了依赖算法本身外，还依赖于密钥的长度。密钥越长，则强度越高。

(2) 发送者和接收者必须能够通过某种安全的方法获得密钥，并且密钥也是安全的。一般来讲，加密和解密的算法都是公开的。如果攻击者掌握了密钥，那么就能读出使用该密钥加密的所有通信。

2.3 古典密码学

密码学有着悠久的历史。早在公元前 1900 年左右，一个埃及书吏就在碑文中使用了非标准的象形文字，这或许是目前已知的最早的密码术实例。公元前 600 年至公元前 500 年左右，希伯来人基于替换的原理，开发了三种加密方法。一个字母表的字母与另一个字母表的字母配对，通过配对字母替换明文字母，达到加密的目的。关于密码学的早期主要著作出现在 15 世纪阿拉伯科学家 al-Qalqashandi 的百科全书第 14 卷中，它也是最早的密码分析学著作之一。

1949 年 C. Shannon 发表"保密系统的通信理论"，为密码学的发展奠定了理论基础，使密码学成为一门真正的科学。在此之前的密码技术算不上真正的科学。那时的密码学家凭借直觉进行密码分析和设计，以纸和笔进行手工方式的加密和解密操作。这样的密码技术称之为古典密码学。古典密码技术以字符为基本加密单元，大都比较简单，经受不住现代密码分析手段的攻击，因此已很少使用。但是，在漫长的发展演化过程中，古典密码学充分体现了现代密码学的两大基本思想：置换和代换，还将数学的方法引入到密码分析和研究中。这为后来密码学成为系统的学科以及相关学科的发展奠定了坚实的基础。通过研究古典密码，可以有助于我们理解、分析、设计现代密码技术。

对于古典密码，有如下约定：加解密时忽略空格和标点符号。这是因为如果保留空格和标点，密文会保持明文的结构特点，为攻击者提供了便利；而解密时正确地还原这些空格和标点符号是非常容易的。

2.3.1 置换技术

对明文字符按某种规律进行位置的交换而形成密文的技术称为置换。置换加密技术对明文字母串中的字母位置进行重新排列，而每个字母本身并不改变。在置换密码体系中，为了通信安全性，必须保证仅有发送方和接收方知道加密置换和对应的解密置换。

1. 栅栏密码

栅栏技术是最简单的置换技术。栅栏密码把要加密的明文分成 N 个一组，然后把每组的第一个字符连起来，再加上第二个、第三个……，以此类推。本质上，是把明文字母一列一列(列高就是 N)组成一个矩阵,然后一行一行的读出。

如果令 $N=2$,则是最常见的 2 线栅栏。假设明文如下:

THE LONGEST DAY MUST HAVE AN END.

去除空格后,两两组成一组,得到:

TH EL ON GE ST DA YM US TH AV EA NE ND

取每组的第一个字母,得到:

TEOGSDYUTAENN

再都取第二个字母:

HLNETAMSHVAED

连在一起就是最终的密文:

TEOGSDYUTAENNHLNETAMSHVAED

而解密的方式则是进行一次逆运算。先将密文分为两行:

T E O G S D Y U T A E N N

H L N E T A M S H V A E D

再按列读出,组合成一句话:

THE LONGEST DAY MUST HAVE AN END.

一种更复杂的方案是把消息按固定长度分组,每组写成一行,则整个消息被写成一个矩形块,然后按列读出,但是把列的次序打乱。列的次序就是算法的密钥。例如:

```
密钥    3412567
明文    attackp
        ostpone
        duntilt
        woamxyz
密文    TTNAAPTMTSUOAODWCOIXKNLYPETZ
```

单纯的置换密码加密得到的密文中,有着与原始明文相同的字母频率特征,因而较容易被识破。而且,双字母音节和三字母音节分析办法更是破译这种密码的有力工具。

2. 多步置换

多步置换密码相对来讲要复杂得多,这种置换是不容易构造出来的。前面那条消息用相同算法再加密一次:

```
密钥    4312567
明文    ttnaapt
        mtsuoao
        dwcoixk
        nlypetz
密文    NSCYAUOPTTWLTMDNAOIEPAXTTOKZ
```

经过两次置换,字母的排列已经没有什么规律了,对密文的分析要困难得多。

2.3.2 代换技术

代换是古典密码中最基本的处理技巧,在现代密码学中也得到了广泛应用。代换法是将明文字母用其他字母、数字或符号替换的一种方法。如果明文是二进制序列,那么代换就是用密文位串来代换明文位串。代换密码要建立一个或多个替换表，加密时将需要加密的明文字母依次通过查表，替换为相应的字符。明文字符被逐个替换后，生成无意义的字符串，即密文。这样的替换表就是密钥。有了这个密钥，就可以进行加解密了。

1. Caesar 密码

人类第一次有史料记载的密码是由 Julius Caesar 发明的 Caesar 密码。Caesar 密码的明文空间和密文空间都是 26 个英文字母的集合，加密算法非常简单，就是对每个字母用它之后的第 3 个字母来代换。例如：veni，vidi，vici（“我来，我见，我征服”，恺撒征服本都王法那西斯后向罗马元老院宣告的名言）。

明文：venividivici

密文：YHALYLGLYLFL

既然字母表是循环的，因此 Z 后面的字母是 A。通过列出所有可能，能够定义如下所示的替换表，即密钥。

明文：a b c d e f g h i j k l m n o p q r s t u v w x y z

密文：D E F G H I J K L M N O P Q R S T U V W X Y Z A B C

如果为每一个字母分配一个数值（a 分配 0，b 分配 1，以此类推，z 分配 25）。令 p 代表明文，C 代表密文，则 Caesar 算法能偶用如下的公式表示：

$$C=E(3,p)=(p+3)\bmod 26$$

如果对字母表中的每个字母用它之后的第 k 个字母来代换，而不是固定用后面第 3 个字母，则得到了一般的 Caesar 算法：

$$C=E(k,p)=(P+k)\bmod 26$$

这里 k 的取值范围为 1～25，即一般的 Caesar 算法有 25 个可能的密钥。

相应的解密算法是：

$$P=D(k,C)=(C-k)\bmod 26$$

如果已知某给定的密文是 Caesar 密码，那么穷举攻击密码学分析是很容易实现的：只要简单地测试所有 25 种可能的密钥。Caesar 密码的三个重要特征使人们可以采用穷举攻击分析方法：

（1）加密和解密算法已知。

（2）密钥空间大小只有 25。

（3）明文所用的语言是已知的，且其意义易于识别。

2. 单表代换密码

Caesar 密码仅有 25 种可能的密钥，是很不安全的。通过允许任意代换，密钥空间将会急剧增大。Caesar 密码的代换规则（密钥）如下：

明文：a b c d e f g h i j k l m n o p q r s t u v w x y z

密文：D E F G H I J K L M N O P Q R S T U V W X Y Z A B C

如果允许密文行是 26 个字母的任意置换，那么就有 26!（大于 4×10^{26}）种可能的密钥，这应该可以抵挡穷举攻击了。这种方法对明文的所有字母采用同一个代换表进行加密，每个明文字母映射到一个固定的密文字母，称为单表代换密码。

例如密钥短语密码，选一个英文短语作为密钥字（Key Word）或密钥短语（Key

Phrase)，如 HAPPY NEW YEAR，去掉重复字母得 HAPYNEWR。将它依次写在明文字母表之下，而后再将字母表中未在短语中出现过的字母依次写于此短语之后，就可构造出一个字母代换表，即明文字母表到密文字母表的映射规则，如下所示。

a	b	c	d	e	f	g	h	i	j	k	l	m	n	o	p	q	r	s	t	u	v	w	x	y	z
H	A	P	Y	N	E	W	R	B	C	D	F	G	I	J	K	L	M	O	Q	S	T	U	V	X	Z

若明文为：

Casear cipher is a shift substitution

则密文为：

PHONHM PBKRNM BO H ORBEQ OSAOQBQSQBJI

不过，攻击办法仍然存在。如果密码分析者知道明文(例如，未经压缩的英文文本)的属性，就可以利用语言的一些规律进行攻击。例如，首先把密文中字母使用的相对频率统计出来，然后与英文字母的使用频率分布进行比较。如果已知消息足够长的话，只用这种方法就已经足够了。即使已知消息相对较短，不能得到准确的字母匹配，密码分析者可以推测可能的明文字母与密文字母的对应关系，并结合其他规律推测字母代换表。另外一种方法是统计密文中双字母组合的频率，然后与明文的双字母组合频率相对照，以此来寻找明密文的对应关系。

3. 多表代换加密

因为带有原始字母使用频率的一些统计学特性，单表代换密码较容易被攻破。一种对策是对每个明文字母提供多种代换，即对明文消息采用多个不同的单表代换。这种方法一般称之为**多表代换密码**。比如字母 e 可以替换成 16、74、35 和 21 等，循环或随机地选取其中一个即可。如果对每个明文元素(字母)分配的密文元素(如数字等)的个数与此明文元素(字母)的使用频率成一定比例关系，那么使用频率信息就完全被隐藏起来了。

所有多表代换方法都有以下的共同特征：

(1) 采用多个相关的单表代换规则集。

(2) 由密钥决定使用的具体的代换规则。

多表代换密码引入了"密钥"的概念，由密钥来决定使用哪一个具体的代换规则。此类算法中最著名且最简单的是 Vigenere 密码。它的代换规则集由 26 个类似 Caesar 密码的代换表组成，其中每一个代换表是对明文字母表移位 0～25 次后得到的代换单表。每个密码代换表由一个密钥字母来表示，这个密钥字母用来代换明文字母 a，故移位 3 次的 Caesar 密码由密钥值 d 来代表。Vigenere 密码表如图 2-3 所示。

最左边一列是密钥字母，顶部一行是明文的标准字母表，26 个密码水平置放。加密过程很简单：给定密钥字母 x 和明文字母 y，密文字母是位于 x 行和 y 列的那个字母。

加密一条消息需要与消息一样长的密钥。通常，密钥是一个密钥词的重复，例如密钥词是 relations，那么消息 to be or not to be that is the question 将被这样加密。

密钥：relationsrelationsrelationsrel

明文：tobeornottobethatisthequestion

密文：ksmehzbblksmempogajxsejcsflzsy

解密同样简单，密钥字母决定行，密文字母所在列的顶部字母就是明文字母。

这种密码的强度在于每个明文字母对应着多个密文字母，且每个使用唯一的字母，因此字母出现的频率信息被隐蔽了，抗攻击性大大增强。历史上以弗吉尼亚密表为基础又演变出很多种加密方法，其基本元素无非是密表与密钥，并一直沿用到二战以后的初级电子密码机上。

密钥	明文																									
	a	b	c	d	e	f	g	h	i	j	k	l	m	n	o	p	q	r	s	t	u	v	w	x	y	z
a	A	B	C	D	E	F	G	H	I	J	K	L	M	N	O	P	Q	R	S	T	U	V	W	X	Y	Z
b	B	C	D	E	F	G	H	I	J	K	L	M	N	O	P	Q	R	S	T	U	V	W	X	Y	Z	A
c	C	D	E	F	G	H	I	J	K	L	M	N	O	P	Q	R	S	T	U	V	W	X	Y	Z	A	B
d	D	E	F	G	H	I	J	K	L	M	N	O	P	Q	R	S	T	U	V	W	X	Y	Z	A	B	C
e	E	F	G	H	I	J	K	L	M	N	O	P	Q	R	S	T	U	V	W	X	Y	Z	A	B	C	D
f	F	G	H	I	J	K	L	M	N	O	P	Q	R	S	T	U	V	W	X	Y	Z	A	B	C	D	E
g	G	H	I	J	K	L	M	N	O	P	Q	R	S	T	U	V	W	X	Y	Z	A	B	C	D	E	F
h	H	I	J	K	L	M	N	O	P	Q	R	S	T	U	V	W	X	Y	Z	A	B	C	D	E	F	G
i	I	J	K	L	M	N	O	P	Q	R	S	T	U	V	W	X	Y	Z	A	B	C	D	E	F	G	H
j	J	K	L	M	N	O	P	Q	R	S	T	U	V	W	X	Y	Z	A	B	C	D	E	F	G	H	I
k	K	L	M	N	O	P	Q	R	S	T	U	V	W	X	Y	Z	A	B	C	D	E	F	G	H	I	J
l	L	M	N	O	P	Q	R	S	T	U	V	W	X	Y	Z	A	B	C	D	E	F	G	H	I	J	K
m	M	N	O	P	Q	R	S	T	U	V	W	X	Y	Z	A	B	C	D	E	F	G	H	I	J	K	L
n	N	O	P	Q	R	S	T	U	V	W	X	Y	Z	A	B	C	D	E	F	G	H	I	J	K	L	M
o	O	P	Q	R	S	T	U	V	W	X	Y	Z	A	B	C	D	E	F	G	H	I	J	K	L	M	N
p	P	Q	R	S	T	U	V	W	X	Y	Z	A	B	C	D	E	F	G	H	I	J	K	L	M	N	O
q	Q	R	S	T	U	V	W	X	Y	Z	A	B	C	D	E	F	G	H	I	J	K	L	M	N	O	P
r	R	S	T	U	V	W	X	Y	Z	A	B	C	D	E	F	G	H	I	J	K	L	M	N	O	P	Q
s	S	T	U	V	W	X	Y	Z	A	B	C	D	E	F	G	H	I	J	K	L	M	N	O	P	Q	R
t	T	U	V	W	X	Y	Z	A	B	C	D	E	F	G	H	I	J	K	L	M	N	O	P	Q	R	S
u	U	V	W	X	Y	Z	A	B	C	D	E	F	G	H	I	J	K	L	M	N	O	P	Q	R	S	T
v	V	W	X	Y	Z	A	B	C	D	E	F	G	H	I	J	K	L	M	N	O	P	Q	R	S	T	U
w	W	X	Y	Z	A	B	C	D	E	F	G	H	I	J	K	L	M	N	O	P	Q	R	S	T	U	V
x	X	Y	Z	A	B	C	D	E	F	G	H	I	J	K	L	M	N	O	P	Q	R	S	T	U	V	W
y	Y	Z	A	B	C	D	E	F	G	H	I	J	K	L	M	N	O	P	Q	R	S	T	U	V	W	X
z	Z	A	B	C	D	E	F	G	H	I	J	K	L	M	N	O	P	Q	R	S	T	U	V	W	X	Y

图 2-3　Vigenere 密码表

4. Hill 密码

Hill 密码是另外一种著名的多表代换密码，运用了矩阵论中线性变换的原理，由 Lester S. Hill 在 1929 年发明。

每个字母指定为一个二十六进制数字：$a=0,b=1,c=2,\cdots,z=25$。m 个连续的明文字母被看作 m 维向量，跟一个 $m\times m$ 的加密矩阵相乘，再将得出的结果模 26，得到 m 个密文字母。即 m 个连续的明文字母作为一个单元，被转换成等长的密文单元。注意加密矩阵(即密匙)必须是可逆的，否则就不可能译码。

例如 $m=4$，该密码体制可以描述为：

$$\begin{pmatrix} c_1 \\ c_2 \\ c_3 \\ c_4 \end{pmatrix} = \begin{pmatrix} k_{11} & k_{12} & k_{13} & k_{14} \\ k_{21} & k_{22} & k_{23} & k_{24} \\ k_{31} & k_{32} & k_{33} & k_{34} \\ k_{41} & k_{42} & k_{43} & k_{44} \end{pmatrix} \begin{pmatrix} p_1 \\ p_2 \\ p_3 \\ p_4 \end{pmatrix} \bmod 26$$

或

$$C = E(K,P) = KP \bmod 26$$

其中$\boldsymbol{C}$和$\boldsymbol{P}$是长度为4的列向量，分别代表密文和明文，$\boldsymbol{K}$是一个4×4矩阵，代表加密矩阵（密钥）。运算按模26执行。

例如，对明文cost，用向量表示为$[2\quad 14\quad 18\quad 19]^{\mathrm{T}}$（T代表矩阵转置）。假设加密密钥为：

$$\boldsymbol{K} = \begin{pmatrix} 1 & 3 & 5 & 7 \\ 10 & 4 & 6 & 8 \\ 2 & 3 & 6 & 9 \\ 11 & 12 & 8 & 5 \end{pmatrix}$$

则经过加密运算，得到密文：

$$\boldsymbol{C} = \boldsymbol{K}[2\quad 14\quad 18\quad 19]^{\mathrm{T}} = [3\quad 10\quad 9\quad 23]^{\mathrm{T}}$$

即密文是字符串dkjx。解密则需要用到矩阵$\boldsymbol{K}$的逆，$\boldsymbol{K}^{-1}$由等式$\boldsymbol{K}\boldsymbol{K}^{-1}=\boldsymbol{K}^{-1}\boldsymbol{K}=\boldsymbol{I}$定义，其中$\boldsymbol{I}$是单位矩阵。

$$\boldsymbol{P} = D(\boldsymbol{K},\boldsymbol{P}) = \boldsymbol{K}^{-1}\boldsymbol{C} \bmod 26$$

Hill的优点是完全隐蔽了单字母频率特性。实际上，Hill用的矩阵越大，所隐藏的频率信息就越多。而且，由于Hill密码的密钥采用矩阵形式，不仅隐藏了单字母的频率特性，还隐藏了双字母的频率特性。

2.3.3 古典密码分析

古典密码中，大多数算法都不能很好地抵抗对密钥的穷举攻击，因为其密钥空间相对都不大。

在一定条件下，古典密码体制中的任何一种都可以被破译。古典密码对已知明文攻击是非常脆弱的。即使用惟密文攻击，大多数古典密码也很容易被攻破。原因在于古典密码多是用于保护英文表达的明文信息，而大多数古典密码都不能很好地隐藏明文消息的统计特征，英文的语言统计特性就成为攻击者的有力工具。

以单表代换为例。单表代换密码允许字母进行任意代换，密钥空间非常大，有26!（大于4×10^{26}）种可能的密钥。因此，对单表代换密码进行密钥穷举攻击计算上是不可行的。但是，自然语言（英文）的词频规律等统计特性在密文中很好地被保持，而英文语言的统计特性是公开的，这对破译非常有用。破译中经常使用的英文语言的统计特性是单字母出现频率、双字母组合出现频率、重合指数等。例如，在英文语言中，字母e出现的频率最高，接下来是t、a、o等。出现频率较高的双字母组合有th、he、er等。经过大量统计，人们总结出了英文中单字母出现频率，如表2-2所示。

在仅有密文的情况下，攻击者可以通过如下步骤进行破译：

① 统计密文中每个字母出现的频率。

表 2-2　英文字母出现频率统计

A	B	C	D	E	F	G
0.0856	0.0139	0.0279	0.0378	0.1304	0.0289	0.0199
H	I	J	K	L	M	N
0.0518	0.0627	0.0013	0.0042	0.0339	0.0249	0.0707
O	P	Q	R	S	T	U
0.0797	0.0199	0.0012	0.0677	0.0607	0.1045	0.0269
V	W	X	Y	Z		
0.0092	0.0149	0.0017	0.0199	0.0008		

② 从出现频率最高的几个字母开始，并结合双字母组合、三字母组合出现频率，假定它们是英文中出现频率较高的字母和字母组合所对应的密文，逐步试探、推测每个密文字母对应的明文字母。

③ 重复步骤②的试探，直到得到有意义的英文词句和段落。

2.3.4　一次一密

一种理想的加密方案叫做一次一密，由 Major Joseph Mauborgne 和 AT&T 公司的 Gilbert Vernam 在 1917 年发明的。一次一密使用与消息等长且无重复的随机密钥来加密消息。另外，密钥只对一个消息进行加解密，之后丢弃不用。每一条新消息都需要一个与其等长的新密钥。

具体来讲，发送方维护一个密码本，密码本保存一个足够长的密钥序列，该密钥序列中的每一项都是按照均匀分布随机地从一个字符表中选取的，即满足真随机性。这个真随机的密钥序列需要双方事先协商好，并各自秘密保存。每次通信时，发送方首先从密码本的密钥序列最前端选择一个与待发送消息长度相同的一段作为密钥，然后用密钥中的字符依次加密消息中的每个字母，加密方式是将明文字母串和密钥进行逐位异或。加密完成后，发送方把密钥序列中刚使用过的这一段销毁。接收方每次收到密文消息后，使用自己保存的密钥序列最前面与密文长度相同的一段作为密钥，对密文进行解密。解密完成后，接收方同样销毁刚刚使用过的这一段密钥。

如果密码本不丢失，一次一密的密文不可能被破解。因为即使有了足够数量的密文样本，每个字符的出现概率都是相等的，每任意个字母组合出现的概率也是相等的，密文与明文没有任何统计关系。因为密文不包含明文的任何信息，所以无法可破。

一次一密的安全性完全取决于密钥的随机性。如果构成密钥的字符流是真正随机的，那么构成密文的字符流也是真正随机的。因此分析者没有任何攻击密文的模式和规则可用。如果攻击者不能得到用来加密消息的一次一密乱码本，这个方案是完全保密的。

理论上，对一次一密已经很清楚了。但是在实际中，一次一密提供完全的安全性存在两个基本难点：

(1) 产生大规模随机密钥的实际困难。一次一密需要非常长的密钥序列，这需要相当大的代价去产生、运输和保存，而且密钥不允许重复使用进一步增大了这个困难。实际应用中提供这样规模的真正随机字符是相当艰巨的任务。

(2) 密钥的分配和保护。对每一条发送的消息，需要提供给发送方和接收方等长度的密钥。因此，存在庞大的密钥分配问题。

因为上面这些困难，一次一密在实际中很少使用，而主要用于安全性要求很高的低带宽信道。例如，美国和前苏联两国领导人之间的热线电话据说就是用一次一密技术加密的。

2.4 数据加密标准

2.4.1 分组密码基本概念

对称密码分为两大类：流密码和分组密码。在流密码(stream cipher)中，加密和解密每次只处理数据流的一个符号(如一个字符或一个比特)。古典密码都属于流密码。分组密码(block cipher)又称块密码，它将明文消息划分成若干长度为 $m(m>1)$ 的分组(或块)，各组分别在长度为 r 的密钥 k 的控制下转换成长度为 n 的密文分组。如果 $m>n$，则称为带数据压缩的分组密码，可以增加密文解密的难度；如果 $m<n$，则称为带数据扩展的分组密码，其密文存储和传输的代价较大。一般情况下，分组密码算法取 $m=n$，典型的大小是 64 位或者 128 位。当密钥长度为 r，密钥空间大小是 2^r。明文分组大小、密文分组大小和密钥长度是分组密码算法的几个重要参数，对分组密码的安全性有很大影响。

分组密码是现代密码学的重要组成部分。人们已经对分组密码进行了大量的研究。由于加解密速度快，安全性能好，并得到许多密码芯片的支持，现代分组密码发展非常快。一般来说，分组密码的应用范围比流密码要广泛。绝大部分基于网络的对称密码应用使用的是分组密码。

一般分组密码的构造遵循以下几个原则：

(1) 足够大的明文分组长度，以保证足够大的明文空间，避免给攻击者提供太多的明文统计特征信息。

(2) 尽可能大的密钥空间，以抵抗穷举密钥攻击。

(3) 足够强的密码算法复杂度，以增强分组密码算法自身的安全性，使攻击者无法利用简单数学关系找到破译缺口。常用方法有：

① 将一个明文分组划分为若干子组分别处理，再合并起来做适当变换，以提高密码算法强度。

② 采用乘积密码的思想。将两种或两种以上的简单密码逐次应用，构成强度比任何单独一个都大的密码算法，克服单一密码变换的弱点。

(4) 软件实现尽量采用长度 2^n 的子块，以适应软件编程；运算尽量简单，如加法、乘法、异或、移位等指令，便于处理器运算。

(5) 加解密硬件结构最好一致，便于应用大规模集成芯片实现，以简化系统结构。

在提高密码算法复杂度方面，分组密码采用了很多措施，用得最多的是 S-P 网络(Substitution-Permutation Network，代换-替换网络)。S-P 网络由 S 变换和 P 变换交替进行多次迭代，它属于迭代密码，也是乘积密码的常见表现形式。S-P 网络示意图如图 2-4 所示。

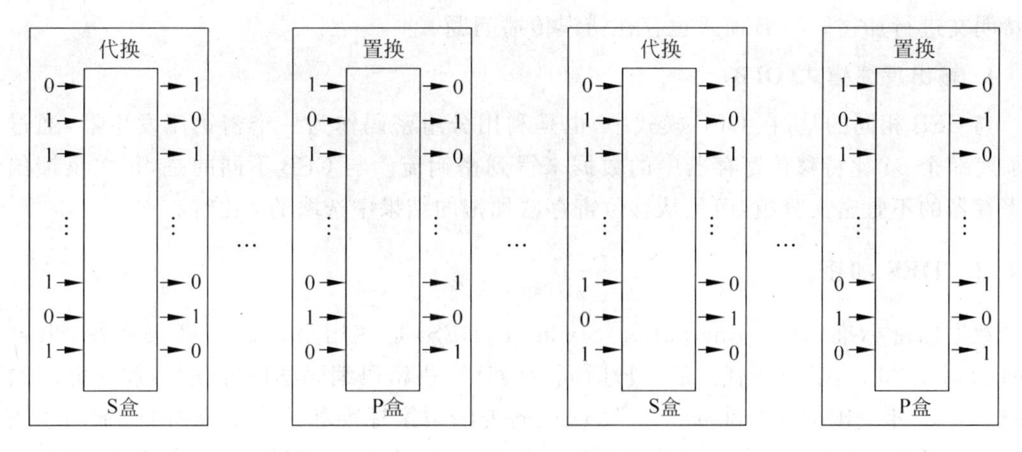

图 2-4　S-P 网络示意图

为了有效抵抗攻击者对密码体制的统计分析，C. Shannon 提出了两个分组密码设计的基本原则：混乱原则和扩散原则。混乱是指明文、密钥和密文之间的统计关系应该尽可能复杂，使得攻击者无法理出三者的相互依赖关系，从而增强了安全性。扩散是指让明文和密钥的每一位都直接或间接地影响密文中的多位，或密文的每一位都受到明文和密钥的多个位的影响，以达到隐蔽明文统计特征的目的。分组密码通常采用乘积和迭代手段，即 S-P 网络，取得较好的扩散和混乱效果。

在实际应用中，分组密码有 4 种操作模式。

1. 电子密码本模式（ECB）

ECB 是分组密码的基本工作模式。在这种模式中，使用相同的密钥和算法对明文的各分组进行独立的加密。ECB 最重要的特征是一段消息中若有几个相同的明文组，那么密文也将出现几个相同的密文分组。因此，这种模式的缺点是容易暴露明文的数据格式以及某些统计特性。ECB 模式特别适合于数据较少的情况；对于很长的消息，ECB 模型可能不安全。如果消息是非常结构化的，密码分析者可能利用其结构特征来破译。

2. 密码分组链接模式（CBC）

所谓链接，是指密文分组不仅与当前输入的明文分组和密钥有关，而且与此前的输入和输出也相关的一种技术。在 CBC 模式中，每个明文分组 M_i 在加密之前先与前一组的密文分组 C_{i-1} 做异或运算，然后再加密，使用的密钥是相同的。用一个初始向量 **IV** 作为密文分组的初始值，即：

$$C_i = \mathrm{E}_k(M_i \oplus C_{i-1}), \quad i = 1,2,\cdots,n$$

$$C_0 = \mathbf{IV}$$

加密算法的每次输入与本明文组没有固定的关系。因此，若有重复的明文组，加密后也看不出来了。解密时，每个密文组分别进行解密，再与上一块密文异或就可恢复出明文。

CBC 模式中，若 C_i 出错，则解密时不仅 M_i 出错，M_{i+1} 也会出错，即存在错误传播。

3. 密码反馈模式（CFB）

如果待加密的消息要求按字符或比特处理，往往采用 CFB 模式。在 CFB 模式中，将分组密码作为一个密钥流发生器，在 t 比特密文的反馈下，每次输出 t 比特数据作为密钥对 t

比特明文进行加密。CFB模式也存在错误传播问题。

4. 输出反馈模式(OFB)

与CFB相同的是,在OFB模式中,也是利用分组密码作为一个密钥流发生器,通过反复加密一个64比特移位寄存器中的数据来得到密钥流。与CFB不同的是,每次反馈给移位寄存器的不是密文分组,而是从移位寄存器加密的结果中选取的t比特。

2.4.2 DES加密

数据加密标准(Data Encryption Standard,DES)是使用最广泛的密码系统,出自于IBM公司在20世纪60年代之后一段时间内的计算机密码编码学研究项目,属于分组密码体制。1973年美国国家标准局(NIST,现在的美国国家标准和技术研究所)征求国家密码标准方案,IBM将这一研究项目的成果——Tuchman-Meyer方案提交给了NBS,并于1977年被采纳为DES。

DES在出现之后的20多年间,在数据加密方面发挥了不可替代的作用。在进入20世纪90年代后,随着软硬件技术的发展,由于密钥长度偏短等缺陷,DES安全性受到严重挑战,并不断传出被破译的进展情况。鉴于此,NIST决定于1998年12月后不再使用DES保护官方机密,只推荐为一般商业应用,并于2001年11月发布了高级加密标准(AES),以替代DES。无论怎样,DES对推动分组密码理论研究、促进分组密码发展做出了重要贡献,而且它的设计思想对分组密码的理论研究和工程应用有着重要参考价值。

DES采用了S-P网络结构,分组长度为64位,密钥长度为56。加密和解密使用同一算法、同一密钥、同一结构。区别是加密和解密过程中16个子密钥的应用顺序相反。

DES加密运算的整体逻辑结构如图2-5所示。对于任意加密方案,总有两个输入:明文和密钥。DES的明文长为64位,密钥长为56位。实际中的明文分组未必为64位,此时要经过填充过程,使得所有分组对齐为64位;解密过程则需要去除填充信息。

图2-5中,IP(Initial Permutation)表示对64比特分组的初始置换,L_i、R_i均为32位比特位串,K_i为48比特子密钥,由64比特种子密钥经过扩展运算得到。加密过程包括三个阶段:首先,64位的明文经过初始置换IP而被重新排列;然后进行16轮的迭代过程,每轮的作用中都有置换和代换,最后一轮迭代的输出有64位,它是输入明文和密钥的函数,将其左半部分和右半部分互换产生预输出;最后,预输出经过初始逆置换IP^{-1}(与初始置换IP互逆)的作用产生64位的密文。

1. 初始置换IP

初始置换IP及其逆置换IP^{-1}是64个比特位置的置换,可表示成表的形式(见图2-6)。置换主要用于对明文中的各位进行换位,目的在于打乱明文中各位的排列次序。在初始置换IP中,具体置换方式是把第58比特(t_{58})换到第1个比特位置,把第50比特(t_{50})换到第2个比特位置……,把第7比特(t_7)换到第64个比特位置。

2. 16轮迭代

DES算法的第二个阶段是16轮的迭代过程,即乘积变换的过程。经过IP变换的64位结果分成两个部分L_0和R_0,作为16轮迭代的输入,其中L_0包含前32个比特,而R_0包含后32个比特。密钥K经过密钥扩展算法,产生16个48位的子密钥$k_1,k_2,\cdots,k_{16}$,每一轮迭

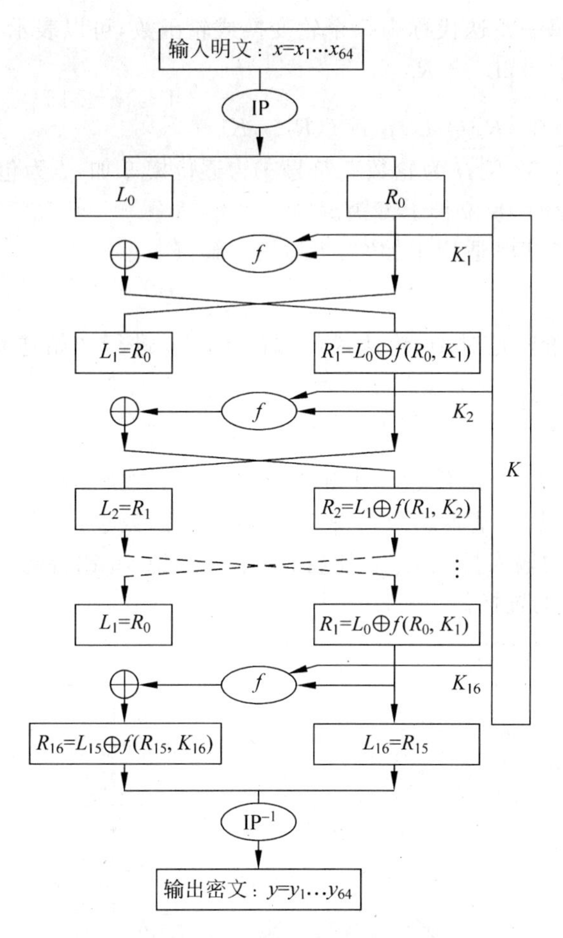

图 2-5　DES 加密流程

$$
\begin{bmatrix}
1 & 2 & 3 & 4 & 5 & 6 & 7 & 8 \\
9 & 10 & 11 & 12 & 13 & 14 & 15 & 16 \\
17 & 18 & 19 & 20 & 21 & 22 & 23 & 24 \\
25 & 26 & 27 & 28 & 29 & 30 & 31 & 32 \\
33 & 34 & 35 & 36 & 37 & 38 & 39 & 40 \\
41 & 42 & 43 & 44 & 45 & 46 & 47 & 48 \\
49 & 50 & 51 & 52 & 53 & 54 & 55 & 56 \\
57 & 58 & 59 & 60 & 61 & 62 & 63 & 64
\end{bmatrix}
\xrightarrow{\text{IP}}
\begin{bmatrix}
58 & 50 & 42 & 34 & 26 & 18 & 10 & 2 \\
60 & 52 & 44 & 36 & 28 & 20 & 12 & 4 \\
62 & 54 & 46 & 38 & 30 & 22 & 14 & 6 \\
64 & 56 & 48 & 40 & 32 & 24 & 16 & 8 \\
57 & 49 & 41 & 33 & 25 & 17 & 9 & 1 \\
59 & 51 & 43 & 35 & 27 & 19 & 11 & 3 \\
61 & 53 & 45 & 37 & 29 & 21 & 13 & 5 \\
63 & 55 & 47 & 39 & 31 & 23 & 15 & 7
\end{bmatrix}
$$

$$
\begin{bmatrix}
1 & 2 & 3 & 4 & 5 & 6 & 7 & 8 \\
9 & 10 & 11 & 12 & 13 & 14 & 15 & 16 \\
17 & 18 & 19 & 20 & 21 & 22 & 23 & 24 \\
25 & 26 & 27 & 28 & 29 & 30 & 31 & 32 \\
33 & 34 & 35 & 36 & 37 & 38 & 39 & 40 \\
41 & 42 & 43 & 44 & 45 & 46 & 47 & 48 \\
49 & 50 & 51 & 52 & 53 & 54 & 55 & 56 \\
57 & 58 & 59 & 60 & 61 & 62 & 63 & 64
\end{bmatrix}
\xrightarrow{\text{IP}^{-1}}
\begin{bmatrix}
40 & 8 & 48 & 16 & 56 & 24 & 64 & 32 \\
39 & 7 & 47 & 15 & 55 & 23 & 63 & 31 \\
38 & 6 & 46 & 14 & 54 & 22 & 62 & 30 \\
37 & 5 & 45 & 13 & 53 & 21 & 61 & 29 \\
36 & 4 & 44 & 12 & 52 & 20 & 60 & 28 \\
35 & 3 & 43 & 11 & 51 & 19 & 59 & 27 \\
34 & 2 & 42 & 10 & 50 & 18 & 58 & 26 \\
33 & 1 & 41 & 9 & 49 & 17 & 57 & 25
\end{bmatrix}
$$

图 2-6　初始置换 IP 与逆 IP^{-1} 的矩阵表示

代使用一个子密钥。每一轮迭代称为一个轮变换或轮函数,可以表示为:

$$\begin{cases} L_i = R_{i-1} \\ R_i = L_{i-1} \oplus f(R_{i-1}, K_i) \end{cases} \quad 1 \leqslant i \leqslant 16$$

其中 L_i 与 R_i 长度均为 32 位,i 为轮数。符号$\oplus$为逐位模 2 加,f 为包括代换和置换的一个变换函数,K_i 是第 i 轮的 48 位长子密钥。

注意,整个 16 轮迭代既适用于加密,也适用于解密。

3. 初始逆置换 IP^{-1}

DES 算法的第三阶段是对 16 轮迭代的输出 $R_{16}L_{16}$ 进行初始逆置换,目的是为了使加解密使用同一种算法。

4. f 函数

f 函数是第二阶段 16 轮迭代过程中轮变换的核心,它是非线性的,是每轮实现混乱和扩散的关键过程。f 函数的基本思想如图 2-7 所示。f 函数包括三个子过程:扩展变换,又称 E 变换,将 32 比特的输入扩展为 48 比特;S 盒变换把 48 比特的数压缩为 32 比特,P 盒变换则是对 32 比特数的置换。

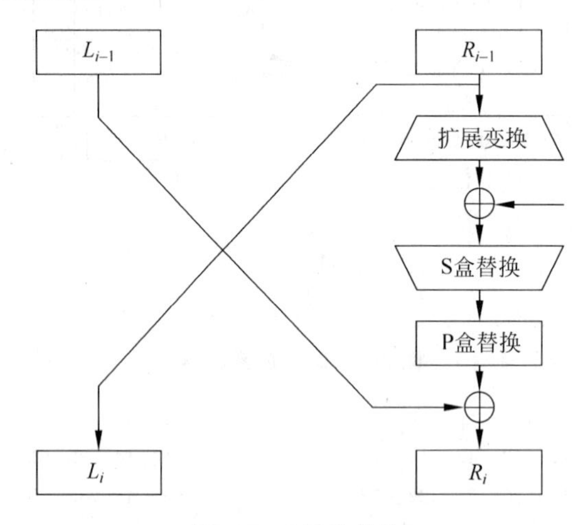

图 2-7　f 函数结构

1) 扩展变换

扩展变换又称为 E 变换,其功能是把 32 位扩展为 48 位,是一个与密钥无关的变换。扩展变换将 32 比特输入分成 8 组,每组 4 位,经扩展后成为每组 6 位。扩展规则如图 2-8 所示。其中有 16 比特出现两次。

$$\begin{bmatrix} 1 & 2 & 3 & 4 \\ 5 & 6 & 7 & 8 \\ 9 & 10 & 11 & 12 \\ 13 & 14 & 15 & 16 \\ 17 & 18 & 19 & 20 \\ 21 & 22 & 23 & 24 \\ 25 & 26 & 27 & 28 \\ 29 & 30 & 31 & 32 \end{bmatrix} \xrightarrow{E} \begin{bmatrix} 32 & 1 & 2 & 3 & 4 & 5 \\ 4 & 5 & 6 & 7 & 8 & 9 \\ 8 & 9 & 10 & 11 & 12 & 13 \\ 12 & 13 & 14 & 15 & 16 & 17 \\ 16 & 17 & 18 & 19 & 20 & 21 \\ 20 & 21 & 22 & 23 & 24 & 25 \\ 24 & 25 & 26 & 27 & 28 & 29 \\ 28 & 29 & 30 & 31 & 32 & 1 \end{bmatrix}$$

图 2-8　扩充置换表

扩展结果与子密钥 k_i 进行异或运算，作为 S 盒的输入。

2) S 盒

S 盒的功能是压缩替换。S 盒把 48 比特的输入分成 8 组，每组 6 比特。每一个 6 比特分组通过查一个 S 盒得到 4 比特输出。8 个 S 盒的构造见表 2-3。

每一个 S 盒都是一个 4×16 的矩阵 $\boldsymbol{S}=(s_{ij})$，每行均是整数 0,1,2,…,15 的一个全排列。48 比特被分成 8 组，每组都进入一个 S 盒进行替代操作，分组 1→S_1，分组 2→S_2，…依此类推。每个 S 盒都将 6 位输入映射为 4 位输出：给定 6 比特输入 $x=x_1x_2x_3x_4x_5x_6$，将 x_1x_6 组成一个 2 位二进制数，对应行号；$x_2x_3x_4x_5$ 组成一个 4 位二进制数，对应列号；行与列的交叉点处的数据即为对应的输出。例如，在 S_1 中，若输入为 011001，则行是 1(01)，列是 12(1100)，该处的数值是 9，所以输出为 1001。

表 2-3　S 盒置换表

S_1	14	4	13	1	2	15	11	8	3	10	6	12	5	9	0	7
	0	15	7	4	14	2	13	1	10	6	12	11	9	5	3	8
	4	1	14	8	13	6	2	11	15	12	9	7	3	10	5	0
	15	12	8	2	4	9	1	7	5	11	3	15	10	0	6	13
S_2	15	1	8	14	6	11	3	4	9	7	2	13	12	0	5	10
	3	13	4	7	15	2	8	14	12	0	1	10	6	9	11	5
	0	14	7	11	10	4	13	1	5	8	12	6	9	3	2	15
	13	8	10	1	3	15	4	2	11	6	7	12	0	5	14	9
S_3	10	0	9	14	6	3	15	5	1	13	12	7	11	4	2	8
	13	7	0	9	3	4	6	10	2	8	5	14	12	11	15	1
	13	6	4	9	8	15	3	0	11	1	2	12	5	10	14	7
	1	10	13	0	6	9	8	7	4	15	14	3	11	5	2	12
S_4	7	13	14	3	0	6	9	10	1	2	8	5	11	12	4	15
	13	8	11	5	6	15	0	3	4	7	2	12	1	10	14	9
	10	6	9	0	12	11	7	13	15	1	3	14	5	2	8	4
	3	15	0	6	10	1	15	8	9	4	5	11	12	7	2	14
S_5	2	12	4	1	7	10	11	6	8	5	3	15	13	0	14	9
	14	11	2	12	4	7	13	1	5	0	15	10	3	9	8	6
	4	2	1	11	10	13	7	8	15	9	12	5	6	3	0	14
	11	8	12	7	1	14	2	13	6	15	0	9	10	4	5	3
S_6	12	1	10	15	9	2	6	8	0	13	3	4	14	7	5	11
	10	15	4	2	7	12	9	5	6	1	13	14	0	11	3	8
	9	14	15	5	2	8	12	3	7	0	4	10	1	13	11	6
	4	3	2	12	9	5	15	10	11	14	1	7	6	0	8	13
S_7	4	11	2	14	15	0	8	13	3	12	9	7	5	10	6	1
	13	0	11	7	4	9	1	10	14	3	5	12	2	15	8	6
	1	4	11	13	12	3	7	4	12	5	6	8	0	5	9	2
	6	11	13	8	1	4	10	7	9	5	0	15	14	2	3	12
S_8	13	2	8	4	6	15	11	1	10	9	3	14	5	0	12	7
	1	15	13	8	10	3	7	4	12	5	6	11	0	14	9	2
	7	11	4	1	9	12	14	2	0	6	10	13	15	3	5	8
	2	1	14	7	4	10	8	13	15	12	9	0	3	5	6	11

3）P 盒

P 盒是 32 个比特位置的置换，见表 2-4，用法和 IP 类似。

表 2-4　P 盒置换表

16	7	20	21	29	12	28	17
1	15	23	26	5	18	31	10
2	8	24	14	32	27	3	9
19	13	30	6	22	11	4	25

5. 子密钥产生

在 DES 第二阶段的 16 轮迭代过程中，每一轮都要使用一个长度 48 的子密钥，子密钥是从初始的种子密钥产生的。DES 的种子密钥 K 为 56 比特，使用中在每 7 比特后添加一个奇偶检验位（分布在 8，16，24，32，40，48，56，64 位），扩充为 64 比特，目的是进行简单的纠错。

从 64 比特带检验位的密钥 K（本质上是 56 比特密钥）中，生成 16 个 48 比特的子密钥 K_i，用于 16 轮变换中。子密钥生成算法如图 2-9 所示。

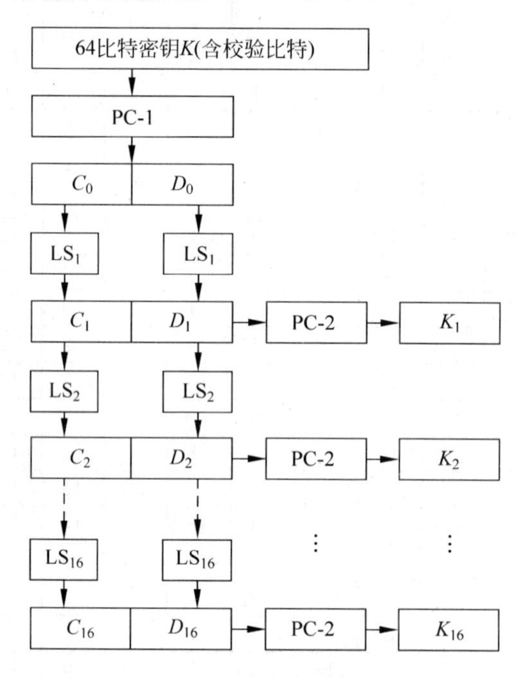

图 2-9　密钥扩展算法

子密钥生成大致包括以下几个子过程：

① 置换选择 1(PC-1)。PC-1 从 64 比特中选出 56 比特的密钥 K 并适当调整比特次序，选择方法由表 2-5 给出。它表示选择第 57 比特放到第 1 个比特位置，选择第 50 比特放到第 2 个比特位置……，选择第 7 比特放到第 56 个比特位置。将前 28 为记为 C_0，后 28 位记为 D_0。

② 循环左移 LS_i。计算模型可以表示为：

$$\begin{cases} C_i = LS_i C_{i-1}, \\ D_i = LS_i(D_{i-1}), \end{cases} \quad 1 \leqslant i \leqslant 16$$

LS_i 表示对 28 比特串的循环左移：当 $i=1,2,9,16$ 时，移一位；对其他 i 移两位。

③ 置换选择 2(PC-2)。与 PC-1 类似，PC-2 则是从 56 比特中拣选出 48 比特的变换，即从 C_i 与 D_i 连接得到的比特串 C_iD_i 中选取 48 比特作为子密钥 K_i，拣选方法由表 2-6 给出，使用方法和表 2-5 相同。

表 2-5　PC-1

57	59	41	33	25	17	9	1	58	50	42	34	26	18	10	2
59	51	43	35	27	19	11	3	60	52	44	36	63	55	47	39
31	23	15	7	62	54	46	38	30	22	14	6	61	53	45	37
29	21	13	5	28	20	12	4								

表 2-6　PC-2

14	17	11	24	1	5	3	28	15	6	21	10	23	19	12	4
26	8	16	7	27	20	13	2	41	52	31	37	47	55	30	40
51	45	33	48	44	49	39	56	34	53	46	42	50	36	29	32

DES 的解密算法与加密算法是相同的，只是子密钥的使用次序相反。

2.4.3　DES 安全性

自从 DES 被 NIST 采纳为标准，对它的安全性就一直争论不休，焦点主要集中于密钥的长度和算法本身的安全性。

DES 受到的最大攻击是它的密钥长度仅有 56 比特。56 位的密钥共有 2^{56} 种可能，这个数字大约为 7.2×10^{16}。在 1977 年，人们估计耗资两千万美元可以建成一个专门计算机用于 DES 的解密，需要 12 个小时的破解才能得到结果。所以，当时 DES 被认为是一种十分强壮的加密方法。1998 年 7 月，EFF(Electronic Frontier Foundation)宣布一台造价不到 25 万美元、为特殊目的设计的机器"DES 破译机"在不到三天时间内成功破译了 DES，DES 终于清楚地被证明是不安全的。EFF 还公布了这台机器的细节，使其他人也能建造自己的破译机。2000 年 1 月，在"第三届 DES 挑战赛"上，EFF 研制的 DES 解密机以 22.5 小时的战绩，成功地破解了 DES 加密算法。随着硬件速度的提高和造价的下降，以及大规模网络并行计算技术的发展，破解 DES 的效率会越来越高。

不过，要进行真正的穷举攻击，仅仅靠简单地将所有可能的密钥代入到程序中去执行是不够的。要进行穷举攻击，需要事先知道一些有关期望明文的知识，并且需要将正确的明文从可能的明文堆里辨认出来的自动化方法。EFF 也介绍了在很多环境中很有效的自动化技术。

人们关心的另外一件事是密码分析者有没有利用 DES 算法本身的特征来攻击它的可能性。问题集中在每轮迭代所用的 8 个代换表，即 S 盒身上。因为这些 S 盒的设计标准，实际上包括整个算法的设计标准是不公开的，因此人们怀疑密码分析者若是知道 S 盒的构造方法，就可能知道 S 盒的弱点。DES 可能是当今最多的被分析和攻击对象，多年来人们也的确发现了 S 盒的许多规律和一些缺点，但是至今还没有人公开声明发现任何结构方面的缺陷和漏洞。

2.4.4 三重 DES

由于使用了长度 56 比特的短密钥,DES 对抗穷举攻击的能力相对比较脆弱,因此很多人推出了多重 DES,希望克服这种缺陷。比较典型的是 2DES、3DES 和 4DES 等几种形式。其中 2DES 和 4DES 由于易受中间相遇攻击的威胁,实际应用中广泛采用的一般是三重 DES 方案,即使用 3 倍 DES 密钥长度的密钥,执行 3 次 DES 算法。3DES 有以下 4 种模式:

(1) DES-EEE3 模式,使用三个不同的密钥(k_1, k_2, k_3),进行三次加密,密文为

$$C = \mathrm{DES}_{k_3}(\mathrm{DES}_{k_2}(\mathrm{DES}_{k_1}(M)))$$

(2) DES-EDE3 模式,使用三个不同的密钥(k_1, k_2, k_3),采用加密—解密—加密模式。

$$密文\ C = \mathrm{DES}_{k_3}(\mathrm{DES}_{k_2}^{-1}(\mathrm{DES}_{k_1}(M)))$$

(3) DES-EEE2 模式,使用两个不同的密钥($k_1 = k_3, k_2$),进行三次加密。

(4) DES-EDE2 模式,使用两个不同的密钥($k_1 = k_3, k_2$),采用加密—解密—加密模式。

3DES 有两个显著的优点:首先,密钥长度是 112 位(两个不同的密钥)或 168 位(三个不同的密钥),对抗穷举攻击的能力得到极大加强。其次,3DES 的底层加密算法与 DES 的加密算法相同,而迄今为止没有人公开声称找到了针对此算法有比穷举攻击更有效的、基于算法本身的密码分析攻击方法。如果仅考虑算法安全,3DES 能成为未来数十年加密算法标准的合适选择。

3DES 的根本缺点在于用软件实现该算法的速度比较慢。这是因为 DES 一开始就是为硬件实现所设计的,难以用软件有效地实现。而 3DES 的底层加密算法与 DES 的加密算法相同,并且计算过程中轮的数量三倍于 DES 中轮的数量,故其速度慢得多。另一个缺点是 DES 和 3DES 的分组长度均为 64 位。就效率和安全性而言,分组长度应更长。

由于这些缺陷,3DES 不能成为长期使用的加密算法标准。故 NIST 在 1997 年公开征集新的高级加密标准,要求安全性能不低于 3DES,同时应具有更好的执行性能。

2.5 高级加密标准

三重 DES 通过增加密钥长度,在强度上满足了当时商用密码的要求。但随着计算机硬件的飞速发展,计算速度不断提高;另一方面,密码分析技术也不断进步,使得人们对 DES 的安全性仍然心存疑虑。1997 年,美国国家标准技术研究所(NIST)在全球范围内征集高级加密标准算法。2002 年 10 月,NIST 宣布“Rijndael 数据加密算法”最终入选,并将于 2002 年 5 月正式生效。实际上,目前通称的 AES 就是指的 Rijndael 对称分组密码算法。AES 用来在将来取代 DES,成为广泛使用的新标准。

AES 算法具有良好的有限域和有限环数学理论基础,算法随机性好,能高强度隐藏信息,同时又保证了算法可逆性,能很好地满足加解密的需求。算法的软硬件环境适应性强,满足多平台需求。算法简单,性能稳定,灵活性好。密钥使用方便,存储需求低。

2.5.1 数学基础:有限域 GF(2^8)

设 GF(2)是由 0 和 1 构成的二元域{0,1}。令 GF(2) $[x]$是 F_2 上的多项式环,故

GF(2) $[x]$中有乘法和加法两种运算并满足自然的运算规则。

设 $m(x)=x^8+x^4+x^3+x+1$(Rijndael 中 $m(x)$是取定的),则 $m(x)$是一个不可约多项式,从而由域 GF(2)= {0,1}上的多项式环 GF(2) $[x]$以 $m(x)$为模可构造一个域 GF(2) $[x]/(m(x))$,即 GF(2^8)。

因 GF(2) $[x]/(m(x))$可看成次数不高于 7 次多项式和零多项式组成的集合,恰与 8 位长的二进制数有一个 1-1 对应关系,即一个字节 $b=b_7b_6b_5b_4b_3b_2b_1b_0$ 可以用系数为 0 或 1 的多项式表示:

$$f(x)=b_7x^7+b_6x^6+b_5x^5\cdots+b_1x+b_0$$

因此,可把 GF(2^8)中每个元看成一个字节,GF(2^8)中 256 个元可看成 256 个字节,并赋予相应的运算。例如,十六进制数 5B 对应二进制数 01011010,作为一个字节对应多项式 $x^6+x^4+x^3+x^1$。

GF(2^8)上的加法定义为二进制多项式的加法,其系数进行模 1 加,即异或运算:

$$c_i=a_i\oplus b_i,\quad 1\leqslant i\leqslant 7$$

例如,十六进制数 59 和 7C 相加,采用多项式记法,有:

$$(x^6+x^4+x^3+1)+(x^6+x^5+x^4+x^3+x^2)=x^5+x^2+1$$

则 59+7C=25。多项式加法和字节为单位的逐位异或结果是相同的。

GF(2^8)上的乘法定义为二进制多项式的乘积以 $m(x)=x^8+x^4+x^3+x+1$ 为模约减的结果,即

$$f_1(x)\cdot f_2(x)\ \mathrm{mod}\ m(x)$$

例如,十六进制数 4B 和 51 相乘,采用多项式记法,有:

$$\begin{aligned}&(x^6+x^3+x+1)\cdot(x^6+x^4+1)\\&=x^{12}+x^{10}+x^9+x^5+x^4+x^3+x+1\ \mathrm{mod}\ m(x)\\&=x^7+x^6+x^3+x\end{aligned}$$

即 4B 与 51 的乘积是 CA。

2.5.2 AES 结构

AES 算法也是迭代分组密码,明文分组长度有三个可选值,包括 128、196、256 比特,128 位是使用最广泛的。密钥长度也有 128、196、256 比特三种,实现中也多取为 128 位。

AES 加解密的流程首先进行轮密钥加,然后进行完全相同的 10 轮迭代,得到最终输出,如图 2-10 所示。

加密算法和解密算法的输入输出均为 128 位的分组,用 4×4 的矩阵描述,矩阵的每个元素是一个字节,可看作 GF(2^8)上的一个元。输入矩阵首先按照先列后行的规则复制到中间状态矩阵,该状态矩阵在加密或解密的每个阶段都会被改变,最后被复制到输出矩阵中。操作过程如下:

$$\begin{bmatrix}a_0&a_4&a_8&a_{12}\\a_1&a_5&a_9&a_{13}\\a_2&a_6&a_{10}&a_{14}\\a_3&a_7&a_{11}&a_{15}\end{bmatrix}\Rightarrow\begin{bmatrix}s_{0,0}&s_{0,1}&s_{0,2}&s_{0,3}\\s_{1,0}&s_{1,1}&s_{1,2}&s_{1,3}\\s_{2,0}&s_{2,1}&s_{2,2}&s_{2,3}\\s_{3,0}&s_{3,1}&s_{3,2}&s_{3,3}\end{bmatrix}\Rightarrow\begin{bmatrix}b_0&b_4&b_8&b_{12}\\b_1&b_5&b_9&b_{13}\\b_2&b_6&b_{10}&b_{14}\\b_3&b_7&b_{11}&b_{15}\end{bmatrix}$$

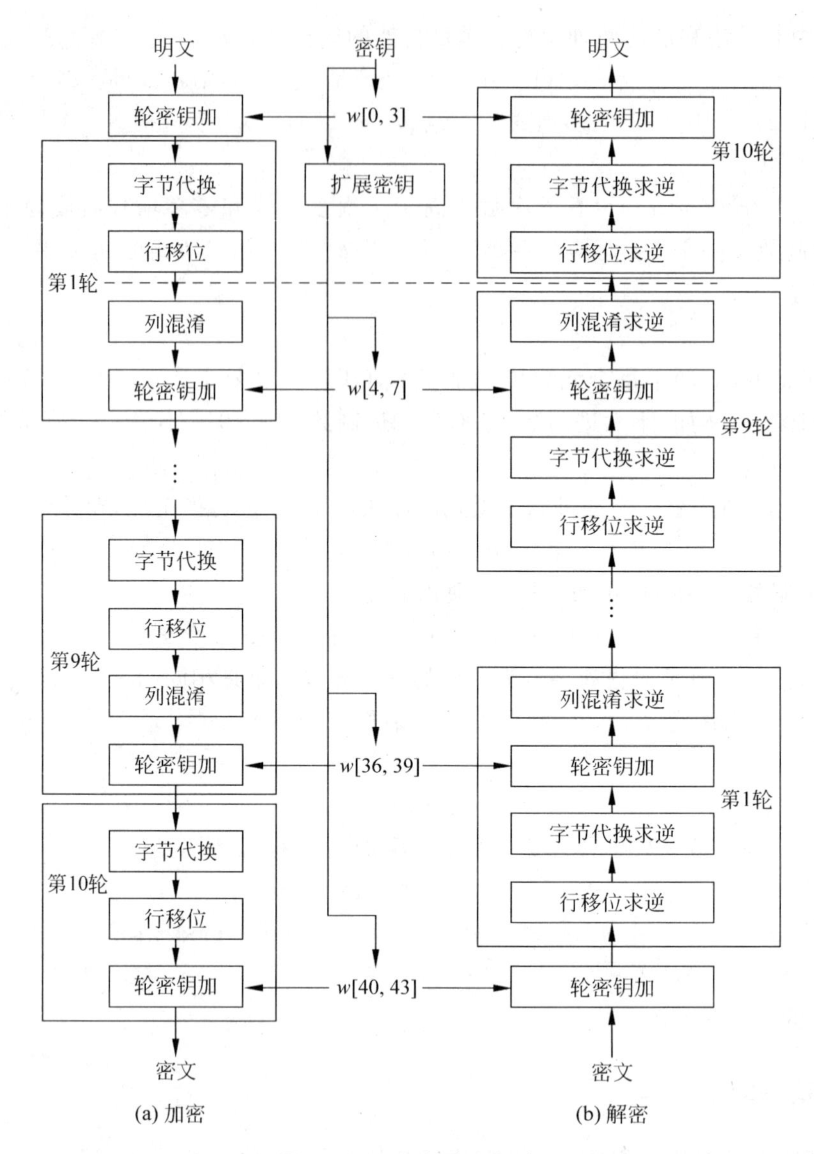

图 2-10 AES 加密和解密

128 位的密钥被扩展为 44 个字的密钥序列,每个字由 4 个字节组成。每轮加解密过程,各有 4 个字(128 位)的密钥作为该轮的轮密钥。轮密钥也被表示成矩阵形式,大小与状态矩阵相同。

算法核心由 10 轮迭代运算组成,加解密过程满足可逆性。每轮运算由四个不同的阶段组成:字节代换、行移位、列混合和轮密钥加。对字节代换、行移位和列混合,在解密算法中用与它们相对应的逆函数。轮密钥加的逆就是用同样的轮密钥和分组相异或,其原理在于 $A \oplus A \oplus B = B$。算法的第 1 轮到第 9 轮执行所有四个阶段的变换,最后一轮运算略有不同,只包含前三个阶段,没有列混合。

1. 轮密钥加

轮密钥加就是对 128 位的初始状态矩阵与 128 位的第一个轮密钥进行异或运算,轮密钥被表示成与状态矩阵同大小的矩阵，由种子密钥通过扩展产生。逆向轮密钥加与轮密钥加相同，因为异或操作是其本身的逆。

2. 字节代换

字节代换是一个简单的查表操作。AES 定义了一个 S 盒，是一个 16×16 字节的矩阵，包含了 8 位值所能表达的 256 种可能的变换。加密过程中，每个字节按照如下的方式代换为一个新的字节：把该字节的高 4 位作为行值，低 4 位作为列值，然后取出 S 盒中对应行列的元素作为输出。例如，十六进制值 $(98)_H$ 对应 S 盒的行值是 9，列值是 8，S 盒中在此位置的值是 $(46)_H$。相应地，$(98)_H$ 被映射为 $(46)_H$。解密过程中，每个字节则通过查逆 S 盒代换为一个新的字节。

S 盒按如下的方式构造：

(1) 逐行按升序排列的字节值初始化 S 盒。第一行是 $(00)_H,(01)_H,\cdots,(0F)_H$；第二行是 $(10)_H,(11)_H,\cdots,(1F)_H$，以此类推。因此，行 x 列 y 的字节值是 $(xy)_H$。

(2) 把 S 盒中的每个字节映射为它在有限域 $GF(2^8)$ 中的乘法逆；$(00)_H$ 被映射为它自身。即对于 $\alpha \in GF(2^8)$，求 $\beta \in GF(2^8)$，使得

$$\alpha \cdot \beta = \beta \cdot \alpha = 1 \bmod m(x)$$

(3) 记 S 盒中的每个字节为 $x=(x_0,x_1,\cdots,x_7)T$。然后通过 GF(2) 中的仿射变换把 S 盒中的每个字节 x 代换为 y，即：

$$\begin{bmatrix} y_0 \\ y_1 \\ \vdots \\ y_7 \end{bmatrix} = \begin{bmatrix} 1&0&0&0&1&1&1&1 \\ 1&1&0&0&0&1&1&1 \\ 1&1&1&0&0&0&1&1 \\ 1&1&1&1&0&0&0&1 \\ 1&1&1&1&1&0&0&0 \\ 0&1&1&1&1&1&0&0 \\ 0&0&1&1&1&1&1&0 \\ 0&0&0&1&1&1&1&1 \end{bmatrix} \begin{bmatrix} x_0 \\ x_1 \\ \vdots \\ x_7 \end{bmatrix} + \begin{bmatrix} 1 \\ 1 \\ 0 \\ 0 \\ 0 \\ 1 \\ 1 \\ 0 \end{bmatrix}$$

逆 S 盒的构造中则使用此仿射变换的逆变换，其矩阵表示如下：

$$\begin{bmatrix} y_0 \\ y_1 \\ \vdots \\ y_7 \end{bmatrix} = \begin{bmatrix} 0&0&1&0&0&1&0&1 \\ 1&0&0&1&0&0&1&0 \\ 0&1&0&0&1&0&0&1 \\ 1&0&1&0&0&1&0&0 \\ 0&1&0&1&0&0&1&0 \\ 0&0&1&0&1&0&0&1 \\ 1&0&0&1&0&1&0&0 \\ 0&1&0&0&1&0&1&0 \end{bmatrix} \begin{bmatrix} x_0 \\ x_1 \\ \vdots \\ x_7 \end{bmatrix} + \begin{bmatrix} 1 \\ 1 \\ 0 \\ 0 \\ 0 \\ 1 \\ 1 \\ 0 \end{bmatrix}$$

通过这种方式构造的 S 盒和逆 S 盒如表 2-7 和表 2-8 所示。

S 盒被设计成能防止已有的各种密码分析攻击。Rijndael 密码算法的开发者特别寻求在输入位和输出位之间几乎没有相关性的设计，且输出值不能通过利用一个简单的数学函数变换输入值所得到。

表 2-7　AES 的 S 盒

		y															
		0	1	2	3	4	5	6	7	8	9	A	B	C	D	E	F
x	0	63	7C	77	7B	F2	6B	6F	C5	30	01	67	2B	FE	D7	AB	76
	1	CA	82	C9	7D	FA	59	47	F0	AD	D4	A2	AF	9C	A4	72	C0
	2	B7	FD	93	26	36	3F	F7	CC	34	A5	E5	F1	71	D8	31	15
	3	04	C7	23	C3	18	96	05	9A	07	12	80	E2	EB	27	B2	75
	4	09	83	2C	1A	1B	6E	5A	A0	52	3B	D6	B3	29	E3	2F	84
	5	53	D1	00	ED	20	FC	B1	5B	6A	CB	BE	39	4A	4C	58	CF
	6	D0	EF	AA	FB	43	4D	33	85	45	F9	02	7F	50	3C	9F	A8
	7	51	A3	40	8F	92	9D	38	F5	BC	B6	DA	21	10	FF	F3	D2
	8	CD	0C	13	EC	5F	97	44	17	C4	A7	7E	3D	64	5D	19	73
	9	60	81	4F	DC	22	2A	90	88	46	EE	D8	14	DE	5E	0B	DB
	A	E0	32	3A	0A	49	06	24	5C	C2	D3	AC	62	91	96	95	79
	B	E7	C8	37	6D	8D	D5	4E	A9	6C	56	F4	EA	65	7A	AE	08
	C	BA	78	25	2E	1C	A6	B4	C6	E8	DD	74	1F	4B	BD	8B	8A
	D	70	3E	B5	66	48	03	F6	0E	61	35	57	B9	86	C1	1D	9E
	E	E1	F8	98	11	69	D9	8E	94	9B	1E	87	E9	CE	55	28	DF
	F	8C	A1	89	0D	BF	E6	42	68	41	99	2D	0F	B0	54	BB	16

表 2-8　AES 的逆 S 盒

		y															
		0	1	2	3	4	5	6	7	8	9	A	B	C	D	E	F
x	0	52	09	6A	D5	30	36	A5	38	BF	40	A3	9E	81	F3	D7	FB
	1	7C	E3	39	82	9B	2F	FF	87	34	8E	43	44	C4	DE	E9	CB
	2	54	7B	94	32	A6	C2	23	3D	EE	4C	95	0B	42	FA	C3	4E
	3	08	2E	A1	66	28	D9	24	B2	76	5B	A2	49	6D	8B	D1	25
	4	72	F8	F6	64	86	68	98	16	D4	A4	5C	CC	5D	65	B6	92
	5	6C	70	48	50	FD	ED	B9	DA	5E	15	46	57	A7	8D	9D	84
	6	90	D8	AB	00	8C	BC	D3	0A	F7	E4	58	05	B8	B3	45	06
	7	D0	2C	1E	8F	CA	3F	0F	02	C1	AF	BD	03	01	13	8A	6B
	8	3A	91	11	41	4F	67	DC	EA	97	F2	CF	CE	F0	B4	E6	73
	9	96	AC	74	22	E7	AD	35	85	E2	F9	37	EB	1C	75	DF	6E
	A	47	F1	1A	71	1D	29	C5	89	6F	B7	62	0E	AA	18	BE	1B
	B	FC	56	3E	4B	C6	D2	79	20	9A	DB	C0	FE	78	CD	5A	F4
	C	1F	DD	A8	33	88	07	C7	31	B1	12	10	59	27	80	EC	5F
	D	60	51	7F	A9	19	B5	4A	0D	2D	E5	7A	9F	93	C9	9C	EF
	E	A0	E0	3B	4D	AE	2A	F5	B0	C8	EB	BB	3C	83	53	99	61
	F	17	2B	04	7E	BA	77	D6	26	E1	69	14	63	55	21	0C	7D

3. 行移位

加密过程中使用正向行移位，将中间状态矩阵的各行进行循环移位，不同行的移位量不同：第一行保持不变，第二行循环左移一个字节，第三行循环左移两个字节，第四行循环左移三个字节，如图 2-11 所示。

$$\begin{bmatrix} s_{0,0} & s_{0,1} & s_{0,2} & s_{0,3} \\ s_{1,0} & s_{1,1} & s_{1,2} & s_{1,3} \\ s_{2,0} & s_{2,1} & s_{2,2} & s_{2,3} \\ s_{3,0} & s_{3,1} & s_{3,2} & s_{3,3} \end{bmatrix} \Rightarrow \begin{bmatrix} s_{0,0} & s_{0,1} & s_{0,2} & s_{0,3} \\ s_{1,1} & s_{1,2} & s_{1,3} & s_{1,0} \\ s_{2,2} & s_{2,3} & s_{2,0} & s_{2,1} \\ s_{3,3} & s_{3,0} & s_{3,1} & s_{3,2} \end{bmatrix}$$

图 2-11　正向行移位

解密中进行逆向行移位，将状态矩阵的后三行执行相反方向的移位操作。

4. 列混合

列混合对状态矩阵的每列独立地进行操作，将每列看作系数在 GF(2^8)中、次数小于 4 的多项式，再与一个固定多项式进行模 x^4+1 的乘法运算，把每列中的每个字节被映射为一个新值。列混合变换可由下面的矩阵乘法表示。

$$\begin{bmatrix} s'_{0,0} & s'_{0,1} & s'_{0,2} & s'_{0,3} \\ s'_{1,0} & s'_{1,1} & s'_{1,2} & s'_{1,3} \\ s'_{2,0} & s'_{2,1} & s'_{2,2} & s'_{2,3} \\ s'_{3,0} & s'_{3,1} & s'_{3,2} & s'_{3,3} \end{bmatrix} = \begin{bmatrix} 02 & 03 & 01 & 01 \\ 01 & 02 & 03 & 01 \\ 01 & 01 & 02 & 02 \\ 03 & 01 & 02 & 02 \end{bmatrix} \begin{bmatrix} s_{0,0} & s_{0,1} & s_{0,2} & s_{0,3} \\ s_{1,0} & s_{1,1} & s_{1,2} & s_{1,3} \\ s_{2,0} & s_{2,1} & s_{2,2} & s_{2,3} \\ s_{3,0} & s_{3,1} & s_{3,2} & s_{3,3} \end{bmatrix}$$

这里的乘法是定义在有限域 GF(2^8)的，$s_{i,j}$与 $s'_{i,j}$代表中间状态矩阵的元素。

解密过程中进行逆向列混淆变换，可由如下的矩阵乘法定义：

$$\begin{bmatrix} s'_{0,0} & s'_{0,1} & s'_{0,2} & s'_{0,3} \\ s'_{1,0} & s'_{1,1} & s'_{1,2} & s'_{1,3} \\ s'_{2,0} & s'_{2,1} & s'_{2,2} & s'_{2,3} \\ s'_{3,0} & s'_{3,1} & s'_{3,2} & s'_{3,3} \end{bmatrix} = \begin{bmatrix} 0E & 0B & 0D & 09 \\ 09 & 0E & 0B & 0D \\ 0D & 09 & 0E & 0B \\ 0B & 0D & 09 & 0E \end{bmatrix} \begin{bmatrix} s_{0,0} & s_{0,1} & s_{0,2} & s_{0,3} \\ s_{1,0} & s_{1,1} & s_{1,2} & s_{1,3} \\ s_{2,0} & s_{2,1} & s_{2,2} & s_{2,3} \\ s_{3,0} & s_{3,1} & s_{3,2} & s_{3,3} \end{bmatrix}$$

2.5.3　AES 密钥扩展

AES 密钥扩展算法把 4 个字(每个字 4 字节，共 16 字节)的种子密钥扩展成一个 44 字(176 字节)的一维密钥数组，然后把最前面的 4 个字对应到初始轮密钥矩阵，接下来的 4 个字作为第一轮的密钥矩阵，以此类推。

种子密钥被直接复制到扩展密钥数组的前 4 个字，然后每次用 4 个字填充数组余下的部分。在扩展密钥数组中，$w[i]$的值依赖于 $w[i-1]$和 $w[i-4]$。根据 w 数组中下标 i 对 4 的取余结果分成 4 种情形，其中三种使用了异或，而对下标为 4 的倍数的元素采用了更复杂的函数来计算，该函数包括以下 3 个步骤：

① 字循环，使一个字中的 4 个字节循环左移一个字节。

② 字节代换，利用 S 盒对输入字中的每个字节进行字节代换。

③ 步骤①和步骤②的结果再与轮常量相异或。

轮常量是一个字，这个字最右边三个字节总为 0。每轮的轮常量均不同，其定义为 Rcon[j]=(RC[j],0,0,0)，其中 RC[1]=1，RC[j]=2 · RC[$j-1$](乘法是定义在域 GF(2^8)上)。RC[j]的值以十六进制表示为：

j	1	2	3	4	5	6	7	8	9	10
RC[j]	01	02	04	08	10	20	40	80	1B	36

2.5.4 AES安全性

尽管Rijndael算法的安全性仍处在深入讨论中，但人们对AES的安全性还是达成了以下几个共识：

(1) 该算法对密钥选择没有限制，迄今没有发现弱密钥和半弱密钥的存在。

(2) 因为密钥长度相较于DES大大加长，可以有效抗击穷举密钥攻击。

(3) 可以有效抵抗线性攻击和差分攻击。

(4) 可以抵抗积分密码分析。

目前还没有关于有效攻击Rijndael算法的公开报道。

2.6 RC4

2.6.1 流密码

在流密码中，加密和解密每次只处理数据流的一个符号(如一个字符或一个比特)。典型的流密码算法每次加密一个字节的明文。密钥输入到一个伪随机数(比特)发生器，该伪随机数发生器产生一串随机的8比特数，称为密钥流，通过与同一时刻一个字节的明文流进行异或(XOR)操作产生密文流。解密需要使用相同的伪随机序列，与密文相异或，得到明文。

流密码类似于“一次一密”，不同的是“一次一密”使用的是真正的随机数流，而流密码使用的是伪随机数流。通过设计合适的伪随机数发生器，流密码可以提供和相应密钥长度分组密码相当的安全性。流密码的主要优点是，其相当于分组密码来说，往往速度更快而且需要编写的代码更少。

2.6.2 RC4算法

RC4是Ron Rivest在RSA公司设计的一种可变密钥长度的、面向字节操作的流密码。RC4可能是应用最广泛的流密码。它被用于SSL/TLS(安全套接字协议/传输层安全协议)标准，以保护互联网的Web通信。它也应用于作为IEEE 802.11无线局域网标准一部分的WEP(Wired Equivalent Privacy)协议，保护无线链接的安全。

RC4算法非常简单，易于描述。它以一个足够大的表S为基础，对表进行非线性变换，产生密钥流。一般S表取作256字节大小，用可变长度的种子密钥K(1～256个字节)初始化表S，S的元素记为$S[0]$、$S[1]$、$S[255]$。加密和解密的时候，密钥流中的一个字节由S中256个元素按一定方式选出一个元素而生成，同时S中的元素被重新置换一次。

1. 初始化S

对S进行线性填充，S中元素的值被置为按升序从0到255，即$S[0]=0, S[1]=1, \cdots, S[255]=255$。同时用种子密钥填充另一个256字节长的$K$表。如果种子密钥的长度为256字节，则将种子密钥赋给K；否则，若密钥长度为$n(n<256)$字节，则将K的值赋给T的前n个元素，并循环重复用种子密钥的值赋给K剩下的元素，直到K的所有元素都被

赋值。

然后用 K 产生 S 的初始置换，从 $S[0]$ 到 $S[255]$，对每个 $S[i]$，根据由 $K[i]$ 确定的方案，将 $S[i]$ 置换为 S 中的另一字节：

```
j = 0;
for i = 0 to 255 do
  j =(j + S[i] + K[i])mod 256;
  Swap(S[i] ,S[j]);
```

因为对 S 的操作仅是交换，所以唯一的改变就是置换。S 仍然包含所有值为 0～255 的元素。

2. 密钥流的生成

表 S 一旦完成初始化，输入密钥就不再被使用。为密钥流生成字节的时候，从 $S[0]$ 到 $S[255]$ 随机选取元素，并修改 S 以便下一次的选取。对每个 $S[i]$，根据当前 S 的值，将 $S[i]$ 与 S 中的另一字节置换。当 $S[255]$ 完成置换后，操作继续重复，从 $S[0]$ 开始。选取算法描述如下：

```
i,j = 0;
while(true)
  i =(i + 1)mod 256;
  j =(j + S[i])mod 256;
  Swap(S[i] ,S[j]);
  t =(S[i] + S[j])mod 256;
  k = S[t];
```

加密中，将 K 的值与下一明文字节异或；解密中，将 K 的值与下一密文字节异或。

2.7　基于对称密码的通信保密性

数据加密作为一项基本技术是安全的基石。历史上，密码学的主要作用就是用来实现保密性。认证、完整性、数字签名等技术，是密码学最近几十年才出现的新理论和应用。

本节主要讨论如何用对称密码对传输的数据流进行加密，以实现通信的保密性。

2.7.1　加密功能的设置

如果要用加密来对抗危害保密性的攻击，首先要确定加密功能在系统中的设置位置。通常加密功能的设置有三种方法：链路加密、结点加密和端到端加密。

1. 链路加密

对于两个网络结点间的通信链路，链路加密能为传输的数据提供安全保证。链路加密将加密功能设置在通信链路两端，所有消息在被传输之前进行加密，传输路径上的每一个结点接收到消息后首先进行解密，然后使用下一个链路的密钥对消息进行加密，再进行传输。依次进行，直至到达目的地。由于在每一个中间传输结点消息均被解密后重新进行加密，包括路由信息在内的链路上的所有数据均以密文形式出现。这样，链路上的信息传输可以是安全的。

同时,为了对抗通信业务量分析,还可以使用传输填充技术。传输填充持续地产生密文,即使没有明文输入。有明文输入时,就将明文加密,然后发送;没有明文输入时,就把随机数加密并发送。这使得攻击者难以区分真实数据和无用数据,故不能分析出传输流量。

链路加密功能一般设置在网络中处于较低的层次。在开放式系统互连(OSI)模型中,它处在物理层或链路层。

尽管链路加密在计算机网络环境中使用得相当普遍,但它并非没有问题。首先,链路加密要求先对链路两端的加密设备进行同步,然后使用一种链模式对链路上传输的数据进行加密,这给网络的性能和可管理性带来了副作用。其次,在每个交换结点上都需要将消息解密,因为交换时要用到数据包头,以便寻址。因此,链路加密仅在通信链路上提供安全性,网络结点上消息以明文形式存在,这就要求所有结点在物理上必须是安全的,否则就会泄露明文内容。而保证每一个结点的安全性需要较高的费用。最后,所有潜在链路都要使用链路加密。共享一条链路的每对结点应共享唯一的密钥。这样,整个网络上密钥的数目就会很大,密钥分配在链路加密系统中就成了一个问题,因为每一个结点必须存储与其相连接的所有链路的加密密钥。

2. 结点加密

结点加密能给网络数据提供较高的安全性,但它在操作方式上与链路加密是类似的:两者均在通信链路上为传输的消息提供安全性,都在中间结点先对消息进行解密,然后进行加密传输。因为要对所有传输的数据进行加密,所以加密过程对用户是透明的。与链路加密不同之处在于,结点加密不允许消息在网络结点以明文形式存在,它先把收到的消息进行解密,然后采用另一个不同的密钥进行加密,这一过程是在结点上的一个安全模块中进行。

结点加密要求包头和路由信息以明文形式传输,以便中间结点能得到如何处理消息的信息。因此这种方法对于防止攻击者分析通信业务是脆弱的。

3. 端到端加密

端对端加密的过程在两端系统中进行。由发送方主机加密数据,密文经由网络传送到接收方主机,接收方主机使用与源主机共享的密钥对密文进行解密。在端到端加密方式中,数据被传输时到达终点之前不进行解密,传输过程中始终以密文形式存在。这样,消息在整个传输过程中均受到保护,即使有结点被损坏也不会使消息泄露。

端到端加密方式不能对整个数据包加密,因为传输路径上的交换结点接收到密文包后不能解密数据包读取信息头,无法进行数据包的路由。因此,端对端加密只对用户数据进行加密,信息头保持明文。通过这种方式,用户数据是安全的,但是不能掩盖被传输消息的源点与终点,因此它对于防止攻击者分析通信业务是脆弱的,传输过程不安全了,所以端对端加密需提供认证。如果两个末端系统共享一个加密密钥,那么接收者可以确信接收到的任何消息是从合法发送者处来的。链路加密机制是不含这种认证的。

端对端加密功能的逻辑位置可有几种选择。应用级别较低的话,它可以用在网络层。对于网络层加密,任何一个末端系统都可以进行加密数据的交换,只需与对方末端系统共享一个密钥,该末端系统所有的用户进程和应用都使用相同的密钥和加密机制来与某目标末端系统联系。将加密功能用于端对端协议,例如 TCP 协议,可以提供整个网络的端对端传输的安全性。但是,这种方案不便穿过网关,不能用于网络之间的服务。端对端加密还可以在应用层上进行,缺点是牵连的实体个数太多,要生成和分配的密钥数也就太大。

端到端加密系统的价格便宜,并且与链路加密和结点加密相比更可靠,更容易设计、实现和维护。端到端加密方式中每个数据包均是独立被加密的,一个数据包所发生的传输错误不会影响后续的数据包,避免了其他加密系统所固有的同步问题。此外,从用户对安全需求的直觉上讲,端到端加密更自然些。单个用户可能会选用这种加密方法,以便不影响网络上的其他用户,此方法只需要源和目的结点是保密的即可。

2.7.2　密钥分配

对称密码要求消息交换双方共享密钥,并且此密钥不为他人所知。此外,密钥要经常变动,以防攻击者知道。因此,任何密码系统的强度都与密钥分配方法有关。对于参与者 A 和 B,密钥的分配有以下几种办法:

(1) 密钥由 A 选择,并亲自交给 B。

(2) 第三方 C 选择密钥后亲自交给 A 和 B。

(3) 如果 A 和 B 以前或最近使用过某密钥,其中一方可以用它加密一个新密钥后再发送给另一方。

(4) A 和 B 与第三方 C 均有秘密渠道,则 C 可以将一密钥分别秘密发送给 A 和 B。

方法(1)和方法(2)需要人工传送密钥,适用于密钥数目较少且距离不远的情况,例如链路加密,因为每个链路加密设备仅同链路另一方进行数据交换。但人工传送不适于端对端加密。在分布式系统,特别是那些广域分布系统中,某一主机可能需要和其他任何主机经常交换数据,需要大量动态产生的密钥。

方法(3)既可用于链路加密,也可用于端对端加密。但是如果攻击者曾经成功获取一个密钥,则所有的子密钥都暴露了。此外,成千上万个初始密钥的分发还是一个困难。

假设方法(4)中的第三方是一个密钥分配中心,负责分发密钥给需要的用户(主机、进程、应用)。每个用户与密钥分配中心共享一个密钥,此密钥用于密钥分配。这种方式可应用于端到端加密。典型的密钥分配模式如图 2-12 所示。

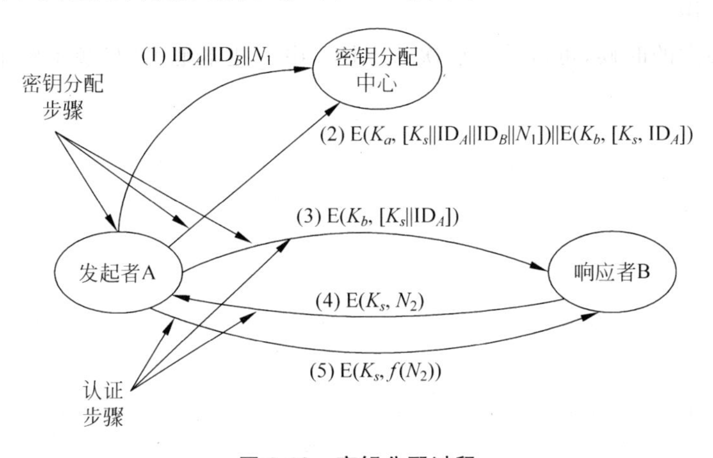

图 2-12　密钥分配过程

3.1.1 公钥密码体制

公钥密码算法依赖于一个加密密钥和一个与之相关的不同的解密密钥，这些算法都具有下述重要特点：

- 加密/解密算法相同，但使用不同的密钥。
- 发送方拥有加密密钥或解密密钥，而接收方拥有另一个密钥。
- 根据密码算法和加密密钥以及若干密文，要恢复明文在计算上是不可行的。
- 根据密码算法和加密密钥，确定对应的解密密钥在计算上是不可行的。

公钥密码体制有 6 个组成部分，如图 3-1 所示。

(1) 明文。算法的输入。它们是可读信息或数据。

(2) 加密算法。加密算法对明文进行各种转换。

(3) 公钥和私钥。算法的输入。这对密钥中一个用于加密，一个用于解密。加密算法执行的变换依赖于公钥和私钥。

(4) 密文。算法的输出。它依赖于明文和密钥，对给定的消息，不同的密钥产生的密文不同。

(5) 解密算法。该算法接收密文和相应的密钥，并产生原始的明文。

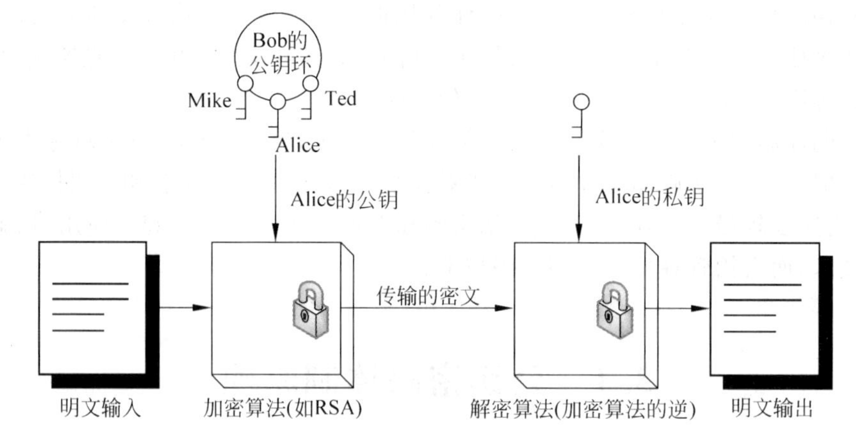

图 3-1 公钥密码体制

公钥密码体制的主要工作步骤包括：

① 每一用户产生一对密钥，分别用来加密和解密消息。

② 每一用户将其中一个密钥存于公开的寄存器或其他可访问的文件中，该密钥称为公钥。另一密钥是私有的。任一用户可以拥有若干其他用户的公钥。

③ 发送方用接收方的公钥对消息加密。

④ 接收方收到消息后，用其私钥对消息解密。由于只有接收方知道其自身的私钥，所以其他的接收者均不能解密出消息。

利用这种方法，通信各方均可访问公钥，而私钥是各通信方在本地产生的，所以不必进行分配。只要用户的私钥受到保护，保持秘密性，那么它的通信就是安全的。在任何时刻，系统可以改变其私钥，并公布相应的公钥以替代原来的公钥。

表 3-1 总结了对称密码和公钥密码的一些重要特征。

表 3-1　对称密码和公钥密码

密码类型	对称密码	公钥密码
一般要求	加密和解密使用相同的密钥	同一算法用于加密和解密，但加密和解密使用不同密钥
	收发双方必须共享密钥	发送方拥有加密或解密密钥，而接收方拥有另一密钥
安全性要求	密钥必须是保密的	两个密钥之一必须是保密的
	若没有其他信息，则解密消息是不可能或至少是不可行的	若没有其他信息，则解密消息是不可能或至少是不可行的
	知道算法和若干密文不足以确定密钥	知道算法和其中一个密钥以及若干密文不足以确定另一密钥

公钥密码的两种基本用途是用来进行加密和认证。不妨假设消息的发送方为A，相应的密钥对为(PU_A,PR_A)，其中PU_A表示A的公钥，PR_A表示A的私钥。同理，假设消息的接收方为B，相应的密钥对为(PU_B,PR_B)，其中PU_B表示B的公钥，PR_B表示B的私钥。现A欲将消息X发送给B。A从自己的公钥环中取出接收方B的公钥PU_B，对作为输入的消息X和加密密钥PU_B，A生成密文Y：

$$Y = E(PU_B, X)$$

B收到加密消息后，用自己的私钥PR_B对密文进行解密，恢复明文X：

$$X = D(PR_B, Y)$$

整个过程如图3-2所示。

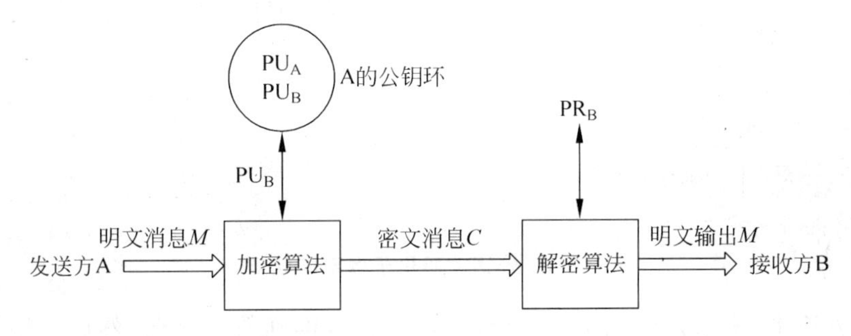

图 3-2　公钥密码用于保密

由于A是用B的公钥PU_B对消息进行加密，因此只有用B的私钥PR_B才能解密密文Y，而B的私钥PR_B是由B秘密保存的。由于攻击者没有B的私钥PR_B，因此攻击者仅根据密文C和B的公钥PU_B解密消息是不可能的。由此，就实现了保密性的功能。

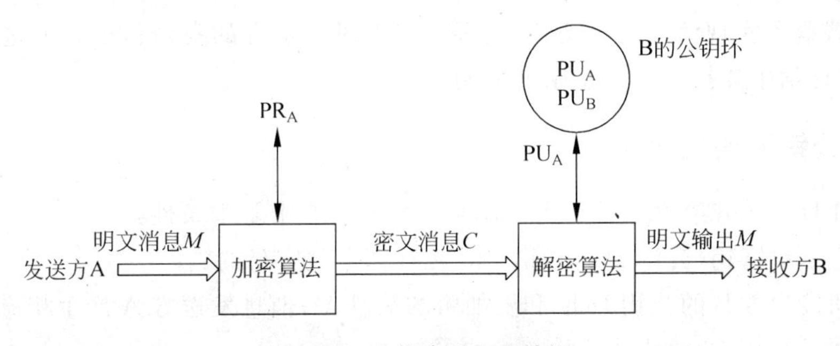

图 3-3　公钥密码用于认证

除了用于实现保密性之外，公钥密码还可以用来实现认证功能，实现过程如图 3-3 所示。在这种方法中，A 向 B 发送消息前，先用 A 的私钥 PR_A 对消息 X 加密：

$$Y = E(PR_A, X)$$

B 则用 A 的公钥 PU_A 对消息解密：

$$X = D(PU_A, Y)$$

由于只有发送方 A 拥有私钥 PR_A，因此只要接收方 B 能够正确解密密文 Y，就可以认为消息的确是由发送方 A 发出的。这样就实现了对发送方 A 的身份认证。

上述方法是对整条消息加密，尽管这种方法可以验证发送方和消息的有效性，但却需要大量的存储空间。在实际使用中，只对一个称为认证符的小数据块加密，它是该消息的函数，对该消息的任何修改必然会引起认证符的变化。

在图 3-3 所示认证过程中，由于攻击者也可以知道 A 的公钥，因此攻击者也可以解密密文消息 Y。也就是说，这里只能实现认证能力，而无法实现保密能力。如果要同时实现保密和认证功能，需要对消息进行两次加密，如图 3-4 所示。

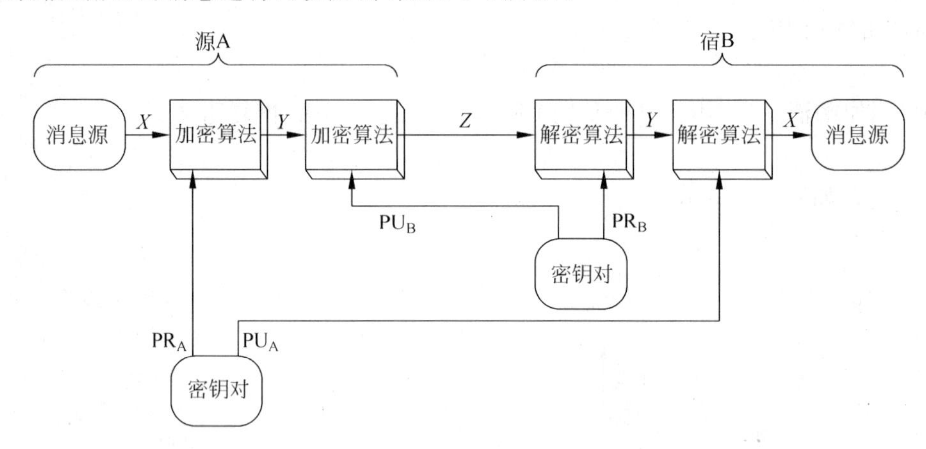

图 3-4 公钥密码用于保密和认证

在这种方法中，发送方首先用其私钥对消息加密，得到数字签名，然后再用接收方的公钥加密：

$$Z = E(PU_B, E(PR_A, X))$$

所得的密文只能被拥有相应私钥的接收方解密：

$$X = D(PU_A, D(PR_B, Z))$$

这种方式既可实现消息的保密性，又可以实现对发送方的身份认证。但这种方法的缺点是，在每次通信中要执行四次复杂的公钥算法。

3.1.2 对公钥密码的要求

Diffie 和 Hellman 给出了公钥密码体制应满足的 5 个基本条件：

(1) 产生一对密钥(公钥 PU，私钥 PR)在计算上是容易的。

(2) 已知接收方 B 的公钥 PU_B 和要加密的消息 M，消息发送方 A 产生相应的密文在计算上是容易的：

$$C = E(PU_B, M)$$

(3) 消息接收方 B 使用其私钥对接收的密文解密以恢复明文在计算上是容易的：

$$M = \mathrm{D}(\mathrm{PR_B}, C) = \mathrm{D}[\mathrm{PR_B}, \mathrm{E}(\mathrm{PU_B}, M)]$$

(4) 已知公钥 $\mathrm{PU_B}$ 时，攻击者要确定对应的私钥 $\mathrm{PR_B}$ 在计算上是不可行的。

(5) 已知公钥 $\mathrm{PU_B}$ 和密文 C，攻击者要恢复明文 M 在计算上是不可行的。

有研究者认为还可以增加下面一个附加条件。

加密和解密函数的顺序可以交换，即：

$$M = \mathrm{D}[\mathrm{PU_B}, \mathrm{E}(\mathrm{PR_B}, M)] = \mathrm{D}[\mathrm{PR_B}, \mathrm{E}(\mathrm{PU_B}, M)]$$

例如，著名的 RSA 密码就满足上述附加条件。但是，这一条件并不是必须的，不是所有的公钥密码应用都满足该条件。

在公钥密码学概念提出后的几十年中，只有两个满足这些条件的算法(RSA，椭圆曲线密码体制)为人们普遍接受，这一事实表明要满足上述条件是不容易的。这是因为，公钥密码体制是建立在数学中的单向陷门函数的基础之上的。

单向函数是满足下列性质的函数：每个函数值都存在唯一的逆；对定义域中的任意 x，计算函数值 $f(x)$是非常容易的；但对 f 的值域中的所有 y，计算 $f^{-1}(y)$在计算上是不可行的，即求逆是不可行的。

一个单向函数，如果给定某些辅助信息(称为陷门信息)，就易于求逆，则称这样的单向函数为一个陷门单向函数。即单向陷门函数是满足下列条件的一类可逆函数 f_k：

- 若 k 和 X 已知，则容易计算 $Y=f_k(X)$。
- 若 k 和 Y 已知，则容易计算 $X=f_k^{-1}(Y)$。
- 若 Y 已知但 k 未知，则计算出 $X=f_k^{-1}(Y)$是不可行的。

公钥密码体制就是基于这一原理，将辅助信息(陷门信息)作为私钥而设计的。这类密码的安全强度取决于它所依据的问题的计算复杂度。由此可见，寻找合适的单向陷门函数是公钥密码体制应用的关键。目前比较流行的公钥密码体制主要有两类：一类是基于大整数因子分解问题的，最典型的代表是 RSA；另一类是基于离散对数问题的，例如椭圆曲线公钥密码体制。

3.2　RSA 算法

MIT 的 Ron Rivest，Adi Shemir 和 Len Adleman 于 1978 在题为《获得数字签名和公开钥密码系统的方法》的论文中提出了基于数论的非对称密码体制，称为 RSA 密码体制。RSA 算法是最早提出的满足要求的公钥算法之一，也是被广泛接受且被实现的通用公钥加密方法。

RSA 是一种分组密码体制，其理论基础是数论中"大整数的素因子分解是困难问题"的结论，即求两个大素数的乘积在计算机上时容易实现的，但要将一个大整数分解成两个大素数之积则是困难的。RSA 公钥密码体制安全、易实现，是目前广泛应用的一种密码体制，既可以用于加密，又可以用于数字签名。

3.2.1　算法描述

RSA 明文和密文均是 $0 \sim n-1$ 之间的整数，通常 n 的大小为 1024 位二进制数，即 n 小

于 2^{1024}。

1. 密钥生成

首先必须生成一个公钥和对应的私钥。选择两个大素数 p 和 q（一般约为 256 比特），p 和 q 必须保密。计算这两个素数的乘积 $n=p\times q$，并根据欧拉函数计算小于 n 且与 n 互素的正整数的数目：

$$\phi(n)=(p-1)(q-1)$$

随机选择与 $\phi(n)$ 互素的数 e，则得到公钥 $<e,n>$。计算 $e \bmod \phi(n)$ 的乘法逆 d，即 d 满足：

$$e\times d\equiv 1(\bmod\ \phi(n))$$

则得到了私钥 $<d,n>$。

2. 加密运算

在 RSA 算法中，明文以分组为单位进行加密。将明文消息 M 按照 n 比特长度分组，依次对每个分组做一次加密，所有分组的密文构成的序列即是原始消息的密文 C。加密算法如下：

$$C=M^e \bmod n$$

其中收发双方均已知 n，发送方已知 e，只有接收方已知 d。

3. 解密运算

解密算法如下：

$$M=C^d \bmod n=(M^e)^d \bmod n=M^{ed} \bmod n$$

图 3-5 归纳总结了 RSA 算法。

密钥产生	
选择 p 和 q	p 和 q 都是素数，$p\neq q$
计算 $n=p\times q$	
计算 $\phi(n)=(p-1)(q-1)$	
选择整数 e	$\gcd(\phi(n),e)=1$；$1<e<\phi(n)$
计算 d	$d\equiv e^{-1}(\bmod\ \phi(n))$
公钥	$PU=\{e,n\}$
私钥	$PR=\{d,n\}$

加密	
明文：	$M<n$
密文：	$C=M^e \bmod n$

解密	
密文：	C
明文：	$M=C^d \bmod n$

图 3-5　RSA 算法

RSA 的缺点主要有以下两点：

(1) 产生密钥很麻烦，受到素数产生技术的限制，因而难以做到一次一密。

(2) 分组长度太大，为保证安全性，n 至少也要 600 位以上，使运算代价很高，尤其是速度较慢，较对称密码算法慢几个数量级；且随着大数分解技术的发展，这个长度还在增加，不利于数据格式的标准化。因此，一般来说 RSA 只用于少量数据加密。

3.2.2　RSA 的安全性

1. 因子分解

RSA 算法的安全性是建立在“大整数因子分解困难”这一事实上。由算法过程可以看出，分解 n 与求 $\phi(n)$ 等价，若分解出 n 的因子，则 RSA 算法将变得不安全。因此分解 n 是最明显的攻击方法。

利用因子分解进行的攻击主要有如下几种具体作法：

(1) 分解 n 为两个素因子 $p\times q$。这样就可以计算出 $\phi(n)=(p-1)(q-1)$，从而可以计算出 $d\equiv e^{-1}(\bmod\ \phi(n))$。

(2) 直接确定 $\varphi(n)$ 而不先确定 p 和 q。这同样也可以确定 $d\equiv e^{-1}(\bmod\ \phi(n))$。

对 RSA 的密码分析的讨论大都集中于第一种攻击方法，即将 n 分解为两个素数因子从而计算出私钥。RSA 的安全性依赖于大数分解，但是否等同于大数分解一直未能得到理论上的证明，因为没有证明破解 RSA 就一定需要作大数分解。目前，RSA 的一些变种算法已被证明等价于大数分解。不管怎样，分解 n 是最明显的攻击方法，大量的数学高手也试图通过这个途径破解 RSA，但至今一无所获。因此，从经验上讲，RSA 是安全的。

但需要注意的是，尽管因子分解具有大素数因子的数 n 仍然是一个难题，但已不像以前那么困难。计算能力的不断增强和因子分解算法的不断改进，给大密钥的使用造成威胁。因此我们在选择 RSA 的密钥大小时必须选大一些，一般而言取在 1024～2048 位，具体大小视应用而定。

为了防止可以很容易地分解 n，RSA 算法的发明者建议 p 和 q 还应满足下列限制条件：

(1) p 和 q 的长度应仅相差几位。这样对 1024 位的密钥而言，p 和 q 都应约在 10^{75}～10^{100} 之间。

(2) $(p-1)$ 和 $(q-1)$ 都应有一个大的素因子。

(3) $\gcd(p-1,q-1)$ 应该较小。

另外，已经证明，若 $e<n$ 且 $d<n^{1/4}$，则 d 很容易被确定。

2. 选择密文攻击

RSA 在选择密文攻击面前很脆弱。一般攻击者是将某一信息作一下伪装，让拥有私钥的实体签署。然后，经过计算就可得到它所想要的信息。

例如，Eve 在 Alice 的通信过程中进行窃听，获得了一个用她的公开密钥加密的密文 C，并试图恢复明文。从数学上讲，即计算 $m=C^d \bmod n$。为了恢复 m，Eve 首先选择一个随机数 $r(r<n)$，然后计算：

$$x = r^e \bmod n,\quad y = xC \bmod n$$

以及 $r \bmod n$ 的乘法逆 t，即 t 满足

$$t\times r = 1 \bmod n$$

现在 Eve 想方设法让 Alice 用她的私钥对 y 整体签名：

$$u = y^d \bmod n$$

因为 $r=x^d \bmod n$，所以 $r^{-1}x^d \bmod n=1$，通过计算

$$t \times u \bmod n = r^{-1} y^d \bmod n = r^{-1} x^d C^d \bmod n = C^d \bmod n = m$$

Eve 就轻松得获得 Alice 发的明文 m 了。

实际上，攻击利用的都是同一个弱点，即存在这样一个事实：乘幂保留了输入的乘法结构：

$$(X \times M)^d = X^d \times M^d \bmod n$$

这个固有的问题来自于公钥密码系统的最有用的特征：每个人都能使用公钥。从算法上无法解决这一问题，主要措施有两条：一条是采用好的公钥协议，保证工作过程中实体不对其他实体任意产生的信息解密，不对自己一无所知的信息签名；另一条是决不对陌生人送来的随机文档签名，签名时首先对文档作 Hash 处理，或同时使用不同的签名算法。

3.3 ElGamal 公钥密码体制

ElGamal 公钥密码体制是由 ElGamal 于 1985 年提出来的，是一种基于离散对数问题的密码体制。ElGamal 既可以用于加密，又可以用于签名，是 RSA 之外最有代表性的公钥密码体制之一，并得到了广泛的应用。数字签名标准 DSS 就是采用了 ElGamal 签名方案的一种变形。

1. 密钥生成

首先选择一个大素数 p，并要求 p 有大素数因子。Z_p 是一个有 p 个元素的有限域，Z_p^* 是 Z_p 中非零元构成的乘法群，$g \in Z_p^*$ 是一个本源元。然后选择随机数 k，满足 $1 \leqslant k \leqslant p-1$。计算 $y = g^k \bmod p$，则公钥为 (y, g, k)，私钥为 k。

2. 加密算法

待加密的消息为 $M \in Z_p$。选择随机数 $r \in Z_{p-1}^*$，然后计算：

$$C_1 = g^r \bmod p$$

$$C_2 = My^r \bmod p$$

则密文 $C = (C_1, C_2)$。

3. 解密算法

收到密文 $C = (C_1, C_2)$ 后，执行以下计算：

$$M = C_2 / C_1^k \bmod p$$

则消息 M 被恢复。

4. ElGamal 安全性

ElGamal 密码体制的安全性基于有限域 Z_p 上的离散对数问题的困难性。目前，尚没有求解有限域 Z_p 上的离散对数问题的有效算法。所以当 p 足够大时(一般是 160 位以上的十进制数)，ElGamal 密码体制是安全的。

此外，加密中使用了随机数 r。r 必须是一次性的，否则攻击者获得 r 就可以在不知道私钥的情况下加密新的密文。

3.4 密钥管理

随着计算机网络的发展，人们对网络上传递敏感信息的安全性要求也越来越高，密码技术得到了广泛应用。随之而来的，如何生成、分发、管理密钥也成为一个重要的问题。密钥管理的核心问题是：确保使用中的密钥能安全可靠。

根据应用场合的不同，密钥可以分成以下几类。

工作密钥，也叫基本密钥或初始密钥。由用户选定或系统分配，使用期限一般较长，如数月甚至一年等。

会话密钥，即通信双方交换数据时使用的密钥。会话密钥一般由通信双方协商决定，也可由密钥分配中心分配。会话密钥大多是临时的、动态的，可以降低密钥的分配和存储的数目。

密钥加密密钥，主要用于对要传送的会话密钥进行加密，也叫做二级密钥。

主机主密钥，对应于层次化密钥管理结构中的最顶层，主要用于对密钥加密密钥进行加密保护，一般保存于主结点，受到严格保护。

公钥密码体制的主要作用之一就是解决密钥分配问题。公钥密码可用于下列两个不同的方面：

(1) 公钥密码体制中的公钥分配。

(2) 对称密码体制中的密钥分配。

3.4.1 公钥分配

人们已经提出了几种公钥分配方法，所有这些方法本质上可归结为下列几种方法：

- 广播式公钥分发；
- 目录式公钥分发；
- 公钥授权；
- 公钥证书。

1. 广播式的公钥发布

公钥密码算法的特点就是公钥可以公开，因此如果有像 RSA 这样为人们广泛接受的公钥算法，那么任一通信方可以将他的公钥发送给另一通信方或广播给通信各方。例如，用于邮件安全的 PGP 就是在消息后面附上公钥，并将其发送到网络上。虽然这种方法比较简便，但它有一个较大的缺点，即任何人都可以伪造这种公钥的公开发布。也就是说，某个用户可以假冒是用户 A 并将一个公钥发送给通信的另一方或广播该公钥，在用户 A 发现这种假冒并通知其他各方之前，该假冒者可以读取所有本应发送给 A 的加密后的消息，并且可以用伪造的密钥进行认证。因此，需要对收到的公钥进行鉴别。

2. 公开可访问的目录

由可信机构负责维护一个动态可访问的公钥的公开目录，这种方式可以获得更大程度的安全性，参见图 3-6。这种方法包含下面几方面的内容。

(1) 可信机构通过对每一通信方建立一个目录项<用户名,公钥>来建立、维护该公钥目录。

(2) 各通信方通过访问该目录来注册一个公钥。注册必须亲自或通过安全的认证通信来进行。

(3) 通信方可以随时访问该公钥目录,以及申请删除、修改、更新当前的公钥。这可能是因为公钥已用于大量的数据,因而用户希望更换公钥,也可能是因为相应的私钥已经泄密。

(4) 为安全起见,通信方和可信机构之间的通信受鉴别保护。

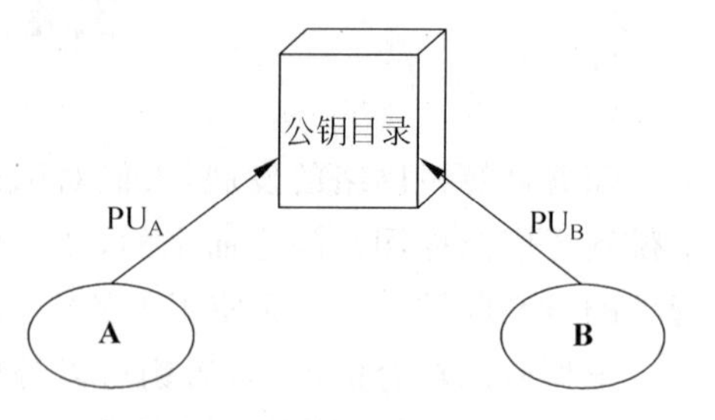

图 3-6 公开的公钥发布

这种方法显然比由个人公开发布公钥要安全,但是它也存在缺点。如果攻击者获得或计算出目录管理员的私钥,则他可以发布伪造的公钥,假冒任何通信方,以窃取发送给该通信方的消息。另外,攻击者也可以通过修改目录管理员保存的记录来达到这一目的。

3. 公钥授权

通过更加严格地控制目录中的公钥分配,可使公钥分配更加安全。图 3-7 举例说明了一个典型的公钥分配方案。像公钥授权方案一样,该方案假定由一个专门的权威机构负责维护一个包含所有通信方公钥的动态目录,除此之外,每一通信方可靠地知道该目录管理员的公钥,并且只有管理员知道相应的私钥。这种方案主要用于通信方 A 要与 B 通信时,向权威机构请求 B 的公钥,主要包含以下步骤(与图 3-7 中序号对应):

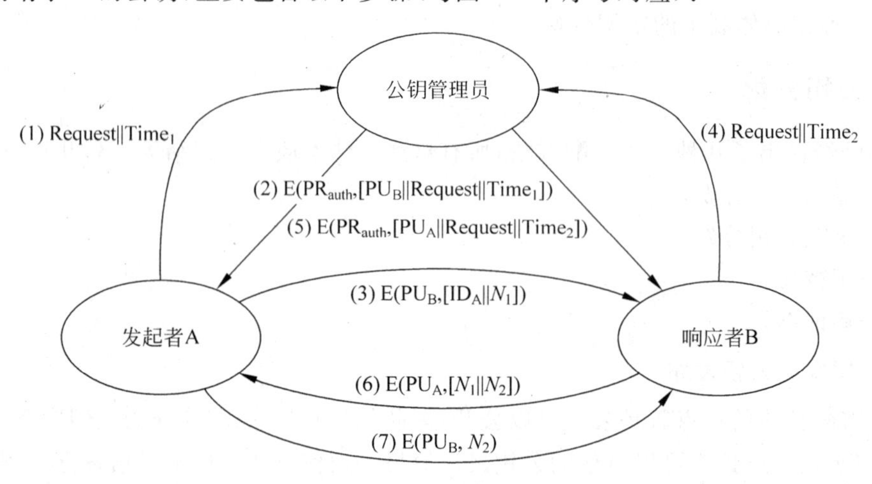

图 3-7 公钥授权

(1) A 发送一条带有时间戳的消息给目录管理员,以请求 B 的当前公钥。

(2) 管理员给 A 发送一条用其私钥 PR_{auth} 加密的消息,这样 A 就可用管理员的公钥对接收到的消息解密,因此 A 可以确信该消息来自管理员。这条消息包括下列内容:

- B 的公钥 PU_B。A 可用它对要发送给 B 的消息加密。
- 原始请求。这样 A 可以将该请求与其最初发出的请求进行比较,以验证在管理员收到请求之前,其原始请求未被修改。
- 原始时间戳。这样 A 可以确定它收到的不是来自管理员的旧消息,该旧消息中包含的不是B的当前公钥。

(3) A保存B的公钥,并用它对包含A的标识(ID_A)和临时交互号(N_1)的消息加密,然后发送给B。这里,临时交互号是用来唯一标识本次交易的。

(4) 与A检索B的公钥一样,B以同样的方法从管理员处检索出A的公钥。

至此A和B已安全地获得了彼此的公钥,双方的信息交换将受到保护。尽管如此,但是最好还包含下面两步:

(5) B用PU_B对A的临时交互号(N_1)和B所产生的新临时交互号(N_2)加密,并发送给A。因为只有B可以解密消息(3),所以消息(6)中的N_1。可以使A确信其通信伙伴就是B。

(6) A用B的公钥对加N_2加密并发送给B,以使B相信其通信伙伴是A。

这样,总共需要发送7条消息。但是由于A和B可保存另一方的公钥以备将来使用(这种方法称为暂存),所以并不会频繁地发送前面4条消息。不过为了保证通信中使用的是当前公钥,用户应定期地申请对方的当前公钥。

4. 公钥证书

在公钥授权方案中,只要用户与其他用户通信,就必须向目录管理员申请对方的公钥,因此公钥管理员就会成为系统的瓶颈。像前面一样,目录管理员所维护的含有用户名和公钥的目录也容易被篡改。

公钥证书方法最早是由Kohnfelder提出的,目的是使得通信各方使用证书来交换公钥,而无需一个权威机构的在线服务。在某种意义上,这种方案与直接从权威机构处获得公钥的可靠性相同。公钥证书包含公钥和公钥拥有者的标识,并由可信的第三方进行签名。通常,第三方是一个权威机构,如政府机构,或者金融机构,为整个用户群所信任。一个用户以一种安全的方式将他的公钥交给权威机构的公钥管理员,从而获得一个证书,并公开自己的公钥证书。任何需要该用户公钥的人都可以获得这个证书,并通过查看附带的权威机构的签名来验证证书的有效性。通信一方也可以通过传递证书的方式将他的密钥信息传达给另一方。这种方法应满足下列要求:

(1) 任何通信方可以读取证书并确定证书拥有者的身份和公钥。

(2) 任何通信方可以验证该证书是否由权威机构签发,以及是否有效。

(3) 只有权威机构才可以签发并更新证书。

图3-8举例说明了证书方法。每一通信方向权威机构的证书管理员提供一个公钥,并申请一个公钥证书。申请必须由当事人亲自或通过某种安全的认证通信提出。对于申请者A,管理员提供如下形式的证书:

$$C_A = E(PR_{auth}, [T \parallel ID_A \parallel PU_A])$$

其中PR_{auth}是证书管理员的私钥,T是时间戳。A将该证书发送给其他通信各方,他们以如下方式来验证证书:

$$D(PR_{auth}, C_A) = D(PR_{auth}, E(PR_{auth}, [T \parallel ID_A \parallel PU_A])) = (T \parallel ID_A \parallel PU_A)$$

接收方用管理员的公钥PU_{auth}对证书解密。因为只用管理员的公钥才可读取证书,因此接收方可验证证书确实是出自证书管理员;ID_A和PU_A向接收方提供证书拥有者的身份标识和公钥;时间戳T用来验证证书的当前性,抵抗攻击者的重放攻击。假设A的私钥泄露,产生新的公/私钥对并向证书管理员申请新的证书;而此时,攻击者重放A的旧证书给B。若B用A的旧公钥加密消息,则攻击者可读取消息。

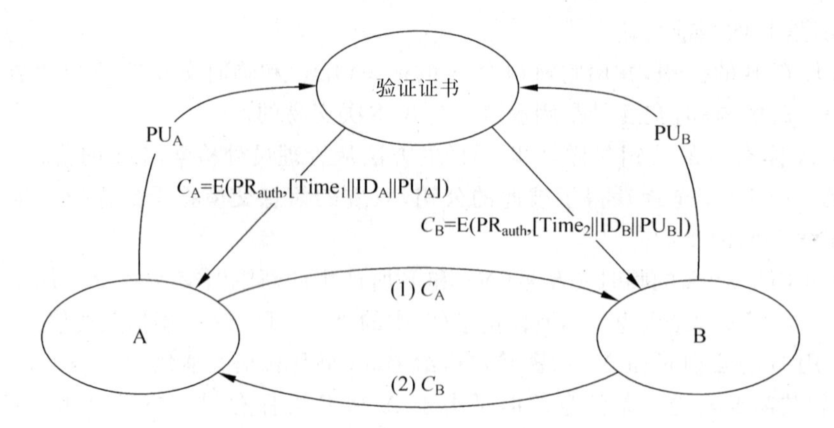

图 3-8　公钥证书交换

在这种情形下，私钥的泄密就如同信用卡丢失一样，卡的持有者会注销信用卡号，但只有在所有可能的通信方均已知旧信用卡已过时的时候，才能保证卡的持有者的安全。因此，时间戳有些像截止日期。若一个证书太旧，则认为证书已失效。

3.4.2　公钥密码用于对称密码体制的密钥分配

如果已分配了公开可访问的公钥，那么就可以进行安全的通信，这种通信可以抗窃听和篡改。但是由于公钥密码算法速度较慢，几乎没有人愿意在通信中完全使用公钥密码，因此公钥密码更适合作为对称密码体制中实现密钥分配的一种手段。

1. 简单的对称密钥分配

一种简单的对称密钥分配方法如图 3-9 所示。若 A 要与 B 通信，则执行下列操作：

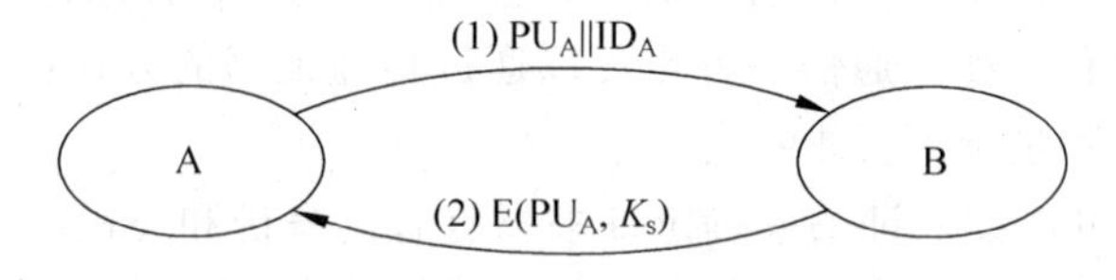

图 3-9　使用公钥密码建立会话密钥

(1) A 产生公/私钥对{PU_A，PR_A}，并将含有 PU_A 和其标识 ID_A 的消息发送给 B。

(2) B 产生秘密钥 K_s，并用 A 的公钥对 K_s 加密后发送给 A。

(3) A 计算 D(PR_A，E(PU_A，K_s))得出秘密钥 K_s。因为只有 A 能解密该消息，所以只有 A 和 B 知道 K_s。

(4) A 丢掉 PU_A 和 PR_A，B 丢掉 PU_A。

这样，A 和 B 就可利用对称密码算法和会话密钥 K_s 安全地通信。密钥交换完成后，A 和 B 均丢弃 K_s。上述协议由于在通信前和通信完成后都没有密钥存在，所以密钥泄密的可能性最小，同时这种通信还可以抗窃听攻击。

图 3-9 所示的协议是不安全的，因为对手可以截获消息，然后可以重放截获的消息或者对消息进行替换。这样的攻击称为中间人攻击。此时，如果攻击者 E 能够控制通信信道，那么他可用下列方式对通信造成危害但又不被发现：

(1) 产生公/私钥对{PU_A，PR_A}，并将含有 PU_A 和其标识 ID_A 的消息发送给 B。

(2) E 截获该消息，产生其公/私钥对$\{PU_E, PR_E\}$，并将 $PU_E \| ID_A$ 发送给 B。

(3) B 产生秘密钥 K_s，并发送 $E(PU_E, K_s)$。

(4) E 截获该消息，并通过计算 $D(PR_E, E(PU_E, K_s))$得出 K_s。

(5) E 发送 $E(PU_A, K_s)$给 A。

结果是，A 和 B 均已知 K_s，但他们不知道 E 也已知道 K_s。A 和 B 用 K_s 来交换消息；E 不再主动干扰通信信道而只需窃听即可。由于 E 也已知 K_s，所以 E 可解密任何消息。但是 A 和 B 却毫无察觉，因此上述简单协议只能用于仅有窃听攻击的环境中。

2. 具有保密性和真实性的密钥分配

图 3-10 中给出的方法既可抗主动攻击也可抗被动攻击。假定 A 和 B 已通过某种安全的方法交换了公钥，则可以执行下列操作来实现密钥分配：

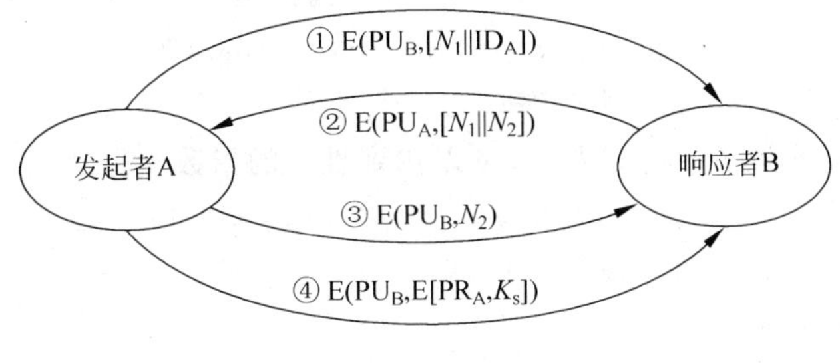

图　3-10

(1) A 用 B 的公钥对含有其标识 ID_A 和临时交互号(N_1)的消息加密，并发送给 B。其中 N_1 用来唯一标识本次交易。

(2) B 发送一条用 PU_A 加密的消息，该消息包含 A 的临时交互号(N_1)和 B 产生的新临时交互号(N_2)。因为只有 B 可以解密消息①，所以消息②中的 N_1 可使 A 确信其通信伙伴是 B。

(3) A 用 B 的公钥对 N_2 加密，并返回给 B，这样可使 B 确信其通信伙伴是 A。

(4) A 选择密钥 K_s，并将 $M = E(PU_B, E(PR_A, K_s))$发送给 B。使用 B 的公钥对消息加密可以保证只有 B 才能对它解密；使用 A 的私钥加密可以保证只有 A 才能发送该消息。

(5) B 计算 $D(PU_A, D(PR_B, M))$得到密钥。

这一系列的操作在传统密码体制密钥交换过程中，可以同时保证保密性和真实性。

3. 混合方法

混合方法也是利用公钥密码来进行密钥分配。这种方法需要一个密钥分配中心(KDC)，该 KDC 与每个用户共享一个秘密的主密钥，通过用该主密钥加密来实现秘密的会话密钥的分配，公钥方法在这里只用来分配主密钥。使用这种三层结构方法的依据如下：

(1) 性能。许多应用，特别是面向交易的应用，需要频繁地交换会话密钥。因为公钥加密和解密计算量大，所以若用公钥密码进行会话密钥的交换，则会降低整个系统的性能。利用三层结构方法，公钥密码只是偶尔用来在用户和 KDC 间更新主密钥。

(2) 向后兼容性。只需花很小的代价或在软件上做一些修改，就可以很容易地将混合方法用于现有的 KDC 方法中。

增加公钥层是分配主密钥的一种安全有效的手段。它对于一个 KDC 对应许多分散用户的系统而言具有其优越性。

3.4.3 Diffie-Hellman 密钥交换

Diffie 和 Hellman 于 1976 年发表的具有开创意义的论文中，首次提出了一个公钥算法，标志着公钥密码学新时代的开始。Diffie-Hellman 提出的公钥密码算法即不用于加密，也不用于签名，它只完成一个功能：允许两个实体在公开环境中协商一个共享密钥，以便在后续的通信中用该密钥对消息加密。由于该算法本身限于密钥交换的用途，因此该算法通常称之为 Diffie-Hellman 密钥交换。Diffie-Hellman 公钥密码系统出现在 RSA 之前，是最古老的公钥密码系统。

Diffie-Hellman 算法的安全性建立在"计算离散对数是很困难的"这一基础之上。简言之，可以如下定义离散对数。首先我们定义素数 p 的本原根。素数 p 的本原根是一个整数，且其幂可以产生 $1 \sim p-1$ 之间的所有整数，也就是说，若 a 是素数 p 的本原根，则：

$$a \bmod p, a^2 \bmod p, \cdots, a^{p-1} \bmod p$$

各不相同，并且是从 1 到 $p-1$ 的所有整数的一个排列。

对任意整数 b 和素数 p 的本原根 a，可以找到唯一的指数使得：

$$b \equiv a^i (\bmod p), \quad 0 \leqslant i \leqslant (p-1)$$

指数 i 称为 b 的以 a 为底的模 p 离散对数，记为 $d\ \log_{a,p}(b)$。

1. Diffie-Hellman 算法

图 3-11 概述了 Diffie-Hellman 密钥交换算法。

全局公开量	
q	素数
α	$\alpha<q$ 且 α 是 q 的本原根

用户 A 的密钥产生	
选择秘密的 X_A	$X_A<q$
计算公开的 Y_A	$Y_A=\alpha^{X_A} \bmod q$

用户 B 的密钥产生	
选择秘密的 X_B	$X_B<q$
计算公开的 Y_B	$Y_B=\alpha^{X_B} \bmod q$

用户 A 计算产生密钥
$K=(Y_B)^{X_A} \bmod q$

用户 B 计算产生密钥
$K=(Y_A)^{X_B} \bmod q$

图 3-11 密钥交换算法

在这种方法中，有两个全局公开的参数，一个素数 q 和一个整数 α，并且 α 是 q 的一个原根。假定用户 A 和 B 希望协商一个共享的密钥以用于后续通信，那么用户 A 选择一个随机整数 $X_A<q$ 作为其私钥，并计算公钥 $Y_A=\alpha^{X_A} \bmod q$。类似地，用户 B 也独立地选择一个随机整数 $X_B<q$ 作为私钥，并计算公钥 $Y_B=\alpha^{X_B} \bmod q$。A 和 B 分别保持 X_A 和 X_B 是其私有

的，但 Y_A 和 Y_B 是公开可访问的。用户 A 计算 $K=(Y_B)^{X_A} \bmod q$ 并将其作为密钥，用户 B 计算 $K=(Y_A)^{X_B} \bmod q$ 并将其作为密钥。这两种计算所得的结果是相同的：

$$
\begin{aligned}
K &= (Y_B)^{X_A} \bmod q \\
&= (\alpha^{X_A} \bmod q)^{X_A} \bmod q \\
&= (\alpha^{X_B})^{X_A} \bmod q \\
&= \alpha^{X_B X_A} \bmod q \\
&= (\alpha^{X_A})^{X_B} \bmod q \\
&= (\alpha^{X_A} \bmod q)^{X_B} \bmod q \\
&= (Y_A)^{X_B} \bmod q
\end{aligned}
$$

至此，A 和 B 完成了密钥协商的过程。由于 X_A 和 X_B 的私有性，攻击者可以利用的参数只有 q、α、Y_A 和 Y_B。这样，他就必须求离散对数才能确定密钥。例如，要对用户 B 的密钥进行攻击，攻击者就必须先计算：

$$X_B = d\log_{\alpha,q}(Y_B)$$

然后他就可以像用户 B 那样计算出密钥 K。

Diffie-Hellman 密钥交换的安全性建立在下述事实之上：求关于素数的模幂运算相对容易，而计算离散对数却非常困难；对于大素数，求离散对数被认为是不可行的。

下面给出例子。密钥交换基于素数 $q=97$ 和 97 的一个原根 $\alpha=5$。A 和 B 分别选择 $X_A=36$ 和 $X_B=58$，并分别计算其公钥：

$$\text{A 计算 } Y_A = 5^{36} \bmod 97 = 50$$

$$\text{B 计算 } Y_B = 5^{58} \bmod 97 = 44$$

A 和 B 相互获取了对方的公钥之后，双方均可计算出公共的密钥：

$$\text{A 计算 } K = (Y_B)^{X_A} \bmod 97 = 44^{36} \bmod 97 = 75$$

$$\text{B 计算 } K = (Y_A)^{X_B} \bmod 97 = 50^{36} \bmod 97 = 75$$

攻击者能够得到下列信息：

$$q = 97;\ \alpha = 5;\ Y_A = 50;\ Y_B = 44$$

但是，从|50,44|出发，攻击者要计算出 75 很不容易。

2. Diffie-Hellman 密钥交换协议

图 3-12 描述了一个基于 Diffie-Hellman 算法的简单的密钥交换协议。假定 A 希望与 B 建立连接，并使用密钥对该次连接中的消息加密。用户 A 产生一次性私钥 X_A，计算 Y_A，并将 Y_A 发送给 B，用户 B 也产生私钥 X_B，计算 Y_B，并将 Y_B 发送给 A，这样 A 和 B 都可以

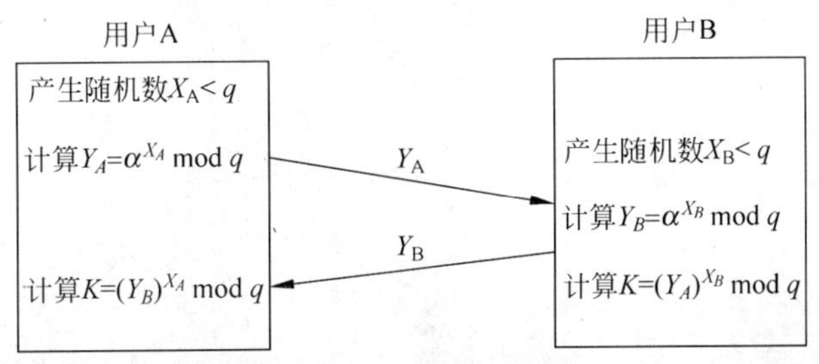

图 3-12　密钥交换协议

计算出密钥。当然,在通信前 A 和 B 都应已知公开的 q 和 α,如可由用户 A 选择 q 和 α,并将 q 和 α 放入第一条消息中。

Diffie-Hellman 算法具有两个很有吸引力的特征:

(1) 仅当需要时才生成密钥,减小了将密钥存储很长一段时间而致使遭受攻击的机会。

(2) 除对全局参数的约定外,密钥交换不需要事先存在的基础结构。

然而,该算法也存在许多不足:

(1) 在协商密钥的过程中,没有对双方身份的认证。

(2) 它是计算密集性的,因此容易遭受阻塞性攻击:攻击方请求大量的密钥,而受攻击者花费了相对多的计算资源来求解无用的幂系数而不是在做真正的工作。

(3) 没办法防止重演攻击。

(4) 容易遭受"中间人攻击",即恶意第三方 C 在和 A 通信时扮演 B,和 B 通信时扮演 A,与 A 和 B 都协商了一个密钥,然后 C 就可以监听和传递通信量。

假设 A 和 B 要通过 Diffie-Hellman 算法协商一个共享密钥,同时第三方 C 准备实施"中间人攻击"。攻击按如下方式进行:

(1) C 首先生成两个随机的私钥 X_{C1} 和 X_{C2},然后计算相应的公钥 Y_{C1} 和 Y_{C2}。

(2) A 在给 B 的消息中发送他的公开密钥 Y_A。

(3) C 截获并解析该消息,将 A 的公开密钥 Y_A 保存下来,并给 B 发送消息,该消息具有 A 的用户 ID 但使用 C 的公开密钥 Y_{C1},并且伪装成来自 A。同时,C 计算 $K_2=(Y_A)^{X_{C2}} \bmod q$。

(4) B 收到 C 的报文后,将 Y_{C1}(认为是 Y_A)和 A 的用户 ID 存储在一块,并计算 $K_1=(Y_{C1})^{X_B} \bmod q$。

(5) 类似地,C 截获 B 发给 A 的公开密钥 Y_B,使用 Y_{C2} 向 A 发送伪装来自 B 的报文。C 计算 $K_1=(Y_B)^{X_{C1}} \bmod q$。

(6) A 收到 Y_{C2}(认为是 Y_B)并计算 $K_2=(Y_{C2})^{X_A} \bmod q$。

此时,A 和 B 认为他们已共享了密钥。但实际上,B 和 C 共享密钥 K_1,而 A 和 C 共享密钥 K_2。从现在开始,C 就可以截获 A 和 B 之间的加密消息并解密,根据需要修改后转发给目的地。而 A 和 B 都不知道他们在和 C 共享通信。

对抗中间人攻击的一种方法是让每一方拥有相对比较固定的公钥和私钥,并且以可靠的方式发布公钥,而不是每次通信之前临时选择随机的数值。或者在密钥协商过程中加入身份认证机制。

第4章 消息鉴别

完整性是安全的基本要求之一，破坏信息的完整性是攻击者最常采用的手段。篡改消息，包括修改消息内容，修改消息序号等，是对通信系统进行主动攻击的常见形式，被篡改的消息是不完整的；信道的偶发干扰和故障也破坏了消息的完整性。接收者应该能够检查所收到消息是否完整。另外，攻击者还可以将一条声称来自合法授权用户的虚假消息插入网络，或者冒充消息的合法接收者发回假确认。因此，消息接收者还应该能够识别收到的消息是否确实来源于该消息所声称的主体，即验证消息来源的真实性。保障消息完整性和真实性的重要手段是消息鉴别技术。

在开放的网络通信环境中，消息鉴别是保证网络通信安全的一个重要环节，对于防止主动攻击、维护开放网络中信息的安全具有非常重要的意义。

4.1 消息鉴别的概念和模型

在公开的网络环境中，传输中的数据可能遭到下述几种攻击：

（1）泄密。消息的内容被泄露给没有合法权限的任何人或过程。

（2）通信业务量分析。分析通信双方的通信模式。在面向连接的应用中，确定连接的频率和持续时间；在面向连接或无连接的环境中，确定双方的消息数量和长度。

（3）伪造。攻击者假冒真实发送方的身份，向网络中插入一条消息，或者假冒接收方发送一个消息确认。

（4）篡改。分成以下三种情形：

① 内容篡改。对消息内容的修改，包括插入、删除、调换和修改。

② 序号篡改修改。在依赖序号的通信协议，如TCP，对通信双方消息序号进行修改，包括插入、删除和重新排序。

③ 时间篡改。对消息进行延时和重放。在面向连接的应用中，整个消息序列可能是前面某合法消息序列的重放，也可能是消息序列中的一条消息被延时或重放；在面向无连接的应用中，可能是一条消息（如数据报）被延时或重放。

（5）行为抵赖。发送方否认发送过某消息，或者接收方否认接收到某消息。

对抗前两种攻击的方法属于消息保密性范畴，前面讲过的对称密码学和公钥密码学，都是围绕这个主题展开的；对付第3种和第4种攻击的方法一般称为消息鉴别；对付第5种攻击的方法属于数字签名。一般而言，数字签名方法也能够抗第3种和第4种中的某些或全部攻击。

消息鉴别是指信息接收方对收到的消息进行的验证，检验的内容包括两个方面：

（1）真实性。信息的发送者是真正的而不是冒充的。

（2）完整性。消息在传送和存储过程中未被篡改过。

一个单纯的消息鉴别系统模型如图 4-1 所示。

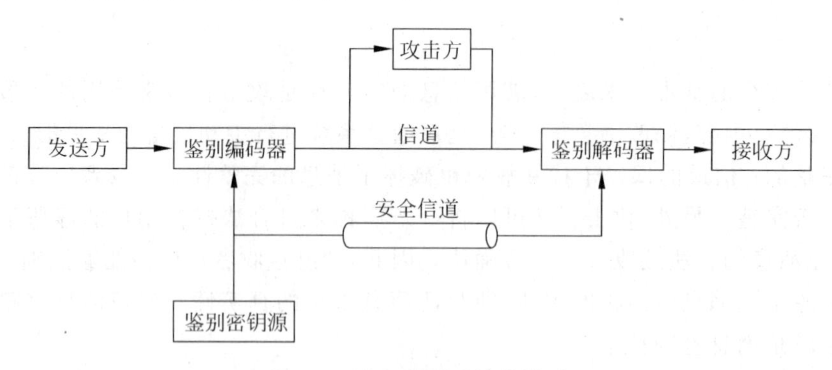

图 4-1 消息鉴别系统的模型

鉴别编码器和鉴别译码器可抽象为鉴别函数。在信息发送方，使用鉴别密钥和鉴别函数生成某种鉴别依据，并发送给接收方。同时，鉴别密钥也通过安全的通道发送给信息接收方。接收方使用鉴别密钥和鉴别函数对鉴别依据进行验证。

4.2 鉴别函数

从功能上看，一个消息鉴别系统可以分成两个层次，如图 4-2 所示。

底层是一个鉴别函数，其功能是产生一个鉴别符，鉴别符是一个用来鉴别消息的值，即鉴别的依据。在此基础上，上层的鉴别协议调用该鉴别函数，实现对消息真实性和完整性的验证。鉴别函数是决定鉴别系统特性的主要因素。

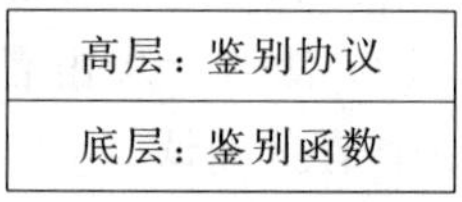

高层：鉴别协议
底层：鉴别函数

图 4-2 消息鉴别系统的功能分层结构

根据鉴别符的生成方式，鉴别函数可以分为如下三类。

(1) 基于消息加密。以整个消息的密文作为鉴别符。

(2) 基于消息鉴别码(MAC)。利用公开函数＋密钥产生一个固定长度的值作为鉴别符，并与消息一同发送给接收方，实现对消息的验证。

(3) 基于散列函数。利用公开函数将任意长的消息映射为定长的散列值，并以该散列值作为鉴别符。

下面简要地讨论三种鉴别函数，并在 4.3 节和 4.4 节详细介绍散列函数和 MAC。

4.2.1 基于消息加密的鉴别

消息加密本身提供了一种鉴别手段。在对称密码和公钥密码体制中，基于消息加密的鉴别模式是不相同的。

1. 对称加密

基于对称密码体制，可以实现保密性和鉴别，如图 4-3 所示。

发送方 A 用 A 和 B 共享的密钥 K 对发送到接收方 B 的消息 M 加密。如果没有其他方知道该密钥，那么可提供保密性，因为任何其他方均不能恢复出消息明文。

B 可以确信该消息是由 A 产生的。因为 A 是除 B 外拥有 K 的唯一一方，既然 A 能产

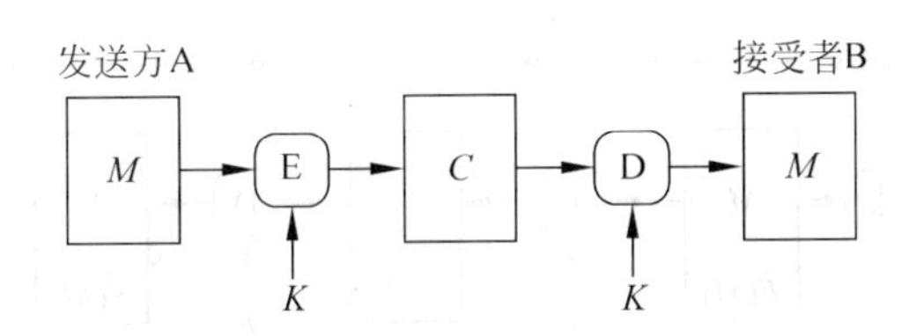

图 4-3　基于对称密码的保密和认证

生出用 K 可解密的密文，那么该消息一定来自 A。由于攻击者不知道密钥，也就不知如何改变密文中的信息位才能在明文中产生预期的变化。因此，若 B 可以恢复出明文，则 B 可以认为 M 中的每一位都未被改变。

因此可以说，对称密码既可提供鉴别又可提供保密性，但这不是绝对的。考虑如下的情况：给定解密函数 D 和密钥 K，接收方 B 可接收任何输入 X，并产生输出 $Y=\mathrm{D}(K,X)$。若 X 是用相应的加密函数对合法消息 M 加密生成的密文，则 Y 就是明文消息 M，否则 Y 可能是来自攻击者的一个毫无意义的二进制比特串。这就带来一个问题：信息接收方 B 如何确定 Y 是合法的明文，并且消息确实是发自A？

如果接收方已知明文 M 具有某种语言的语法结构（比如英语），则可以通过对 Y 进行语法分析，从而确定 Y 的合法性。如果消息 M 可以是任何的位模式，那么对接收到的密文解密，再对所得明文的合法性进行判别，是一件困难的事情。因为 M 可以是任意的位模式，那么不管 X 的值是什么，$Y=\mathrm{D}(K,X)$ 都会作为真实的密文被接受。

解决这个问题的方法之一是强制明文具有某种易于识别的结构，并且不通过加密函数是不能复制这种结构的。例如，可以在加密前对每个消息附加一个错误检测码，如图 4-4 所示。A 准备发送明文消息 M，那么 A 将 M 作为鉴别函数 F 的输入，产生检测码附加在 M 后，并对 M 和检测码一起加密。在接收端，B 解密其收到的信息，并将其看作是消息和附加的检测码。B 用相同的函数 F 重新计算检测码。若计算得到的检测码和收到的检测码相等，则 B 认为消息是真实的。任何随机的二进制比特串不可能产生 M 和检测码之间的上述联系。

函数 F 和加密函数执行的顺序很重要。在图 4-4(a)所示的过程中，首先执行函数 F 再执行加密函数，错误检测码被包含在密文中，这称为内部错误控制。而在图 4-4(b)所示的外部错误控制中，先执行加密再执行函数 F，检测码是明文传送。对于内部错误控制，由于攻击者很难产生密文，使得解密后其错误控制位是正确的，因此内部错误控制可以提供鉴别；如果 FCS 是外部码。那么攻击者可以构造具有正确错误控制码的消息，虽然攻击者不知道解密后的明文是什么，但他可以造成混淆并破坏通信。

2. 公钥加密

典型的公钥加密过程见图 4-5。

发送方 A 使用接收方 B 的公钥 $\mathrm{PU_B}$ 对 M 加密，由于只有 B 拥有相应的私钥 $\mathrm{PR_B}$，所以只有 B 能对消息解密。这种方案可提供保密性，但不能提供鉴别。因为任何攻击者可以假冒 A 用 B 的公钥对消息加密，而 B 无法验证消息是否来自 A，即这种方法不能保证真实性。

图 4-6 所示的方案则可以提供鉴别。A 用其私钥对消息加密，而 B 用 A 的公钥对接收的消息解密。与对称密码情形的推理一样，这提供了鉴别功能：因为只有 A 拥有 $\mathrm{PR_A}$，能产生用 $\mathrm{PU_A}$ 可解密的密文，所以该消息一定来自 A。同样，需要强制明文具有某种结构以

消息和 MAC 一起将被发送给接收方 B。接收方 B 对收到的消息用相同的密钥 K 进行相同的计算得出新的 MAC,并与接收到的 MAC 进行比较。如果假定只有收发双方知道该密钥,那么若接收到的 MAC 与计算得出的 MAC 相等,则:

(1) 接收方 B 可以相信消息在传送途中未被非法篡改。因为我们假定攻击者不知道密钥 K,攻击者可能修改消息,但不知道应如何改变 MAC 才能使其与修改后的消息相一致。这样,接收方计算出的 MAC 将不等于接收到的 MAC。

(2) 接收方 B 可以相信消息来自真正的发送方 A。因为其他各方均不知道密钥,因此他们不能产生具有正确 MAC 的消息。

(3) 如果消息中含有序列号(如 TCP 序列号),那么接收方可以相信消息顺序是正确的,因为攻击者无法成功地修改序列号并保持 MAC 与消息一致。

图 4-8 所示的过程仅仅提供鉴别而不能提供保密性,因为消息是以明文形式传送的。如图 4-9(a)所示,若在 MAC 算法之后对消息加密则可以获得保密性。在这种方案中,首先将消息作为输入,计算 MAC,并将 MAC 附加在明文消息后,然后对整个信息块加密。图 4-9(b)所示的方案中,则是在 MAC 算法之前对消息加密:先将消息加密,然后将此密文作为输入,计算 MAC,并将 MAC 附加在上述密文之后形成待发送的信息块。这两种情形都需要两个独立的密钥,并且收发双方共享这两个密钥。一般而言,将 MAC 直接附加于明文之后要更好一些,所以通常使用图 4-9(a)中的方法。但无论哪一种方法,需要指出的是,由于收发双方共享密钥,因此 MAC 不能提供数字签名。

MAC 函数与加密类似,但加密算法必须是可逆的,而 MAC 算法不要求可逆性,在数学上比加密算法被攻击的弱点要少。与加密相比,MAC 算法更不易被攻破。

图 4-8 与图 4-9 中所示的各种方法在提供保密性和鉴别方面的特点如下:

(1) 消息鉴别 A→B: $M \| C(K, M)$。

提供鉴别,只有 A 和 B 共享 K。

(2) 消息鉴别和保密性:与明文有关的鉴别 A→B: $E(K_2, [M \| C(K_1, M)])$。

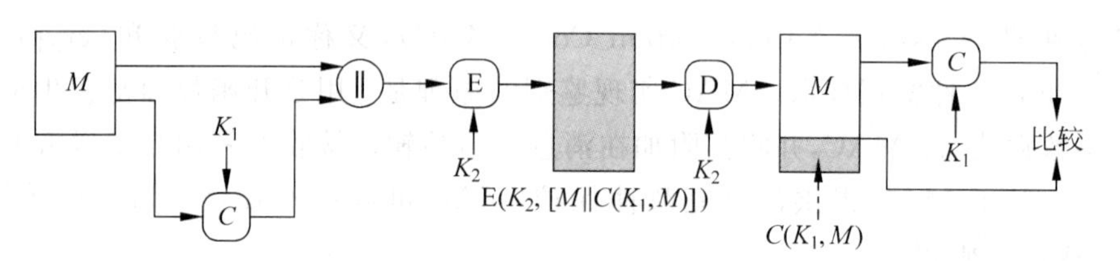

(a) 消息认证和保密性:与明文有关的认证

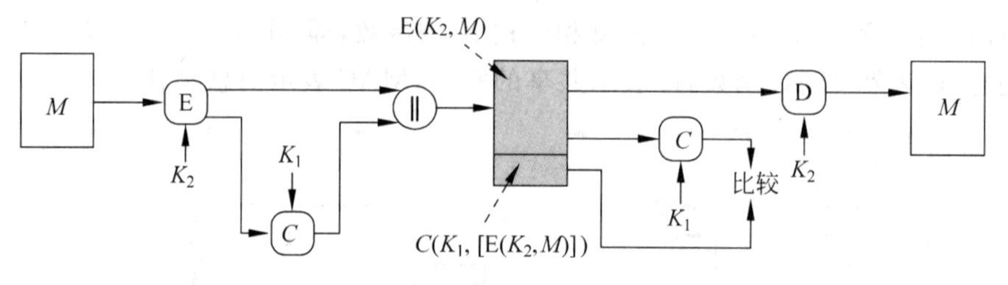

(b) 消息认证和保密性:与密文有关的认证

图 4-9　基于 MAC 的保密与鉴别

① 提供鉴别。只有 A 和 B 共享 K_1。

② 提供保密性。只有 A 和 B 共享 K_2。

(3) 消息鉴别和保密性：与密文有关的鉴别 A→B：$\mathrm{E}(K_2,M) \| C(K_1,\mathrm{E}(K_2,M))$。

① 提供鉴别。使用 K_1。

② 提供保密性。使用 K_2。

消息加密可以提供鉴别，且它已被广泛用于现有产品之中。之所以不直接使用这种方法而要使用分离的消息鉴别码，主要是考虑到以下几种情形。

(1) 加/解密算法的代价比较大，公钥算法代价尤其巨大。有许多应用是将同一消息广播给很多接收者。这种情况下，因为广播信息量的巨大而难以应用加密算法。一种经济可靠的方法就是明文传送，由一个接收者负责验证消息的真实性。该负责验证的接收者拥有密钥并执行鉴别过程，若 MAC 错误，则他发警报通知其他各接收者。

(2) 一些应用并不关心消息的保密性，而关心消息鉴别。例如网络管理信息就只需要真实性，简单网络管理协议版本 3(SNMPv3)就是如此，它将提供保密性和提供鉴别分离开来。又比如政府部门或权威机构发布的公告，也不需要加密，仅仅需要保证公告的真实性和完整性。

(3) 将鉴别函数和保密函数结构上的分离，可使层次结构更加灵活。例如，在应用层对消息进行鉴别，而在传输层提供保密。

4.2.3 基于散列函数的鉴别

散列(Hash)函数是消息鉴别码的一种变形。与消息鉴别码一样，散列函数的输入是可变大小的消息 M，输出是固定大小的散列码 $\mathrm{H}(M)$，也称为消息摘要，或散列值。与 MAC 不同的是，散列码并不使用密钥，它仅是输入消息的函数。因为消息摘要的生成不需要密钥，基于消息摘要提供消息完整性保护，需要安全地存放和传输消息摘要，防止被篡改。

图 4-10 给出了将散列码用于消息鉴别的各种方法，如下所述。

(1) 图 4-10(a)用对称密码对消息及附加在其后的散列码加密。由于只有 A 和 B 共享密钥，所以消息一定是来自 A 且未被修改过。散列码提供了鉴别所需的结构或冗余，并且由于该方法是对整个消息和散列码加密，所以也提供了保密性。

(2) 图 4-10(b)用对称密码仅对散列码加密。$\mathrm{E}(K,\mathrm{H}(M))$是变长消息 M 和密钥 K 的函数，它产生定长的输出值，若攻击者不知道密钥，则他无法得出这个值。

(3) 图 4-10(c)用公钥密码和发送方的私钥仅对散列码加密。这种方法可提供鉴别；同时，由于只有发送方可以产生加密后的散列码，所以这种方法也提供了数字签名，事实上，这就是数字签名技术的本质所在。

(4) 图 4-10(d)先用发送方的私钥对散列码加密，再用对称密码中的密钥对消息和上述加密结果进行加密。这种技术既提供保密性又提供数字签名，比较常用。

(5) 图 4-10(e)该方法使用散列函数但不使用加密函数来进行消息鉴别。这里，假定通信双方共享公共的秘密值 S，A 将 M 和 S 联接后再计算散列值，并将其附于 M 后。由于 B 也知道 S，所以 B 可以计算散列值，并验证其正确性。由于秘密值本身并不传送，所以攻击者无法修改所截获的消息，也不能伪造消息。

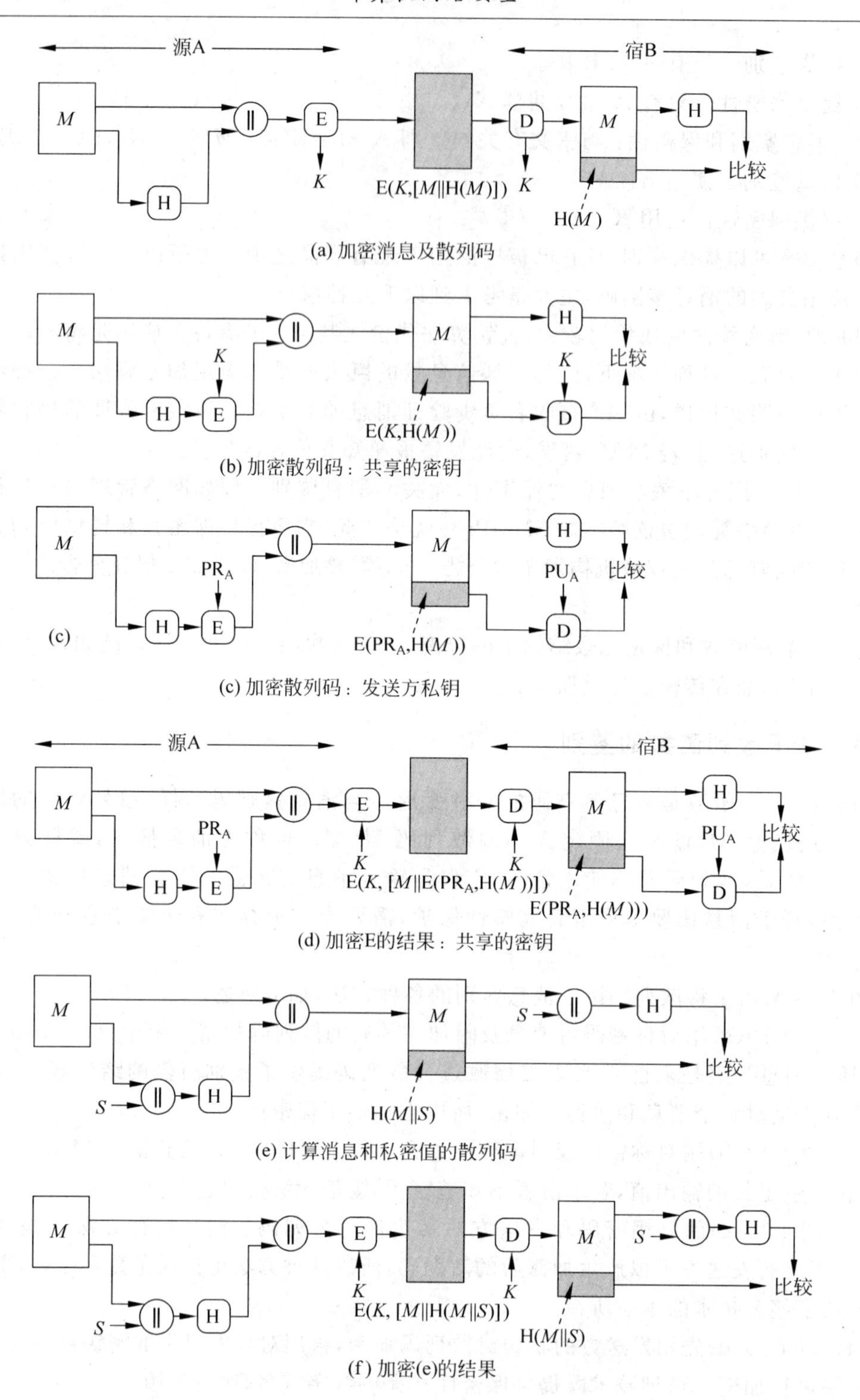

图 4-10 散列函数的基本用途

(6) 图 4-10(f)如果对整个消息和散列码加密，则图 4-10(e)中的方法可提供保密性。

图 4-10 中所示的各种方法在提供保密性和鉴别方面的特点如下：

(1) 加密消息及散列码 A→B：$E(K,[M \| H(M)])$。

① 提供保密性。只有 A 和 B 共享 K。

② 提供鉴别。$H(M)$受密码保护。

(2) 加密散列码：共享的密钥 A→B：$M \| E(K, H(M))$。

提供鉴别。$H(M)$受密码保护。

(3) 加密散列码：发送方私钥 A→B：$M \| E(PR_A, H(M))$。

提供鉴别和数字签名

- $H(M)$受密码保护。
- 只有 A 能产生 $E(PR_A, H(M))$。

(4) 加密(3)的结果：共享的密钥 A→B：$E(K, [M \| E(PR_A, H(M))])$。

① 提供鉴别和数字签名。

② 提供保密性。只有 A 和 B 共享 K。

(5) 计算消息和秘密值的散列码 A→B：$M \| H(M \| S)$。

提供鉴别。只有 A 和 B 共享 S。

(6) 加密(5)的结果 A→B：$E(K, [M \| H(M \| S)])$。

① 提供鉴别。只有 A 和 B 共享 S。

② 提供保密性。只有 A 和 B 共享 K。

4.3 散列函数

散列函数是密码学理论的重要内容之一，可以用于消息鉴别、数字签名等方面。

散列函数又叫做散列算法，是一种将任意长度的消息映射到某一固定长度消息摘要(散列值，或哈希值)的函数。消息摘要相当于是消息的“指纹”，用来防止对消息的非法篡改。如果消息被篡改，则“指纹”就不正确了。即使消息不具有保密性，也可以通过消息摘要来验证其完整性。

令 h 代表一个散列函数，M 代表一个任意长度的消息，则 M 的散列值 h 表示为：

$$h = H(M)$$

且 $H(M)$长度固定。假设 h 安全，发送方将散列值 h 附于消息 M 后发送；接收方通过重新计算散列值 h'并比较 $h = h'$是否成立，可以验证该消息的完整性。

4.3.1 散列函数安全性

对散列函数最直接的攻击就是攻击者得到消息 M 的散列值 $h(M)$后，试图伪造消息 M'，使得 $h(M') = h(M)$。因此，密码学中的散列函数必须满足一定的安全特征，主要包括三个方面：单向性、强对抗碰撞性和弱对抗碰撞性。

单向性是指对任意给定的散列码 h，找到满足 $H(x) = h$ 的 x 在计算上是不可行的，即给定散列函数 h，由消息 M 计算散列值 $H(M)$是容易的，但是由散列值 $H(M)$计算 M 是不可行的。

强抗碰撞性是指散列函数满足下列四个条件：

(1) 散列函数 h 的输入是任意长度的消息 M。

(2) 散列函数 h 的输出是固定长度的数值。

(3) 给定 h 和 M,计算 $h(M)$ 是容易的。

(4) 给定散列函数 h,寻找两个不同的消息 M_1 和 M_2,使得 $h(M_1)=h(M_2)$,在计算上是不可行的(如果有两个消息 M_1 和 M_2,$M_1 \neq M_2$ 但是 $h(M_1)=h(M_2)$,则称 M_1 和 M_2 是碰撞的。)

弱抗碰撞性的散列函数满足强抗碰撞散列函数的前三个条件,但具有一个不同的条件:给定 h 和一个随机选择的消息 M,寻找消息 M',使得 $h(M)=h(M')$ 在计算上是不可行的,即不能找到与给定消息具有相同散列值的另一消息。

显然,强抗碰撞的散列函数比弱抗碰撞的散列函数安全性要高。一个弱抗碰撞的散列函数不能保证在计算上找不到一对消息 M_1、M_2,$M_1 \neq M_2$ 但是 $h(M_1)=h(M_2)$。这说明也许有 M_1、M_2,$M_1 \neq M_2$ 使得 $h(M_1)=h(M_2)$。然而,对随机选择的消息 M,要寻找消息 M',使得 $h(M)=h(M')$ 在计算上是不可行的。而且,弱抗碰撞的散列函数的安全性随着使用次数的增多而逐渐降低。这是因为,随着弱抗碰撞的散列函数的使用次数增加,找到一个消息,使其散列值与先前某个消息散列值相同的概率越来越大。强抗碰撞的散列函数不会随着使用次数的增加而降低安全性。

散列函数抗穷举攻击的能力仅仅依赖于算法所产生的散列码的长度。对长度为 n 的散列码,找到上述性质的元素所需的代价分别与表 4-1 中的相应量成正比。

表 4-1 元素所需的代价

性 质	代 价
单向性	2^n
抗弱碰撞性	2^n
抗强碰撞性	$2^{n/2}$

为了对抗对散列函数的密码分析攻击,人们提出了安全散列函数的一般结构:迭代散列函数,如图 4-11 所示。

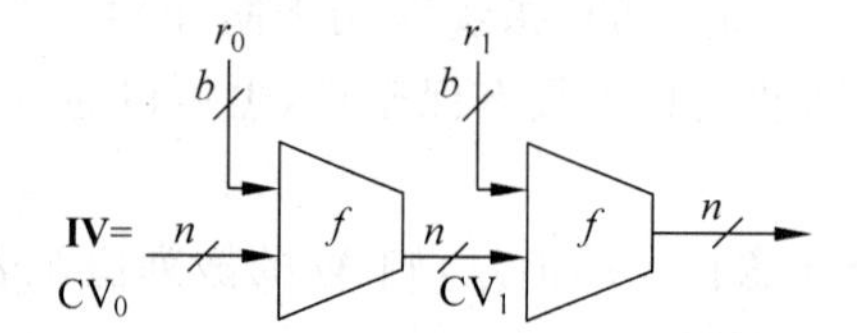

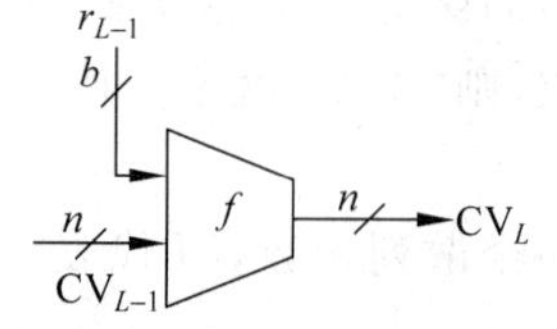

图 4-11 安全散列函数的迭代结构

图中:**IV** 为初始值,CV 为链接变量,r_i 为第 i 个输入分组,f 为压缩算法,L 为输入分组数,n 为 Hash 码的长度,b 为输入分组的长度。

散列函数中重复使用了压缩函数 f,它的输入是前一步中得出的 n 位结果(称为链接变量)和一个 b 位分组,输出为一个 n 位分组。链接变量的初值由算法在开始时指定,其终值即为散列值,通常 $b>n$,因此成为压缩。散列函教可归纳如下:

$$\mathrm{CV}_0=\mathrm{IV}=\text{初始 } n \text{ 位值}$$

$$\mathrm{CV}_i=f(\mathrm{CV}_{i-1},Y_{i-1}), \quad 1 \leqslant i \leqslant L$$

$$\mathrm{H}(M)=\mathrm{CV}_L$$

其中散列函数的输入为消息 M,它由分组 $Y_0,Y_1,Y_2,\cdots,Y_{L-1}$ 组成。

如果压缩函数具有抗碰撞能力,那么迭代散列函数也具有抗碰撞能力,因此,散列函数常使用上述迭代结构,这种结构可用于对任意长度的消息产生安全散列函数。由此可见,设计安全散列函数可归纳为设计具有抗碰撞能力的压缩函数问题，并且该压缩函数的输入是定长的。

4.3.2 SHA-1

目前人们已经设计出了大量的散列算法。其中，SHA(Secure Hash Algorithm，安全散列算法)和 MD5 是最著名的两个。

SHA 是美国国家安全局(NSA)设计，美国国家标准与技术研究所(NIST) 发布的一系列密码散列函数。1993 年发布了 SHA，后来人们给它取了一个非正式的名称 SHA-0，以避免与它的后继者混淆。1995 年发布了 SHA-1，该算法产生 160 比特的散列值。另外还有三种变体：SHA-256、SHA-384 和 SHA-512，其散列值长度分别为 224、256、384、512 比特。

SHA-1 算法的输出是 160 比特的消息摘要，输入消息以 512 比特分组为单位进行处理。处理消息和输出摘要的过程包含下列步骤。

1. 附加填充位

填充消息使其长度模 512 与 448 同余，即长度在对 512 取模以后的余数是 448。即使消息已经满足上述长度要求，仍然需要进行填充。填充是这样进行的：先补一个 1，然后再补 0，直到长度满足对 512 取模后余数是 448。因此，填充是至少填充一位，最多填充 512 位。

2. 附加长度

将原始数据的长度补到已经进行了填充操作的消息后面。通常用一个 64 位的数据来表示原始消息的长度。

前两步的结果是产生了一个长度为 512 整数倍的扩展消息。然后，扩展的消息被分成长度为 512 比特的消息块 $M_1, M_2, \cdots, M_N$，因此扩展消息的长度为 $N\times 512$ 比特。

3. 初始化散列缓冲区

SHA-1 算法的计算过程中需要两个缓冲区，每个都由 5 个 32 位的字组成。第一个 5 个字的缓冲区被标识为 A, B, C, D, E，第二个 5 个字的缓冲区被标识为 H_0, H_1, H_2, H_3, H_4，并将第一个 5 个字的缓冲始化为下列 32 比特的整数(十六进制值)：

$$A = \mathrm{0x67452301}$$
$$B = \mathrm{0xEFCDAB89}$$
$$C = \mathrm{0x98BADCFE}$$
$$D = \mathrm{0x10325476}$$
$$E = \mathrm{0xC3D2E1F0}$$

还需要一个 80 个 32 位字的缓冲区，标识为 $W_0 \sim W_{79}$，以及一个字的 TEMP 缓冲区。

4. 计算消息摘要

在附加长度中得到长度 512 的消息块 $M_1, M_2, \cdots, M_N$ 会依次进行处理，处理每个消息块 Mi 都要运行一个具有 80 轮运算的函数，每一轮都把 160 比特缓冲区的值 $ABCDE$ 作为输入，并更新缓冲区的值。

每一轮运算将使用附加的常数 K_t，其中 $0\leqslant t\leqslant 79$(t 代表运算的轮数)，这些常数如下：

$$K_t = 0x5A827999(0 \leqslant t \leqslant 19)$$
$$K_t = 0x6ED9EBA1(20 \leqslant t \leqslant 39)$$
$$K_t = 0x8F1BBCDC(40 \leqslant t \leqslant 59)$$
$$K_t = 0xCA62C1D6(60 \leqslant t \leqslant 79)$$

每一轮还将使用一个非线性函数 f_t：

$$f_t(X,Y,Z) = (X \wedge Y) \vee (\overline{X} \wedge Z), \quad 0 \leqslant t \leqslant 19$$
$$f_t(X,Y,Z) = X \oplus Y \oplus Z, \quad 20 \leqslant t \leqslant 39$$
$$f_t(X,Y,Z) = (X \wedge Y) \vee (X \wedge Z) \vee (Y \wedge Z), \quad 40 \leqslant t \leqslant 59$$
$$f_t(X,Y,Z) = X \oplus Y \oplus Z, \quad 60 \leqslant t \leqslant 79$$

其中：∧表示逐位"与"，∨表示逐位"或"，⊕表示逐位"异或"，$\overline{X}$ 则表示 X 的逐位取反。

对一个消息块 M_i，首先用下面的算法将消息块(16 个 32 比特，共 512 比特)变成 80 个 32 比特子块($W_0 \sim W_{79}$)：

$$W_j = M_j \quad 0 \leqslant j \leqslant 15$$
$$W_j = (W_{j-3} \oplus W_{j-8} \oplus W_{j-14} \oplus W_{j-16}) \ll 1, \quad 16 \leqslant j \leqslant 79$$

其中，≪表示循环左移位。

将第一个 5 个字的缓冲区内容复制到第二个 5 个字的缓冲区：

$$H_0 = A, \quad H_1 = B, \quad H_2 = C, \quad H_3 = D, \quad H_4 = E$$

对每一个 $W_j(1 \leqslant j \leqslant 79)$：

$$\text{TEMP} = (A \ll 5) + f_j(B,C,D) + E + W_j + K_j$$
$$E = D$$
$$D = C$$
$$C = B \ll 30$$
$$B = A$$
$$A = \text{temp}$$

其中，+表示模 2^{32} 的加法运算。

最后，执行：

$$A = H_0 + A, \quad B = H_1 + B, \quad C = H_2 + C, \quad D = H_3 + D, \quad E = H_4 + E$$

5. 输出

所有的 N 个 512 比特分组都处理完以后，从第 N 阶段输出的是 $ABCDE$，长度 160 比特的消息摘要。

4.3.3 MD5

MD5 即 Message-Digest Algorithm 5(消息摘要算法 5)，是广泛使用的散列算法(又称为哈希算法)之一。MD5 的设计者是麻省理工学院的 Ronald L. Rivest，经 MD2、MD3 和 MD4 发展而来。MD4 算法发布于 1990 年，该算法没有基于任何假设和密码体制，运行速度快，实用性强，受到了广泛的关注。但后来人们发现 MD4 存在安全缺陷，于是 Ronald L. Rivest 于 1991 年对 MD4 做了几点改进，改进的算法就是 MD5。虽然 MD5 比 MD4 稍微慢一些，但却更为安全。

MD5输入任意长度的消息，生成128位的散列值。输入消息被以512位长度来分组，且每一分组又被划分为16个32位子分组，经过了一系列的处理后，算法的输出由四个32位分组组成，将这四个32位分组级联后生成一个128位散列值。

MD5计算消息摘要时，执行下述步骤。

1. 消息填充

在MD5算法中，首先需要对消息进行填充，使其长度(以二进制位为单位)对512求余的结果等于448。因此，信息的位长(bits length)将被扩展至$N\times512+448$，即$N\times64+56$个字节(B)，N为一个正整数。填充的方法如下，在信息的后面填充一个1和多个0，直到满足长度对512求余的结果等于448才停止填充。

2. 添加长度

消息填充的结果后面附加一个以64位二进制表示的填充前信息长度。经过这两步的处理，现在的信息的位长$=N\times512+448+64=(N+1)\times512$，即长度恰好是512的整数倍。换句话说，消息长度现在是16个32位字的整数倍。这样做的原因是为满足后面处理中对信息长度的要求。

3. 初始化缓冲区

MD5中用一个四字缓冲区表示四个32位寄存器，也被称作链接变量(Chaining Variable)。这个128为缓冲区用于计算消息摘要。这四个寄存器被初始化为：

$$a=0x01234567$$

$$b=0x89abcdef$$

$$c=0xfedcba98$$

$$d=0x76543210$$

将上面四个链接变量复制到另外四个变量中：a到AA，b到BB，c到CC，d到DD。

当设置好这四个链接变量后，就开始进入算法的主循环，循环的次数是信息中512位信息分组的数目。

4. 定义辅助函数

MD5算法要用到四个辅助函数。这四个非线性函数(每轮一个)都以三个32位字为输入，生成一个32位字输出。它们被表示为：

$$F(X,Y,Z)=(X\wedge Y)\vee(\overline{X}\wedge Z)$$

$$G(X,Y,Z)=(X\wedge Z)\vee(Y\wedge\overline{Z})$$

$$H(X,Y,Z)=X\oplus Y\oplus Z$$

$$I(X,Y,Z)=Y\oplus(X\vee\overline{Z})$$

其中，$\wedge$表示逐位“与”，$\vee$表示逐位“或”，$\oplus$表示逐位“异或”，$\overline{X}$则表示X的逐位取反。

此外，MD5还使用了四种操作。假设M_j表示消息的第j个子分组(从0到15)，则四种操作分别为：

$\mathrm{FF}(a,b,c,d,M_j,s,t_i)$表示$a=b+((a+\mathrm{F(b,c,d)}+M_j+t_i)\ll \mathrm{s})$

$\mathrm{GG}(a,b,c,d,M_j,s,t_i)$表示$a=b+((a+\mathrm{G(b,c,d)}+M_j+t_i)\ll \mathrm{s})$

$\mathrm{HH}(a,b,c,d,M_j,s,t_i)$表示$a=b+((a+\mathrm{H(b,c,d)}+M_j+t_i)\ll \mathrm{s})$

$\mathrm{II}(a,b,c,d,M_j,s,t_i)$表示$a=b+((a+\mathrm{I(b,c,d)}+M_j+t_i)\ll \mathrm{s})$

其中，$\lll s$ 表示循环左移 s 位，+表示整数模 2^{32} 加法运算。

5. 四轮计算

主循环有四轮(MD4 只有三轮)，每轮循环都很相似。每一轮进行 16 次操作。每次操作对 a、b、c 和 d 中的三个作一次非线性函数运算，然后将所得结果加上第四个变量、一个子分组和一个常数，再将所得结果循环左移，并加上 a、b、c 或 d 中之一。最后用该结果取代 a、b、c 或 d 中之一。

(1) 第一轮：

FF(a,b,c,d,M_0,7,0xd76aa478)
FF(d,a,b,c,M_1,12,0xe8c7b756)
FF(c,d,a,b,M_2,17,0x242070db)
FF(b,c,d,a,M_3,22,0xc1bdceee)
FF(a,b,c,d,M_4,7,0xf57c0faf)
FF(d,a,b,c,M_5,12,0x4787c62a)
FF(c,d,a,b,M_6,17,0xa8304613)
FF(b,c,d,a,M_7,22,0xfd469501)
FF(a,b,c,d,M_8,7,0x698098d8)
FF(d,a,b,c,M_9,12,0x8b44f7af)
FF(c,d,a,b,M_{10},17,0xffff5bb1)
FF(b,c,d,a,M_{11},22,0x895cd7be)
FF(a,b,c,d,M_{12},7,0x6b901122)
FF(d,a,b,c,M_{13},12,0xfd987193)
FF(c,d,a,b,M_{14},17,0xa679438e)
FF(b,c,d,a,M_{15},22,0x49b40821)

(2) 第二轮：

GG(a,b,c,d,M_1,5,0xf61e2562)
GG(d,a,b,c,M_6,9,0xc040b340)
GG(c,d,a,b,M_{11},14,0x265e5a51)
GG(b,c,d,a,M_0,20,0xe9b6c7aa)
GG(a,b,c,d,M_5,5,0xd62f105d)
GG(d,a,b,c,M_{10},9,0x02441453)
GG(c,d,a,b,M_{15},14,0xd8a1e681)
GG(b,c,d,a,M_4,20,0xe7d3fbc8)
GG(a,b,c,d,M_9,5,0x21e1cde6)
GG(d,a,b,c,M_{14},9,0xc33707d6)
GG(c,d,a,b,M_3,14,0xf4d50d87)
GG(b,c,d,a,M_8,20,0x455a14ed)
GG(a,b,c,d,M_{13},5,0xa9e3e905)
GG(d,a,b,c,M_2,9,0xfcefa3f8)

GG(c,d,a,b,M_7,14,0x676f02d9)

GG(b,c,d,a,M_{12},20,0x8d2a4c8a)

(3) 第三轮:

HH(a,b,c,d,M_5,4,0xfffa3942)

HH(d,a,b,c,M_8,11,0x8771f681)

HH(c,d,a,b,M_{11},16,0x6d9d6122)

HH(b,c,d,a,M_{14},23,0xfde5380c)

HH(a,b,c,d,M_1,4,0xa4beea44)

HH(d,a,b,c,M_4,11,0x4bdecfa9)

HH(c,d,a,b,M_7,16,0xf6bb4b60)

HH(b,c,d,a,M_{10},23,0xbebfbc70)

HH(a,b,c,d,M_{13},4,0x289b7ec6)

HH(d,a,b,c,M_0,11,0xeaa127fa)

HH(c,d,a,b,M_3,16,0xd4ef3085)

HH(b,c,d,a,M_6,23,0x04881d05)

HH(a,b,c,d,M_9,4,0xd9d4d039)

HH(d,a,b,c,M_{12},11,0xe6db99e5)

HH(c,d,a,b,M_{15},16,0x1fa27cf8)

HH(b,c,d,a,M_2,23,0xc4ac5665)

(4) 第四轮:

II(a,b,c,d,M_0,6,0xf4292244)

II(d,a,b,c,M_7,10,0x432aff97)

II(c,d,a,b,M_{14},15,0xab9423a7)

II(b,c,d,a,M_5,21,0xfc93a039)

II(a,b,c,d,M_{12},6,0x655b59c3)

II(d,a,b,c,M_3,10,0x8f0ccc92)

II(c,d,a,b,M_{10},15,0xffeff47d)

II(b,c,d,a,M_1,21,0x85845dd1)

II(a,b,c,d,M_8,6,0x6fa87e4f)

II(d,a,b,c,M_{15},10,0xfe2ce6e0)

II(c,d,a,b,M_6,15,0xa3014314)

II(b,c,d,a,M_{13},21,0x4e0811a1)

II(a,b,c,d,M_4,6,0xf7537e82)

II(d,a,b,c,M_{11},10,0xbd3af235)

II(c,d,a,b,M_2,15,0x2ad7d2bb)

II(b,c,d,a,M_9,21,0xeb86d391)

常数 t_i 可以如下选择:

在第 i 步中,t_i 是 4294967296×abs(sin(i))的整数部分,i 的单位是弧度(4294967296等于2的32次方)。

所有这些完成之后，将 a、b、c、d 分别加上 AA、BB、CC、DD。然后用下一分组数据继续运行算法，最后的输出是 A、B、C 和 D 的级联。

4.4 消息鉴别码

MAC 也称密码校验和，它由如下形式的函数 C 产生：

$$\mathrm{MAC}=C(K,M)$$

其中：M 是一个任意长度的消息，K 是收发双方共享的密钥，$C(K,M)$ 是固定长度的鉴别符。发送方将 MAC 附于发送方的消息之后；接收方可通过重新计算 MAC 并与发送方的 MAC 比对来鉴别该消息。

4.4.1 MAC 安全性

应用对称密码或非对称密码对消息加密，其安全性一般要依赖于密钥的位长。攻击者可以对所有可能的密钥进行穷举攻击。一般对 k 位的密钥，穷举攻击平均需要 $2^k/2$ 步。

对 MAC 情况则完全不一样。一般而言，MAC 函数是多对一函数。若使用 n 位长的 MAC，则有 2^n 个可能的 MAC，而可能的消息数目 N 则远大于这个数字，即 $N\gg 2^n$。若密钥长为 k，则有 2^k 种可能的密钥。假设攻击者使用穷举方法分析密钥，并且消息没有加密（攻击者可访问明文形式的消息及其 MAC）。假定 $k>n$，即假定密钥位数比 MAC 长，那么，对明文消息 M_1 和对应的 MAC_1，密码分析者要对所有可能的密钥值 K_i 计算 $C(K_i,M_1)$，并查看是否等于 MAC_1。至少会有一个密钥会使得 $\mathrm{MAC}_i=\mathrm{MAC}_1$。注意，这里总共会产生 2^k 个 MAC，但只有 $2^n<2^k$ 个不同的 MAC 值，所以许多密钥都会产生正确的 MAC，而攻击者却不知哪一个是正确的密钥。平均来说，有 $2^k/2^n=2^{(k-n)}$ 个密钥会产生正确的 MAC，因此攻击者必须重复下述攻击：

1. 循环 1

给定 M_1 及 $\mathrm{MAC}_1=C(K,M_1)$，对所有 2^k 个密钥计算：

$$\mathrm{MAC}_i=C(K_i,M_1)$$

匹配数$\approx 2^{(k-n)}$

2. 循环 2

给定 M_2 及 $\mathrm{MAC}_2=C(K,M_2)$，对余下的 $2^{(k-n)}$ 个密钥计算：

$$\mathrm{MAC}_i=C(K_i,M_2)$$

$$\text{匹配数}\approx 2^{(k-2\times n)}$$

依此类推，平均来讲，若 $k=\alpha\times n$，则需 α 次循环。

如果密钥的长度小于或等于 MAC 的长度，则很可能第一次循环中就得到一个密钥，当然也可能得到多个密钥，这时攻击者还需对新的消息（MAC）对执行上述测试。

由此可见，用穷举方法来确定鉴别密钥不是一件容易的事，而且确定鉴别密钥比确定同样长度的加密密钥更困难。

攻击者也可以攻击 MAC 而不试图去找出密钥，即在不知道密钥的情况下，生成一个合法的 MAC。考虑下面的 MAC 算法。令消息 $M=(X_1 \| X_2 \| \cdots \| X_m)$ 是由 64 位分组 X_i 连接而成。定义：

$$\Delta(M)=X_1 \oplus X_2 \oplus \cdots \oplus X_m$$
$$C(K,M)=\mathrm{E}(K,\Delta(M))$$

其中$\oplus$是异或(XOR)运算，加密算法是电子密码本方式 DES，那么密钥长为 56 位，MAC 长为 64 位。若攻击者知道$\{M \| C(K,M)\}$，则确定 K 的穷举攻击需执行至少 2^{56} 次加密，但是攻击者可以用任何期望的 Y_1 至 Y_{m-1} 替代 X_1 至 X_{m-1}，用 Y_m 替代 X_m 来进行攻击，其中 Y_m 是按如下方式计算的：

$$Y_m=Y_1 \oplus Y_2 \oplus \cdots \oplus Y_{m-1} \oplus \Delta(M)$$

攻击者可以将 Y_1 至 Y_m 与原来的 MAC 连接成一个新的消息，而接收方却会认为该消息是真实的。用这种办法，攻击者可以随意插入任意长为 $64\times(m-1)$ 位的消息。

一般来说，MAC 函数应具有下列性质：

(1) 若攻击者已知 M 和 $C(K,M)$，则他构造消息 M' 满足 $C=(K,M')=C(K,M)$，在计算上是不可行的。

(2) $C(K,M)$ 应是均匀分布的，即对任何随机选择的消息 M 和 M'，$C(K,M')=C(K,M)$ 的概率是 2^{-n}，其中 n 是 MAC 的位数。

(3) 设 M' 是 M 的某个已知的变换，即 $M'=f(M)$，如 f 可表示逆转 M 的一位或多位，那么 $Pr[C(K,M)=C(K,M')]=2^{-n}$。

前面已讲过，攻击者即使不知道密钥，也可以构造出与给定的 MAC 匹配的新消息，第一个要求就是针对这种情况提出的。第二个要求是为了阻止基于选择明文的穷举攻击，也就是说，假定攻击者不知道 K，但是他可以访问 MAC 函数，能对消息产生 MAC，那么攻击者可以对各种消息计算 MAC，直至找到与给定 MAC 相同的消息为止。如果 MAC 函数具有均匀分布的特征，那么穷举方法平均需要 $2^{(n-1)}$ 步才能找到具有给定 MAC 的消息。

最后一条要求，鉴别算法对消息的某部分或位不应比其他部分或位更弱；否则，已知 M 和 $C(K,M)$ 的攻击者可以对 M 的已知“弱点”处进行修改，然后再计算 MAC，这样有可能更早得出具有给定 MAC 的新消息。

4.4.2 基于 DES 的消息鉴别码

构造 MAC 的常用方法之一就是基于分组密码，并按 CBC 模式操作。在 CBC 模式中，每个明文分组 M_i 在用密钥加密之前，要先与前一个密文分组进行异或运算。用一个初始向量 **IV** 作为密文分组初始值。

数据鉴别算法，也称为 CBC-MAC(密文分组链接消息鉴别码)，建立在 DES 之上，是使用最广泛的 MAC 算法之一，也是 ANSI 的一个标准。

数据鉴别算法采用 DES 运算的密文块链接(CBC)方式，参见图 4-11，其初始向量 **IV** 为 0，需要鉴别的数据分成连续的 64 位的分组 $D_1, D_2, \cdots, D_N$，若最后分组不足 64 位，则在其后填 0 直至成为 64 位的分组。利用 DES 加密算法 E 和密钥 K，计算数据鉴别码(DAC)的过程如图 4-12 所示。

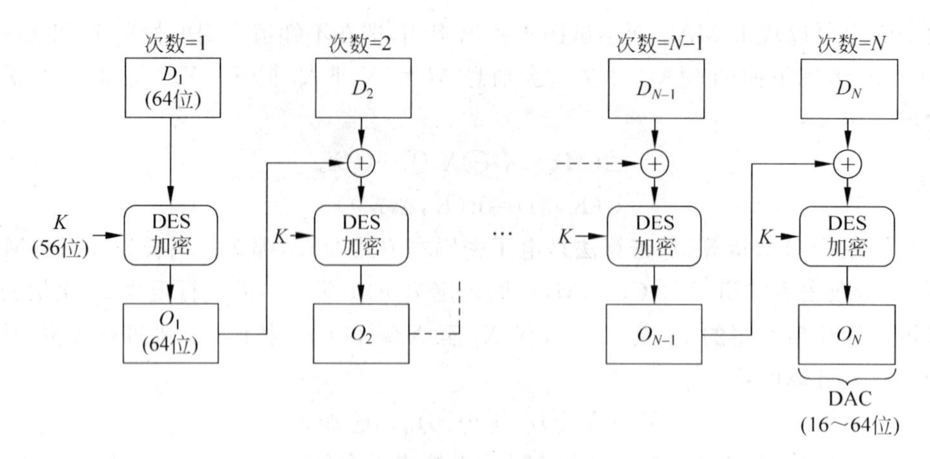

图 4-12　数据鉴别算法

$$O_1 = E(K, D_1)$$
$$O_2 = E(K, [D_2 \oplus O_1])$$
$$O_3 = E(K, [D_3 \oplus O_2])$$
$$\vdots$$
$$O_N = E(K, [D_N \oplus O_{N-1}])$$

其中，DAC 可以取整个块 O_N，也可以取其最左边的 M 位，其中 $16 \leqslant M \leqslant 64$。

4.4.3　CMAC

数据鉴别算法在政府和工业界广泛采用。但数据鉴别算法仅能处理固定长度为 $m \times n$ 的消息，其中 n 是密文分组的长度，m 是一个固定的正整数。

研究人员提出了对数据鉴别算法的优化方法：使用三个密钥，一个密钥长度为 k，用在密文分组链接的每一步；两个长度为 n 的密钥，n 为密文分组长度；两个 n 比特的密钥可以从加密密钥导出。这种优化已经被采用作为基于密文消息认证码(CMAC)的运算模式，对于 AES，3DES 适用。

假设分组长度为 b，而消息长度是 b 的 n(n 为正整数)倍。对 AES，$b=128$，对 3DES，$b=64$。这个消息被划分为 n 组，$M_1, M_2, \cdots, M_n$。算法使用了 k 比特的加密密钥 K 和 n 比特的常数 K_1。对于 AES，密钥长度 k 为 128、192 和 256 比特，对于 3DES，密钥长度为 112 或 168 比特。CMAC 以图 4-13 所示的方式计算：

$$C_1 = E(K, M_1)$$
$$C_2 = E(K, [M_2 \oplus C_1])$$
$$C_3 = E(K, [M_3 \oplus C_2])$$
$$\vdots$$
$$C_n = E(K, [M_N \oplus C_{n-1} \oplus K_1])$$
$$T = MSB_{Tlen}(C_n)$$

其中：T 为消息鉴别码，Tlen 为 T 的比特长度，$MSB_s(X)$为比特串最左边的 s 位。

如果消息不是密文分组长度的整数倍，则最后分组的右边(低有效位)填充一个 1 和若干个 0，使得最后的分组长度为 b。除了使用一个不同的 n 比特密钥 K_2 代替 K_1 外，与前面

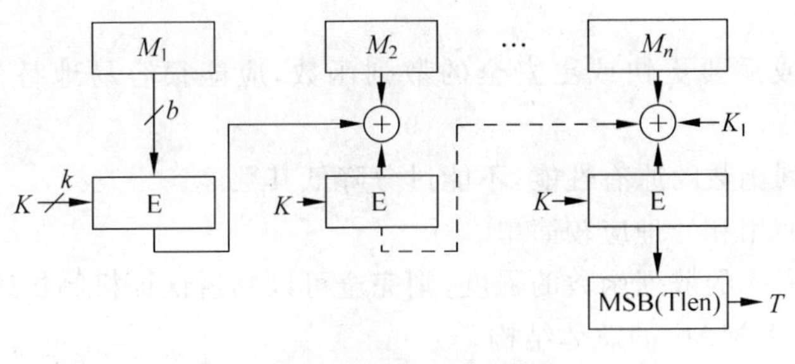

(a) 消息长度是块大小的整数倍

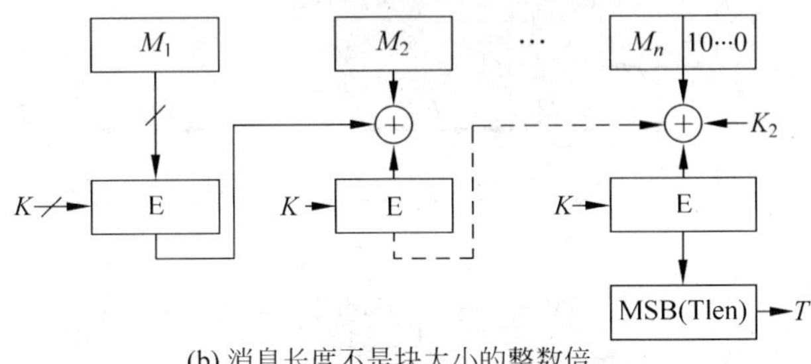

(b) 消息长度不是块大小的整数倍

图 4-13 CMAC

所述一样进行 CMAC 运算。

两个 n 比特的密钥由 k 比特的加密密钥按如下方式导出

$$L=E(K,0^n)$$
$$K_1=L\cdot x$$
$$K_2=L\cdot x^2=(L\cdot x)\cdot x$$

其中乘法(·)在域 GF(2^n)内进行,x 和 x^2 是域 GF(2^n)的一次和二次多项式。因此 x 的二元表示为 $n-2$ 个 0,后跟 10,而 x^2 的二元表示是 $n-3$ 个 0,后跟 100。有限域由不可约多项式定义,该多项式是那些具有极小非零项的多项式集合里按字典序排第一的那个多项式。对于已获批准的分组长度,多项式是 $x^{64}+x^4+x^3+x+1$ 以及 $x^{128}+x^7+x^2+x+1$。

为了生成 K_1 和 K_2,分组密码应用到一个全 0 分组上。第一个子密钥从所得密文导出,即先左移一位。并且根据条件和一个常数进行异或运算得到,其中常数依赖于分组的大小。第二个子密钥是采用相同的方式从第一个子密钥导出。

4.4.4 HMAC

近年来,人们越来越感兴趣于利用散列函数来设计 MAC。这是因为利用对称加密算法产生 MAC 要对全部消息进行加密,运算速度较慢,而散列函数执行速度比对称分组密码要快。

散列函数并不是专为 MAC 而设计的,不依赖于密钥,所以它不能直接用于 MAC。目前,已经提出了许多方案将密钥加到现有的散列函数中。HMAC 是最受支持的方案,它是一种依赖于密钥的单向散列函数,同时提供对数据的完整性和真实性的验证。HMAC 是 IP 安全里必须实现的 MAC 方案,并且其他 Internet 协议中(如 SSL)也使用了 HMAC。

RFC 2104 给出了 HMAC 的设计目标:

(1) 不必修改而直接使用现有的散列函数。即将散列函数看作是"黑盒",可以使用多种散列函数。

(2) 如果找到或需要更快或更安全的散列函数,应能很容易地替代原来嵌入的散列函数。

(3) 应保持散列函数的原有性能,不能过分降低其性能。

(4) 对密钥的使用和处理应较简单。

(5) 如果已知嵌入的散列函数的强度,则完全可以知道认证机制抗密码分析的强度。

图 4-14 给出了 HMAC 的总体结构。

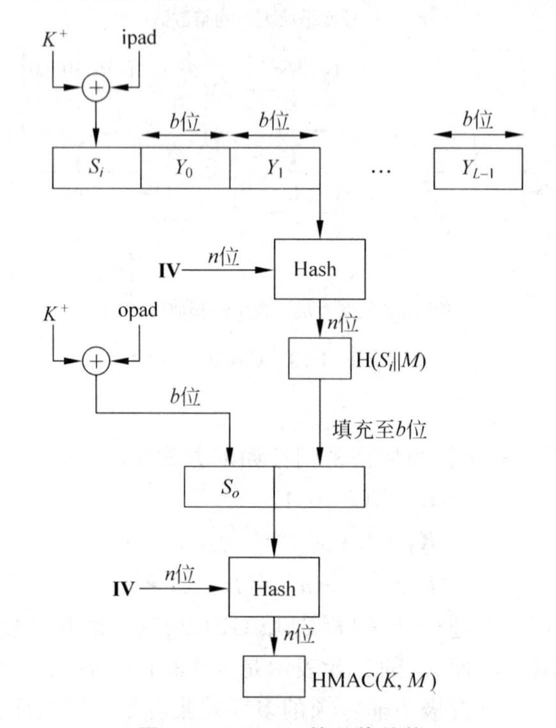

图 4-14 HMAC 的总体结构

图中：H 为嵌入的散列函数(如 MD5、SHA-1、RIPEMD-160)；**IV** 为作为散列函数输入的初始值；M 为 HMAC 的消息输入(包括由嵌入散列函数定义的填充位)；Y_i 为 M 的第 i 个分组,$0\leqslant i\leqslant(L-1)$；$L$ 为 M 中的分组数；b 为每一分组所含的位数；n 为嵌入的散列函数所产生的散列码长；K 为密钥,建议密钥长度$\geqslant n$,若密钥长度大于 b,则将密钥作为散列函数的输入,来产生一个 n 位的密钥；K^+ 为使 K 为 b 位长而在 K 左边填充 0 后所得的结果；ipad 为内层填充,00110110(十六进制数 36)重复 $b/8$ 次的结果；opad 为外层填充,01011100(十六进制数 5C)重复 $b/8$ 次的结果。

HMAC 可描述如下：

$$\mathrm{HMAC}(K,M)=\mathrm{H}[(K^+\oplus \mathrm{opad})\parallel \mathrm{H}[(K^+\oplus \mathrm{ipad})\parallel M]]$$

也就是说：

① 在 k 左边填充 0,得到 b 位的 K^+(例如,若 K 是 160 位,$b=512$,则在 K 中加入 44 个 0 字节 0×00)。

② K^+ 与 ipad 执行异或运算(逐位异或)产生 b 位的分组 S_i。

③ 将 M 附于 S_i 后。

④ 将 H 作用于步骤③所得出的结果。

⑤ K^+ 与 opad 执行异或运算(位异或)产生 b 位的分组 S_o。

⑥ 将步骤④中的散列码附于 S_o 后。

⑦ 将 H 作用于步骤⑥所得出的结果，并输出该函数值。

注意，K 与 ipad 异或后，其信息位有一半发生了变化；同样，K 与 opad 异或后，其信息位的另一半也发生了变化，这样，通过将 S_i 与 S_o 传给散列算法中的压缩函数，我们可以从 K 伪随机地产生出两个密钥。

HMAC 多执行了三次散列压缩函数(对 S_i，S_o 和内部的散列产生的分组)，但是对于长消息，HMAC 和嵌入的散列函数的执行时间应该大致相同。

第5章　数字签名

在实际生活中，许多事情的处理需要人们手写签名。签名起到了鉴别、核准、负责等作用，表明签名者对文档内容的认可，并产生某种承诺或法律上的效应。数字签名是手写签名的数字化形式，是公钥密码学发展过程中最重要的概念之一，也是现代密码学的一个最重要的组成部分之一。自从1976年数字签名的概念被提出，就受到了特别的关注。数字签名已成为计算机网络不可缺少的一项安全技术，在商业、金融、军事等领域，得到了广泛的应用。各国对数字签名的使用颁布了相应的法案。美国2000年通过的《电子签名全球与国内贸易法案》就规定数字签名与手写签名具有同等法律效力，我国的《电子签名法》也规定可靠的数字签名与手写签名或印章有同等法律效力。

本章介绍数字签名基本概念、一些著名的数字签名方案以及一些特殊形式的数字签名。

5.1　数字签名简介

5.1.1　数字签名的必要性

消息鉴别通过验证消息完整性和真实性，可以保护信息交换双方不受第三方的攻击，但是它不能处理通信双方内部的相互的攻击，这些攻击可以有多种形式。

例如，假定发送方A与接收方B在通信中使用基于MAC的消息鉴别方法。考虑下面两种情形：

(1) B可以伪造一条消息并称该消息发自A。此时，B只需产生一条消息，用A和B共享的密钥产生消息鉴别码，并将消息鉴别码附于消息之后。因为A和B共享密钥，则A无法证明自己没有发送过该消息。

(2) A可以否认曾发送过某条消息。同样道理，因为A和B共享密钥，B可以伪造消息，所以无法证明A确实发送过该消息。

这两种情形都是法律关注的。例如，对于第一种情形，在进行电子资金转账时，接收方可以增加转账资金，并声称这是来自发送方的转账资金额；对于第二种情形，股票经纪人收到有关电子邮件消息，要他进行一笔交易，而这笔交易后来失败了，但是发送方可以伪称从未发送过这条消息。

在通信双方彼此不能完全信任对方的情况下，就需要除消息鉴别之外的其他方法来解决这些问题。数字签名是解决这个问题的最好方法，它的作用相当于手写签名。用户A发送消息给B，B只要通过验证附在消息上的A的签名，就可以确认消息是否确实来自于A。同时，因为消息上有A的签名，A在事后也无法抵赖所发送过的消息。因此，数字签名的基本目的是认证、核准和负责，防止相互欺骗和抵赖。数字签名在身份认证、数据完整性、不可否认性和匿名性等方面有着广泛的应用。

5.1.2 数字签名的概念及其特征

数字签名在ISO 7498-2标准中定义为:“附加在数据单元上的一些数据,或是对数据单元所作的密码变换,这种数据和变换允许数据单元的接收者用以确认数据单元来源和数据单元的完整性,并保护数据,防止被人(例如接收者)进行伪造”。

数字签名体制也叫数字签名方案,一般包含两个主要组成部分,即签名算法和验证算法。对消息M签名记为$s=\mathrm{Sig}(m)$,而对签名s的验证可记为$\mathrm{Ver}(s)\in\{0,1\}$。数字签名体制的形式化定义如下。

定义5-1 一个数字签名体制是一个五元组(M, A, K, S, V),其中:

- M是所以可能的消息的集合,即消息空间。
- A是所有可能的签名组成的一个有限集,成为签名空间。
- K是所有密钥组成的集合,成为密钥空间。
- S是签名算法的集合,V是验证算法的集合,满足:对任意$k\in K$,有一个签名算法Sig_k和一个验证算法Ver_k,使得对任意消息$m\in M$,每个签名$a\in A$,$\mathrm{Ver}_k(m,a)=1$,当且仅当$a=\mathrm{Sig}_k(m)$。

在数字签名体制中,$a=\mathrm{Sig}_k(m)$表示使用密钥k对消息m签名,(m,a)称为一个消息-签名对。发送消息时,通常将签名附在消息后。

基于公钥密码算法和对称密码算法都可以获得数字签名,目前主要是基于公钥密码算法的数字签名。在基于公钥密码的签名体制中,签名算法必须使用签名人的私钥,而验证算法则只使用签名人的公钥。因此,只有签名人才可能产生真实有效的签名,只要他的私钥是安全的。签名的有效性能被任何人验证,因为签名人的公钥是公开可访问的。

数字签名必须具有下列特征:

- 可验证性。信息接收方必须能够验证发送方的签名是否真实有效。
- 不可伪造性。除了签名人之外,任何人不能伪造签名人的合法签名。
- 不可否认性。发送方在发送签名的消息后,无法抵赖发送的行为;接收方在收到消息后,也无法否认接收的行为。
- 数据完整性。数字签名使得发送方能够对消息的完整性进行校验。换句话说,数字签名具有消息鉴别的功能。

根据这些特征,数字签名应满足下列条件:

- 签名必须是与消息相关的二进制位串。
- 签名必须使用发送方某些独有的信息,以防伪造和否认。
- 产生数字签名比较容易。
- 识别和验证签名比较容易。
- 伪造数字签名在计算上是不可行的。无论是从给定的数字签名伪造消息,还是从给定的消息伪造数字签名,在计算上都是不可行的。
- 保存数字签名的副本是可行的。

安全散列函数满足上述条件。

数字签名的方法有多种,这些方法可分为两类:直接数字签名和仲裁数字签名。

5.1.3 直接数字签名

直接数字签名只涉及通信双方。假定接收方已知发送方的公钥，则发送方可以用自己的私钥对整个消息或消息的散列码加密来产生数字签名，接收方用发送方的公钥对签名进行验证从而确认签名和消息的真实性，如图 5-1 所示。

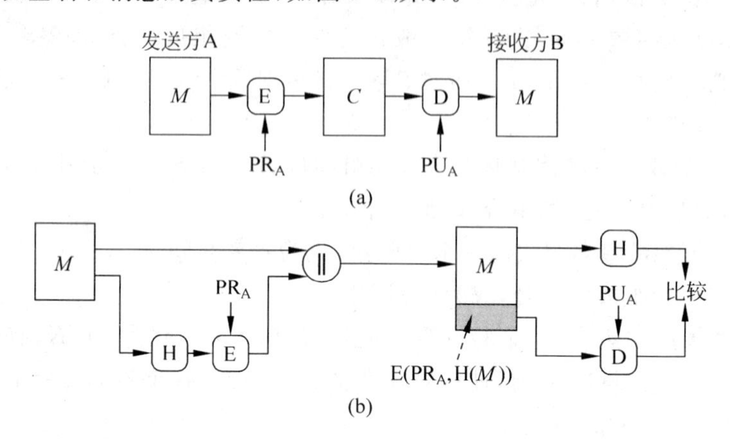

图 5-1 直接数字签名原理

如果发送方用接收方的公钥（公钥密码）和共享的密钥（对称密码）再对整个消息和签名加密，则可以获得保密性，如图 5-2 所示。

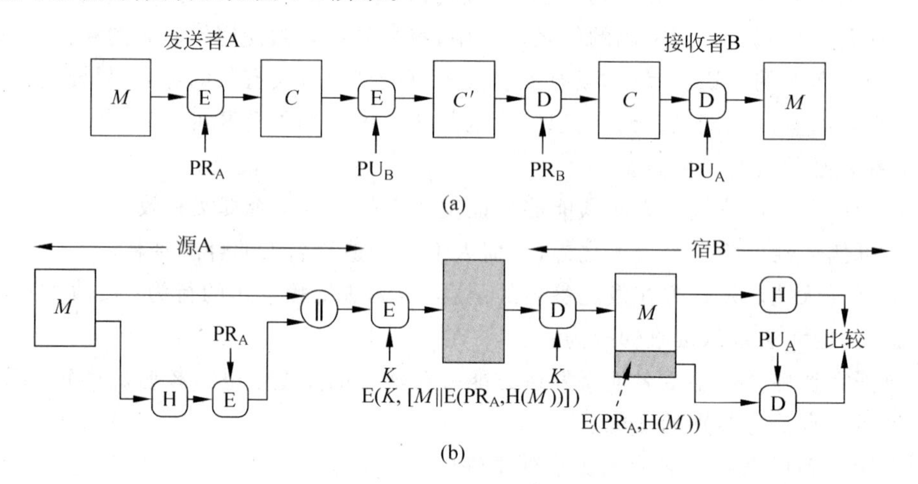

图 5-2 签名和保密

注意这里是先进行签名，然后才执行外层的加密，这样在发生争执时，第三方可以查看消息及其签名。若先对消息加密，然后才对消息的密文签名，那么第三方必须知道解密密钥才能读取原始消息。但是签名若是在内层进行，那么接收方可以存储明文形式的消息及其签名，以备将来解决争执时使用。

直接签名方法有这样一个弱点，即签名的有效性依赖于发送方私钥的安全性。如果发送方想否认以前曾发送过某条消息，那么他可以称其私钥已丢失或被盗用，其他人伪造了他的签名。可以通过在私钥的安全性方面进行控制来阻止或至少减少这种情况的发生。比较典型的做法，要求每条要签名的消息都包含一个时间戳（日期和时间），以及在密钥被泄密后应立即向管理中心报告。

5.1.4 仲裁数字签名

仲裁签名是在通信双方和仲裁者之间进行的，可以解决直接数字签名中出现的问题。

与直接签名方法一样，也有多种仲裁签名方法。一般来说，这些方法都是这样执行的：从发送方 A 到接收方 B 的每条已签名的消息都先发送给仲裁者 X，X 对消息及其签名进行检查以验证消息源及其内容，然后给消息加上日期并发送给 B，同时指明该消息已通过仲裁者的检验。X 的加入解决了直接数字签名所面临的问题，即 A 可能否认发送过这条消息。

在这种类型的方法中，仲裁者起着关键作用，通信各方都应非常信任仲裁机制。

图 5-3 给出了几个仲裁签名的例子。

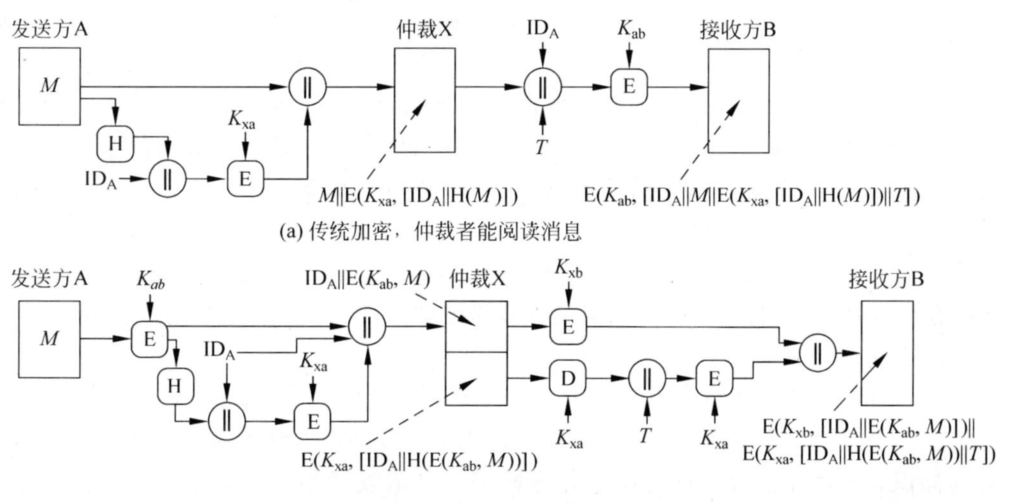

(a) 传统加密，仲裁者能阅读消息

(b) 传统加密，仲裁者不能阅读消息

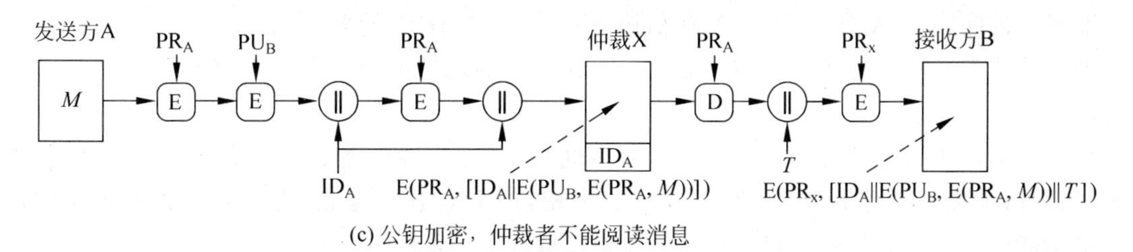

(c) 公钥加密，仲裁者不能阅读消息

图 5-3　仲裁数字签名方案

图 5-3(a)给出的方法基于对称密码算法。假定发送方 A 和仲裁者 X 共享密钥 K_{xa}，X 和 B 共享密钥 K_{xb}。A 产生消息 M 并计算出其散列值 H(M)，然后 A 将消息 M 和签名发送给 X，其签名由 A 的标识 ID_A 和散列值组成，并且用 K_{xa} 加密。X 对签名解密后，通过检查散列值来验证该消息的有效性，然后 X 用 K_{ay} 对 ID_A、发自 A 的原始消息 M、签名和时间戳加密后传给 B。B 对 X 发来的消息解密即可恢复消息 M 和签名。时间戳告诉 B 该消息是及时的消息，而不是重放的消息。B 可以存储 M 和签名，发生争执时 B 可将下列消息发给 X 以证明曾收到过来自 A 的消息：

$$E(K_{xb}, [ID_A \| M \| E(K_{xa}, [ID_A \| H(M)])])$$

仲裁者先用 K_{xb} 恢复出 ID_A，M 和签名，然后用 K_{xa} 解密该签名并验证其散列码。在这种方法中，签名只是用于解决争执，B 不能直接读取 A 的签名。因为消息来自 X，所以 B 认为来自 A 的消息是真实的，这种方法中双方应对 X 高度信任：

- A 必须相信 X 不会泄露 K_{xa}，并且不会产生形为 $E(X_{xa},[ID_A \| H(M)])$ 的伪造签名。
- B 必须相信 X 只在散列值正确并且签名确实是由 A 产生时，才发送 $E(K_{xb},[ID_A \| M \| E(K_{xa},[ID_A \| H(M)]) \| T])$。
- 双方必须相信 X 会公正地解决争执。

如果仲裁者 X 确实能做到这一点，那么 A 可以确信没人能伪造他的签名，B 可以确信 A 无法否认他的签名。

图 5-3(a)给出的方法中，任何窃听者都能读取该消息。图 5-3(b)给出的方法不仅可以提供仲裁签名，而且还能保证消息的保密性。在这种方法中，假定 A 和 B 共享密钥 K_{ab}。A 用 K_{xa} 对其标识 ID_A、用 K_{xy} 加密后的消息的散列值加密产生签名，然后将其标识、用 K_{ab} 加密后的消息和签名发送给 X。和前面一样，X 先对签名解密并通过检验散列值来验证消息的有效性，由于 X 处理的是加密后的消息，因此 X 不能读取消息。X 用 K_{xb} 对 A 发来的所有内容以及一个时间戳加密后发送给 B。

尽管仲裁者不能读取消息，但他仍然可以防止 A 或 B 的欺诈行为。但这种方法和第一种方法都存在这样一个问题，即仲裁者可能与发送方共同否认一个已签名的消息，或者与接收方共同伪造发送方的签名。

图 5-3(c)所示的基于公钥密码的方法可以解决上述问题。A 对消息 M 两次加密，即先用其私钥 PR_A 对消息 M 加密，然后再用 B 的公钥 PU_B 加密，得到加密后的签名；A 再用 PR_A 对其标识和上述加密后的签名加密并连同 ID_A 一起发送给 X。上述内层两次加密后的消息对除 B 外的所有人(包括仲裁者 X)是保密的，但是 X 可以对外层的加密进行解密以验证消息确实发自 A(因为只有 A 有私钥 PR_A)。X 检查 A 的公/私钥对是否仍然有效，若是则消息是有效的。然后 X 再用 PR_x 对 ID_A、两次加密后的消息和一个时间戳加密后传送给 B。

与前面两种方法相比，这种方法有许多优点。第一，通信各方在通信前不共享任何信息，从而避免联合欺诈；第二，即使 PR_A 已泄密，但 PR_x 没有泄密，那么时间戳不正确的消息是不能被发送的；最后，消息对 X 或其他人来讲是保密的。

5.2　数字签名算法

自数字签名的概念被提出，人们设计了多种数字签名的算法。比较著名的有 RSA、EIGamal、Schnorr、DSS 等。本节介绍基于 RSA 的数字签名和数字签名标准 DSS。

5.2.1　基于 RSA 的数字签名

RSA 密码体制既可以用于加密，又可以用于签名。RSA 数字签名方案是最容易理解和实现的数字签名方案，其安全性基于大整数因子分解的困难性。

图5-4描述了基于RSA的数字签名方法。RSA数字签名方法要使用一个散列函数，散列函数的输入是要签名的消息，输出是定长的散列码。发送方用其私钥和RSA算法对该散列码加密形成签名，然后发送消息及其签名。接收方收到消息后计算散列码，并用发送方的公钥对签名解密得到发送方计算的散列码，如果两个散列码相同，则认为签名是有效的。因为只有发送方拥有私钥，因此只有发送方能够产生有效的签名。

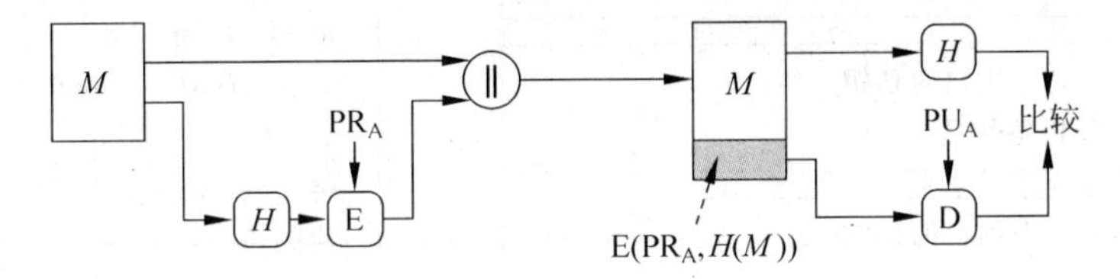

图5-4 RSA数字签名

5.2.2 数字签名标准

1. 数字签名标准

NIST于1991年提出了一个联邦数字签名标准，称之为数字签名标准(DSS)。DSS使用安全散列算法(SHA)，给出了一种新的数字签名方法，即数字签名算法(DSA)。与RSA不同，DSS是一种公钥方法，但只提供数字签名功能，不能用于加密或密钥分配。

DSS数字签名方法如图5-5所示。

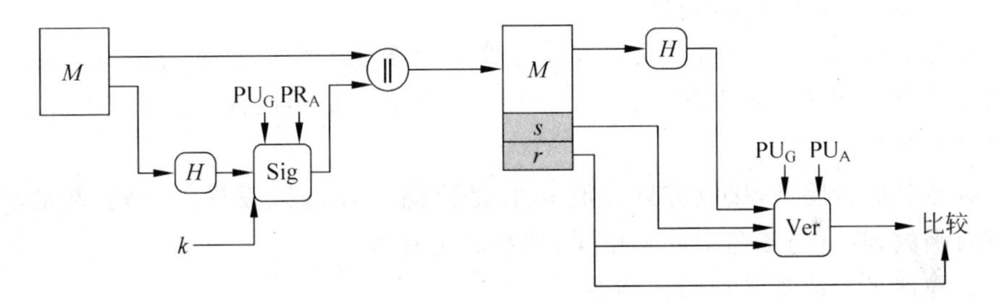

图5-5 DSS数字签名方法

DSS方法也使用散列函数，它产生的散列码和为此次签名而产生的随机数k作为签名函数的输入，签名函数依赖于发送方的私钥PR_A和一组参数，这些参数为一组通信伙伴所共有，我们可以认为这组参数构成全局公钥PU_G。

接收方对接收到的消息产生散列码，这个散列码和签名一起作为验证函数的输入，验证函数依赖于全局公钥和发送方公钥PU_A，若验证函数的输出等于签名中的r成分，则签名是有效的。签名函数保证只有拥有私钥的发送方才能产生有效签名。

2. 数字签名算法

DSA安全性基于计算离散对数的困难性，并起源于ElGamal和Schnorr提出的数字签名方法之上。

图5-6归纳总结了DSA算法。公钥由三个参数p、q、g组成，并为一组用户所共有。首先选择一个160位的素数q；然后选择一个长度在512～1024之间的素数p，并且使得q是$(p-1)$的素因子；最后选择形为$h^{(p-1)/q} \bmod p$的g，其中h是1到$p-1$之间的整数且g大于1。

全局公钥组成

p 为素数，其中 $2^{L-1}<p<2^{L}$，$512\leqslant L\leqslant 1024$ 且 L 是 64 的倍数，即 L 的位长在 512～1024 之间并且其增量为 64 位 $q(p-1)$ 的素因子，其中 $2^{159}<q<2^{160}$；即位长为 160 位 $g=h^{(p-1)/q}\bmod p$，其中 h 是满足 $1<h<(p-1)$，并且 $h^{(p-1)/q}\bmod p>1$ 的任何整数

用户的私钥

x 为随机或伪随机整数且 $0<x<q$

用户的公钥

$y=g^{x}\bmod p$

与用户每条消息相关的秘密值

k 等于随机或伪随机整数且 $0<k<q$

签名

$r=(g^{k}\bmod p)\bmod q$

$s=[k^{-1}(H(M)+xr)]\bmod q$

签名$=(r,s)$

验证

$w=(s')^{-1}\bmod q$

$u_1=[H(M')w]\bmod q$

$u_2=(r')w\bmod q$

$v=[(g^{u1}y^{u2})\bmod p]\bmod q$

检验：$v=r'$

M 表示签名的消息

$H(M)$ 表示使用 SHA-1 求得的 M 的散列码

M',r',s' 表示接收到的 M,r,s

图 5-6　数字签名算法 DSA

选定这些参数后，每个用户选择私钥并产生公钥。私钥 x 必须是随机或伪随机选择的素数，取值区间是[1，$q-1$]。公钥则根据公式 $y=g^{x}\bmod p$ 计算得到。由给定的 x 计算 y 比较简单，而由给定的 y 确定 x 则在计算上是不可行的，因为这就是求 y 的以 g 为底的模 p 的离散对数，而求离散对数是困难的。

假设要对消息 M 进行签名。发送方需计算两个参数 r 和 s，它是公钥(p,q,g)、用户私钥(x)、消息的散列码 $H(M)$和附加整数 k 的函数，其中 k 是随机或伪随机产生的，$0<k<q$，且 k 对每次签名是唯一的。

为了对签名进行验证，接收方计算值 v，它是公钥(p,q,g)、发送方公钥、接收到的消息的散列码的函数，若 v 与签名中的 r 相同，则签名是有效的。

图 5-7 描述了上述签名和验证函数。

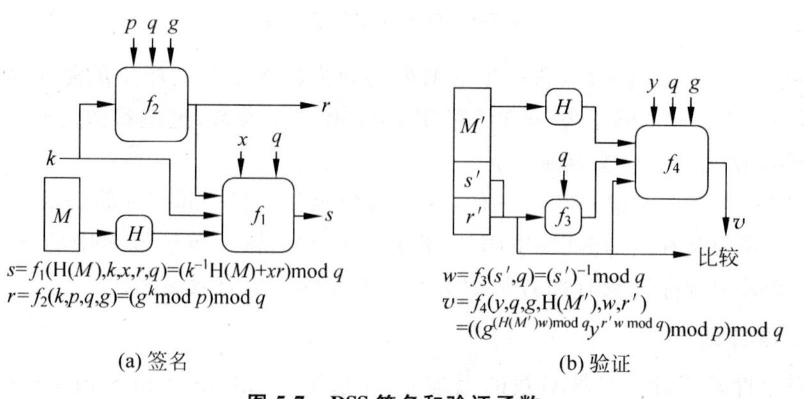

图 5-7　DSS 签名和验证函数

DSA 算法有这样一个特点，接收端的验证依赖于 r，但是 r 却根本不依赖于消息，它是 k 和全局公钥的函数。$k(\bmod q)p$ 的乘法逆元传给函数的输入还包含消息的散列码和用户私钥，函数的这种结构使接收方可利用其收到的消息、签名、它的公钥以及全局公钥来恢复 r。

由于求离散对数的困难性，攻击者从 r 恢复出 k 或从 s 恢复出 x 都是不可行的。

5.3　特殊形式的数字签名

在数字签名的应用中，许多应用环境对其提出了多种特殊的要求，产生了很多特殊形式的数字签名，如盲签名、群签名、多重签名、代理签名等。

5.3.1　盲签名

盲签名是一种特殊的数字签名，它与通常的数字签名的不同之处在于，签名者并不知道他所要签发文件的具体内容。正是这一特点，使得盲签名这种技术可广泛应用于许多领域，如电子投票系统和电子现金系统等。

盲签名允许消息拥有者先将消息盲化，而后让签名者对盲化的消息进行签名，最后消息拥有者对签名除去盲因子，得到签名者关于原消息的签名。因此，盲签名是一种签名者在不能获取消息内容的情况下进行数字签名的特殊技术。

盲签名的过程如图 5-8 所示。

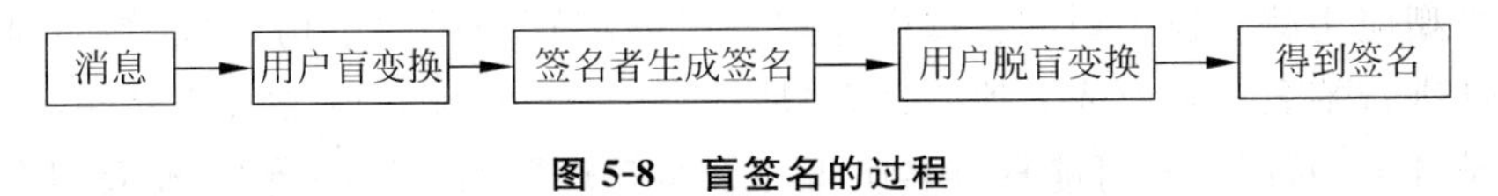

图 5-8　盲签名的过程

关于盲签名，曾经给出了一个非常直观的说明：所谓盲签名，就是先将隐蔽的文件放进信封里，而除去盲因子的过程就是打开这个信封。当文件在一个信封中时，任何人不能读它。对文件签名就是通过在信封里放一张复写纸，签名者在信封上签名时，他的签名便透过复写纸签到文件上。

除了满足一般的数字签名条件外，盲签名还必须满足下面的两条性质：

(1) 签名者对其所签署的消息是不可见的，即签名者不知道他所签署消息的具体内容。

(2) 签名消息不可追踪，即当签名消息被公布后，签名者无法知道这是他哪次签署的。

现有的盲签名方案大都是在原有的普通数字签名基础上构造的。基于 RSA 的盲签名步骤如下所述：

① 系统初始化。与 RSA 数字签名体制系统初始化过程相同。

② 消息盲化。消息拥有者随机选取整数 b，计算

$$M' = Mb^e \bmod n$$

并把盲化的消息 M' 发送给签名者。

③ 签名。签名者计算

$$S' = (M')^d \bmod n$$

并将 S' 发送给消息拥有者。

④ 除盲。消息拥有者计算

$$S = S'b^{-1} \bmod n$$

则 S 就是消息签名。消息拥有者将 S 与 M 交付给消息接收方。

⑤ 签名验证。消息接收方计算

$$M' = S^e \bmod n$$

并验证 $M'=M$ 是否成立。若成立，则验证了 S 是签名者对 M 的盲签名，否则拒绝。

5.3.2 群签名

群签名的思想最早是由 D. Chaum 和 E. Van. Heyst 在 1991 年提出的，他们描述了这样一个问题：一个公司有多台计算机而且每台计算机都连接到公司的局域网上。公司的每个部门都有自己的打印机(也都和局域网相连)，且只允许员工使用自己部门的打印机，因此在打印之前必须验证使用者是否是本部门的员工。同时为了保密，公司不泄露使用者的姓名，但是一旦发现打印机使用频繁，部门主管必须能指认出是谁滥用了打印机。

解决这一问题就涉及到要建立一个群签名方案，该方案须满足以下三条性质：

(1) 只有群成员才能进行签名。

(2) 签名的接收者可以验证所接收到的签名是否有效，但是他不能得出签名者是谁。

(3) 在发生争议时，签名可以被打开(可以有群成员的帮助也可以没有)，并且可以揭示签名者的身份。

群签名的目的是让一个群组中的每个人都能代表该群组签署文件，而签名者的身份受到匿名保护，但是一旦发生意外纠纷，签名者的身份又可(只有管理员可以)恢复出来。群签名的一个典型应用就是在公司的管理中隐藏公司内部管理层的结构，用群签名对交易合同或其他文件进行签名。客户或其他验证者只需要验证该文件是该公司签名即可，而不需要知道具体是谁签的，因此不可能从签名中得知公司管理层的更详细情况，而公司在必要时又可利用群签名的打开功能来揭露某文件签名人的身份，做到既隐藏管理层结构又可追查责任。

群签名作为一个密码技术，可以隐藏组织的内部结构，因此在管理、军事、政治、经济等多个方面有广泛应用。比如在公共资源的管理、重要军事命令的签发、重要领导人的选举、电子商务、重要新闻的发布、金融合同的签署等事务中，群签名都可以发挥重要作用。

群签名方案可以看作是包含如下五个部分的数字签名方案：

(1) 创建(SETUP)。产生群公钥/私钥对(用于签名/验证)的算法，并使群管理员得到一个用来打开群成员身份的私钥。

(2) 注册(JOIN)。一个用户和群管理员之间的交互式协议，它使得用户成为其群成员，执行该协议可产生群成员的私钥和成员证书。

(3) 签名(SIGN)。一个算法，当输入一个消息 M、某个群成员的证书和私钥，输出对消息 M 的群签名。

(4) 验证(VERIFY)。一个输入消息签名和群公钥后确定签名是否有效的算法。

(5) 打开(OPEN)。一个在给定一个签名以及群管理员私钥的条件下确定签名者身份的算法。

(6) 撤销。通过该算法，群管理员可以撤销某个群成员，使得被撤销的成员不能再代表该群体签名，而其他合法成员仍然可以代表群体签名。

随着群签名的发展，人们已经形成共识的是，一个群签名要满足以下基本的安全性要求：

(1) 不可伪造性。只有获得群成员证书和签名密钥的群成员才能够生成合法的群签名。

(2) 匿名性。接收签名的人只能验证签名的合法性但不能判定生成签名的群成员的身份，即使群中的其他群成员也不能判定。

(3) 可跟踪性。当需要揭示签名群成员的身份时，有且唯有管理员可以打开签名，找到签名的群成员。

(4) 抗联合攻击性。即使群成员联合在一起，也不能产生一个合法的无法跟踪的群签名。

(5) 不关联性。在不打开签名的情况下，要判断两个签名是否由同一个群成员签署，在计算上是不可行的。

(6) 防陷害性。即使别的群成员包括群管理员联合在一起，也不能代替另一个群成员签名。

一个群签名方案要在实际中得到应用，还必须保证它具有较高的效率。群签名的效率主要由以下几个参数决定：

(1) 群公钥的大小。

(2) 群签名的长度。

(3) 群签名算法和验证算法的效率。

(4) 创建、加入、撤销以及打开过程的效率。

著名的 CS97 群签名方案首次提出了群公钥和签名长度不依赖于群成员的个数的群签名方法，并且在添加新成员时也不用修改群公钥，可以应用到大群中。这就为群签名得到实际应用排除了最大的障碍。该方案以离散对数问题和 RSA 问题为理论基础，包括下面五个过程。

1. 系统建立

群管理员完成下列计算：

(1) 选取一个 RSA 公钥 (n,e)，以及对应的私钥 d。

(2) 选取一个 n 阶循环群 $G=<g>$。

(3) 选取元素 $\alpha \in Z_n^*$，使得 α 模 n 的两个素因子有大的乘法阶。

(4) 选定 λ 为私钥长度的上界和常数 $\varepsilon>1$。

这些数值的选取应该使得计算 G 中以 g 为底的离散对数、Z_n^* 中以 α 为底的离散对数和以 g 为底的离散对数的 e 次根在计算上是不可行的。群组的公钥 $Y=(n,e,G,g,\alpha,\lambda,\varepsilon)$。

2. 成员加入(注册协议)

当 Alice 想加入群时，她先选择私钥 $x \in \{0,1,\cdots,2^{\lambda}-1\}$，并计算 $\alpha^x \bmod n$ 和群成员密钥 $z=g^y \bmod n$。然后，Alice 把 y、z 以及对 y 的承诺(例如，对 y 的签名)发送给群管理员，并利用离散对数的知识签名向群管理员证明她知道 y 关于 g 的离散对数。群管理员确信 Alice 知道这一离散对数时，就发送给她一个成员证书。

3. 签名过程

为了代表群组对消息 M 签名，Alice 计算：

(1) $\tilde{z}=h^r g^y$，其中 $r \in R^{z_n^*}$。

(2) $d=y_R^r$。

(3) $V_1=\mathrm{E-SKPOOTREP}[(\alpha,\beta): \tilde{z}=h^{\alpha} g^{\beta^{e_1}}](M)$。

(4) $V_2 = \text{E}-\text{SKPOOTREP}[(\gamma,\varphi): \tilde{z}^{f_1} g^{f_2} = h^{\gamma} g^{\varphi^{e_2}}](M)$。

(5) $V_3 = \text{SPK}[(\varepsilon,\varsigma): d = y_R^{\varepsilon} \wedge \tilde{z} = h^{\varepsilon} g^{\varsigma}](M)$。

则 Alice 对信息 M 的签名为$(\tilde{z}, d, V_1, V_2, V_3)$。

4. 签名验证

只要验证(V_1, V_2, V_3)的正确性，就可以确定是一个正确的签名。因为对(V_1, V_2, V_3)的正确性验证可使验证者确信

$$\gamma = af_1 \bmod n, \quad \varphi^{e_2} = f_1 \beta^{e_1} + f_2$$

这表明 Alice 拥有成员证书及其秘密钥。

5. 打开算法

当发生纠纷时，群管理员可以利用他的秘密密钥 x，将数据$(\tilde{z}, d)$解密，得到 Alice 的公开密钥 $z = g^y$（即群管理员计算 $z = \tilde{z}/(d^{\frac{1}{\rho}})$）。然后再做知识签名 $\text{SPK}\{\alpha: \tilde{z} = ad^{\alpha} \wedge h = y_R^{\alpha}\}('')$作为他判决的证据。

在此群签名方案中，为了计算群成员的身份证书，采用了盲 RSA 签名方案，所以群管理员不知道 Alice 的秘密密钥 x，从而即使群管理员也无法代替 Alice 进行签名。

以上方案是由基于离散对数的群签名方案向基于知识签名的群签名方案转变的分水岭。应用知识签名严密的证明使群签名方案具有了前所未有的抵抗攻击的能力，以后提出的许多方案都是基于这一思想。

5.3.3 多重签名

在现实生活中，一份文件经常需要几个单位或部门分别签字（或盖章）才有效，多重签名技术就是在网络环境里解决这类问题的一种方法，用于同一文档必须经过多人的签名才有效的情形。多重签名通俗地讲就是指多个签名者共同参与对一份电子文档进行签名。简单地说，一个多重签名体制回答这样几个问题：哪些人参加签名，按照什么顺序签名，使用什么方法签名，怎么验证签名和安全性如何得到保证。

下面给出多重签名的相关的定义。

(1) 签名系统。在一个多重签名体制中，所有参与签名的相对独立而又按一定规则关联的实体的集合，我们称为一个签名系统。签名子系统就是所有签名者的一个子集合。

(2) 签名结构。在一个多重签名体制中，签名系统中的任何一个子系统的各成员按照特定的承接关系对某个文件进行签名，这个承接关系就称为这个签名系统的一个签名结构。可以用有向图来表示签名结构，其中顶点表示参与签名的各实体，有向边表示承接关系，即数据的流向。

在发展初期，按照签名结构的不同，多重数字签名分为两类：有序多重签名，即签名者之间的签名次序是一种串行的顺序，和广播多重签名，即签名者之间的签名次序是一种并行的顺序。近几年提出了具有更一般化签名结构的签名方案：结构化多重签名。在结构化签名方案中，各成员按照事先指定的签名结构进行签名。三种签名结构的有向图表示如图 5-9 所示。

图 5-9 中，空心圆圈表示的源点和终点是空结点，实心圆圈表示签名者。

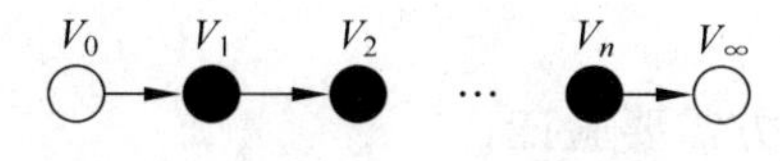

(a) 串行多重签名结构

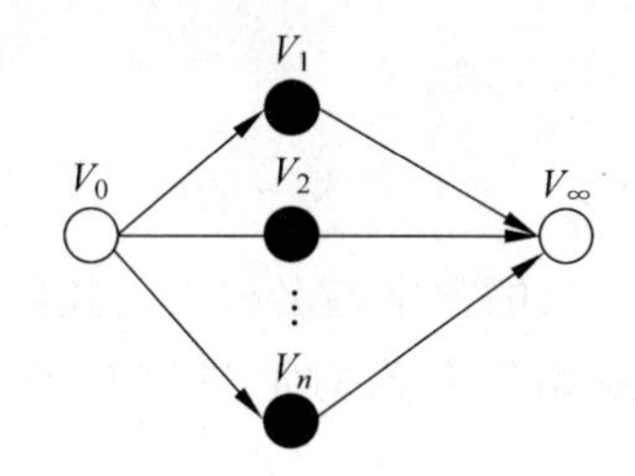

(b) 并行多重签名结构

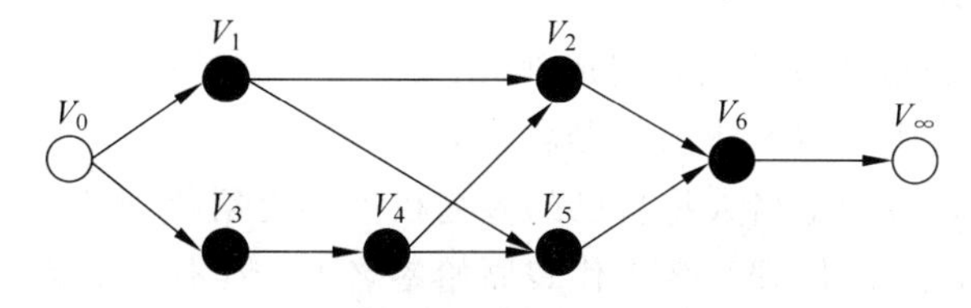

(c) 结构化多重签名结构

图 5-9　签名结构

签名结构对应的有向图都是简单图，即满足下列的条件：

- 只有一个源点(入度为 0)和一个终点(出度为 0)。
- 对于每一个顶点，至少存在一条从源点到达它的有向路径。
- 对于每一个顶点，至少存在一条从它到达终点的有向路径。
- 图中不存在环。

2004 年，Harn 等给出了一个基于 RSA 的串行多重签名方案。该方案假设有 t 个签名者，并且具有特定的签名顺序 $u_1, u_2, \cdots, u_t$，该签名顺序是事先已知的。多重签名包括以下步骤。

① 初始化。

每个签名者都遵循 RSA 算法中密钥生成的步骤，随机选取两个大素数 p_i 和 q_i，并计算 $n_i = p_i * q_i$。然后，每个签名者生成自己的公钥 e_i 和私钥 d_i。

需要指出的是，因为这个串行多重签名方案是顺序敏感的，$n_1, n_2, \cdots, n_t$ 需要满足以下条件：

$$n_1 < n_2 \cdots < n_t$$

② 签名生成。

假设待签名的消息是 M，H 是一个散列函数。用户 u_1 计算：

$$S_1 = H(M)^{d_1} \bmod n_1$$

并将 S_1 发送给 u_2。u_2 计算：

$$S_2 = S_1^{d_2} \bmod n_2$$

并将 S_2 发送给 u_3。依此类推，直到最后一个签名用户计算：

$$S_t = S_{t-1}^{d_t} \bmod n_t$$

则 S_t 就是最终发送给接收方的消息签名。

③ 签名验证。

为了验证多重签名，接收方需要验证：

$$H(M) = (\cdots((S_t^{e_t} \bmod n_t)^{e_{t-1}} \bmod n_{t-1})^{e_{t-2}}\cdots)^{e_1} \bmod n_1$$

是否成立。

5.3.4 代理签名

代理签名，即原始签名人将自己的数字签名权力委托给另外一个人，被委托人称为代理签名人。代理签名人可以代表原始签名人对消息进行签名。代理签名也是可以公开验证的。

1. 代理签名的组成

一个代理签名体制包括以下几个组成部分：

(1) 初始化。选定代理签名体制的参数。

(2) 签名权委托。原始签名人将自己的签名权力移交给代理签名人。

(3) 代理签名的产生。代理签名人代表原始签名人产生代理签名。

(4) 代理签名验证。验证人验证代理签名的有效性。

2. 代理签名的方式

根据签名权的委托方式不同，代理签名可以分为以下三种方式：

(1) 全代理方式。原始签名人将签名密钥秘密地传递给代理签名人，使代理签名人拥有和原始签名人相同的签名密钥。原始签名人和代理签名人都可以产生签名，而且没有办法确定签名来自于原始签名人还是代理签名人。

(2) 部分代理方式。在这种方式中，代理签名密钥是根据原始签名人的签名密钥计算出来的，但由代理签名密钥不能计算出原始签名密钥。代理签名人使用代理签名密钥进行签名，而且，签名时要用到原始签名人的公钥。

(3) 委任状代理方式。在这种方式中，使用一个称为委任状的文件实现签名权的委托。代理签名人得到委任状后，用自己的签名密钥对消息签名。一个有效的代理签名由代理签名人的签名和原始签名人的委任状组成。

实际应用中，大多采用部分代理方式。

1996 年，Mambo 等提出了代理签名的概念，并给出了一个实现方案，该方案如下所述：

① 初始化。

选取大素数 P，且 q 是 $p-1$ 的一个素因子，$g\in z_p^*$ 是一个 q 阶生成元，原始签名人的签名密钥 $k\in z_p^*$，相应的公钥 $y=g^k \bmod p$。

② 签名权委托。

原始签名人随机选择 $r\in z_q$，并计算

$$R = g^r \bmod p,\quad x = k + rR \bmod q$$

原始签名人通过一个安全的信道将(x,R)发送给代理签名人。代理签名人收到(x,R,m)，验证等式

$$g^x = yR^R \bmod p$$

是否成立。如果成立，则(x,R)是一个有效的代理密钥；否则，拒绝此代理密钥。

③ 代理签名人的签名。

代理签名人使用 x 作为签名密钥。代理签名者随机选取 $w \in z_q^*$，并计算：

$$W = g^w \bmod p$$

$$s = xm + wW \bmod q$$

将 (m, s, R, W) 发送给接收方。

④ 代理签名验证。

接收方首先计算 $Y = yR^R \bmod p$，然后验证下列等式是否成立：

$$g^s = (yR^R)^m W^W \bmod p$$

如果成立，则 (m, s, R, W) 是一个有效签名，否则无效。

第6章 身份认证

在现实世界中，人们常常被问到：你是谁？为了证明自己的身份，人们通常要出示一些证件，如身份证、户口本等。在计算机网络世界中，这个问题仍然非常重要。在进行通信之前，必须弄清楚对方是谁，确定对方的身份，以确保资源被合法用户合理地使用。认证是防止主动攻击的重要技术，是安全服务的最基本内容之一。

计算机网络领域的身份认证是通过将一个证据与实体绑定来实现的。实体可能是用户、主机、应用程序甚至是进程。证据与身份之间是一一对应的关系。双方通信过程中，一方实体向另一方提供这个证据证明自己的身份，另一方通过相应的机制来验证证据，以确定该实体是否与证据所宣称的身份一致。身份认证技术在网络安全中处于非常重要的地位，是其他安全机制的基础。只有实现了有效的身份认证，才能保证访问控制、安全审计、入侵防范等安全机制的有效实施。

根据被认证实体的不同，身份认证包括两种情况：第一是计算机认证人的身份，也叫用户认证；第二种是计算机认证计算机，主要出现在通信过程中的认证握手阶段。

本章首先介绍计算机认证人（用户认证）和计算机认证计算机（认证协议）的基本原理，然后介绍三个在网络上提供身份认证服务的标准：Kerbeors、X.509 和 PKI。

6.1 用户认证

用户认证是由计算机对用户身份进行识别的过程，用户向计算机系统出示自己的身份证明，以便计算机系统验证确实是所声称的用户，允许该用户访问系统资源。一个典型的场景是用户要使用公共场所安装的工作站。用户认证的实质是计算机认证人的身份，以查明用户是否具有他所请求的信息使用权利。用户认证是对访问者授权的前提，即用户获得访问系统权限的第一步。若用户身份得不到系统的认可，则无法进入系统访问资源。

用户认证的依据主要包括以下三种：

(1) 所知道的信息，如身份证号码、账号密码、口令等。

(2) 所拥有的物品，如 IC 卡、USB Key 等。

(3) 所具有的独一无二的身体特征，如指纹、虹膜、声音等。

6.1.1 基于口令的认证

1. 静态口令

基于用户名/口令的身份认证是最简单、最易实现、最容易理解和接受的一种认证技术，也是目前应用最广泛的认证方法。例如，操作系统及诸如邮件系统等一些应用系统的登录和权限管理，都是采用"用户账户加静态口令"的身份识别方式。口令是一种根据"所知道的信息"实现身份认证的方法，其优势在于实现的简单性，无须附加任何设备，成本低、速度快。

从技术角度讲，静态口令的认证必须解决下面两个问题：

1）口令存储

如果口令以明文方式存储，则易受字典攻击，即使用一个预先定义好的单词列表，逐一地尝试所有可能的口令的攻击方式。通常口令经过加密后存储在计算机中，例如 UNIX 就是采用 DES 对口令加密存储。一般系统的口令文件存储的是口令的散列值，即使攻击者得到口令文件，由于散列函数的单向性，也无法得到用户口令。

2）口令传输

在网络环境中，基于口令的身份认证系统一般采用客户/服务器模式，如各种 Web 应用。服务器统一管理多个用户账户，用户口令要从客户机传送到服务器上进行验证。为了保证传输过程中口令的安全，一般采用双方协商好的加密算法或单向散列函数对口令进行处理后传输。

静态基于口令的认证方式存在如下的安全问题：

- 它是一种单因素的认证方式，安全性全部依赖于口令，口令一旦被泄露，用户即可被冒充。
- 为了便于记忆，用户往往选择简单、容易被猜测的口令，如生日。这使得口令被攻击的难度大大降低。
- 口令在网络上传输的过程中可能被截获。
- 系统中所有用户的口令以文件形式存储在认证方，攻击者可以利用系统中存在的漏洞获取系统的口令文件。即使口令经过加密，如果口令文件被窃取，那么就可以进行离线的字典式攻击。一旦攻击者能够访问口令表，整个系统的安全性就受到了威胁。
- 用户在访问多个不同安全级别的系统时，都要求用户提供口令，用户为了记忆的方便，往往采用相同的口令。而低安全级别系统的口令更容易被攻击者获得，从而用来对高安全级别系统进行攻击。
- 口令方案无法抵抗重放攻击。
- 只能进行单向认证，即系统可认证用户，而用户无法对系统进行认证，攻击者可能伪装成系统骗取用户的口令。

因此，传统的静态口令认证方式正受到越来越多的挑战，已经成为网络应用的薄弱环节。

2．动态口令

为了有效地改进口令认证的安全性，人们提出了各种基于动态口令的身份识别方法。动态口令又叫做一次性口令，是指在用户登录系统进行身份认证的过程中，送入计算机系统的验证数据是动态变化的。动态口令的主要思路是在登录过程中加入不确定因素，如时间，系统执行某种加密算法 E(用户名＋密码＋时间)，产生一个无法预测的动态口令，以提高登录过程安全性。

动态口令的产生方式一般包括以下几种：

1）共享一次性口令表

系统和用户共享一个秘密口令表，每个口令只使用一次。用户登录时，系统需要检查用户的口令是否使用过。

2）口令序列

用户拥有一个长度为 N、单向的、根据某种单向算法前后相关的口令序列，每个口令只是使用一次，而计算机系统只用记录一个口令，假设是第 M 个。用户用第 $M-1$ 个口令登录时，系统用单向算法计算第 M 个口令，并与自己保存的第 M 个口令比对，实现对用户的认证。用户登录 N 次后，必须重新初始化口令序列。

3）挑战-响应方式

用户登录时，系统产生一个随机数发送给用户。用户使用某种单向算法将自己的口令和随机数混合起来运算，结果发送给系统。系统用同样的方式进行运算，并通过结果比对实现对用户的认证。

4）时间-事件同步机制

这种方式可以看作"挑战-响应"方式的变形，区别在于以用户登录时间作为随机因素。这种方式要求双方的时间要同步。下面介绍基于电子令牌卡生成口令的工作原理。

用户和计算机系统之间共享同一个用户口令。用户还拥有一种叫做动态令牌的专用硬件，内置电源、密码生成芯片和显示屏，并拥有一个运行专门的密码算法的密码生成芯片。当用户向远程认证系统发出登录请求时，远程系统向用户发送挑战数据。挑战数据通常是由两部分组成的，一部分是种子值，它是分配给用户的在系统内具有唯一性的一个数值，而另一部分是随时间或次数不断变化的数值。用户接收到挑战后，将种子值、随机数值和用户口令输入到动态令牌中进行计算，并把结果作为应答发送给远程认证系统。远程认证系统使用相同的算法和数据进行计算，与从用户那里接收到的应答数据作对比，认证用户的合法性。

动态口令具有以下几个技术特点。

- 动态性。登录口令是不断变化的。
- 随机性。口令的产生是随机的，具有不可预测性。
- 一次性。每个口令只使用一次，以后不再使用。
- 方便性。用户不需记忆口令。

因此，动态口令极大地提高了用户身份认证的安全性。

6.1.2 基于智能卡的认证

智能卡(Smart Card)是一种集成的带有智能的电路卡，内置可编程的微处理器，可存储数据，并提供硬件保护措施和加密算法。在智能卡中存储用户个性化的秘密信息，同时在验证服务器中也存放该秘密信息，进行认证时，用户输入 PIN(个人身份识别码)，智能卡认证 PIN 成功后，即可读出智能卡中的秘密信息，进而利用该秘密信息与主机之间进行认证。其中，基于 USB Key 的身份认证是当前比较流行的智能卡身份认证方式。

USB Key 结合了现代密码学技术、智能卡技术和 USB 技术，具有以下特点：

(1) 双因子认证。每一个 USB Key 都具有硬件 PIN 码保护，PIN 码和硬件构成了用户使用 USB Key 的两个必要因素，即所谓"双因子认证"。用户只有同时取得了 USB Key 和用户 PIN 码，才可以登录系统。即使用户的 PIN 码被泄露，只要用户持有的 USB Key 不被盗取，合法用户的身份就不会被假冒；如果用户的 USB Key 遗失，拾到者由于不知道用户的 PIN 码，也无法假冒合法用户的身份。

(2) 带有安全存储空间。USB Key 具有 8～128KB 的安全数据存储空间，可以存储数字证书、用户密钥等秘密数据，对该存储空间的读写操作必须通过程序实现，用户无法直接读取，其中用户私钥是不可导出的，杜绝了复制用户数字证书或身份信息的可能性。

(3) 硬件实现加密算法。USB Key 内置 CPU 或智能卡芯片，可以实现数据摘要、数据加解密和签名的各种算法，加解密运算在 USB Key 内进行，保证了用户密钥不会出现在计算机内存中，从而杜绝了用户密钥被黑客截取的可能性。

(4) 便于携带，安全可靠。如拇指般大的 USB Key 非常便于随身携带，并且密钥和证书不可导出；USB Key 的硬件不可复制，更显安全可靠。

基于 USB Key 的身份认证主要包括以下几种方式：

(1) 基于挑战/应答的双因子认证方式。先由客户端向服务器发出一个验证请求，服务器接到此请求后生成一个随机数(此为挑战)并通过网络传输给客户端。客户端将收到的随机数通过 USB 接口提供给计算单元，由计算单元使用该随机数与存储在安全存储空间中的密钥进行运算并得到一个结果(此为应答)作为认证证据传给服务器。与此同时，服务器也使用该随机数与存储在服务器数据库中的该客户密钥进行相同运算，如果服务器的运算结果与客户端回传的响应结果相同，则认为客户端是一个合法用户。密钥运算分别在硬件计算单元和服务器中运行，不出现在客户端内存中，也不在网络上传输，从而保护了密钥的安全，也就保护了用户身份的安全。

(2) 基于数字证书的认证方式。随着 PKI 技术日趋成熟，许多应用中开始使用数字证书进行身份认证与数据加密。数字证书是由权威公正的第三方机构即 CA 中心签发的，以数字证书为核心的加密技术，可以对网络上传输的信息进行加密和解密、数字签名和签名验证，确保网上传递信息的机密性、完整性，以及交易实体身份的真实性，签名信息的不可否认性，从而保障网络应用的安全性。USB Key 作为数字证书的存储介质，可以保证数字证书不被复制，并可以实现所有数字证书的功能。

基于智能卡的身份认证也有其严重的缺陷：系统只认卡不认人，智能卡可能丢失，拾到或窃得智能卡的人将可能假冒原持卡人的身份。而且对于智能卡认证，需要在每个认证端添加读卡设备，增加了硬件成本。

6.1.3 基于生物特征的认证

基于生物特征识别的认证方式以人体具有的唯一的、可靠的、终生稳定的生物特征为依据，利用计算机图像处理和模式识别技术来实现身份认证。生物特征识别技术目前主要利用指纹、声纹、虹膜、视网膜、脸形、掌纹这几个方面特征进行识别。

与传统的身份认证技术相比，基于生物特征的身份认证技术具有以下优点：

- 不易遗忘或丢失。
- 防伪性能好，不易伪造或被盗。
- “随身携带”，方便使用。

目前，已有的生物特征识别技术主要有指纹识别、掌纹识别、手形识别、人脸识别、虹膜识别、视网膜识别、声音识别和签名识别等。其中，指纹识别是最早研究并利用的，且是最方便、最可靠的生物识别技术之一。指纹识别过程如图 6-1 所示，主要包括三个过程：指纹图像读取、特征提取、比对。首先，通过指纹读取设备读取到人体指纹的图像，进行初步的处理,使之清晰。然后,通过指纹图像进行指纹特征数据的提取,这是一种单方向的转换。最后,计算机通过某种指纹匹配算法进行比对,得到两个指纹的匹配结果。

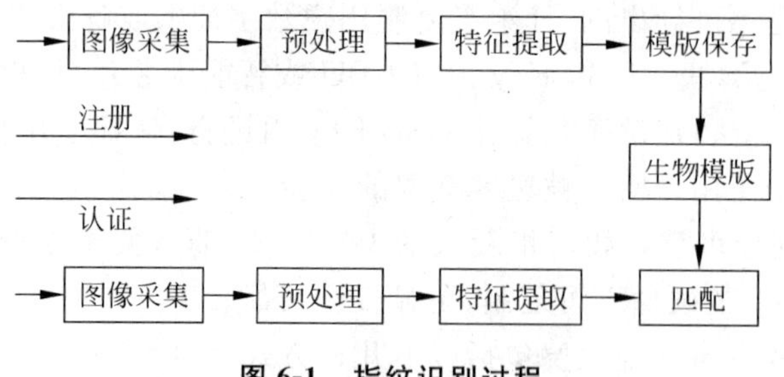

图 6-1　指纹识别过程

此外,人们还研究了其他的一些生物特征,如手部静脉血管模式、DNA、耳形、身体气味、击键的动态特性、指甲下面的真皮结构等。这些技术与上述的几大技术相比,普遍性较差,主要用于一些特定的应用领域。

尽管生物学特征的身份验证机制提供了很高的安全性,但其生物特征信息采集、认证装备的成本较高,只适用于安全级别比较高的场所。

6.2　认证协议

在开放的网络环境中,为了通信的安全,一般都要求有一个初始的认证握手过程,以实现对通信双方或某一方的身份验证过程。

6.2.1　单向认证

单向认证是指通信双方中,只有一方对另一方进行认证。通常,单向认证协议包括三个步骤:应答方 B 通过网络发送一个挑战;发起方 A 回送一个对挑战的响应;应答方 B 检查此响应,然后再进行通信。单向认证既可以采用对称密码技术实现,也可以采用公钥密码技术实现。

基于对称加密的单向认证方案如图 6-2 所示。

在图 6-2(a)所示协议中,B 随机选择一个挑战 R 发送给 A,A 收到后使用共享的密钥 K_{AB} 加密 R 并将解密结果发送给 B,则 B 加密得到 R',通过验证 $R=R'$ 来实现对 A 的单向身份认证。图 6-2(b)所示协议是图 6-2(a)的一个变形。B 随机选择一个挑战 R,并将 R 加密发送给 A。A 收到后使用共享的密钥 K_{AB} 解密收到的数据,得到 R' 并发送给 B。同样,B 可以验证 $R=R'$ 来实现对 A 的单向身份认证。

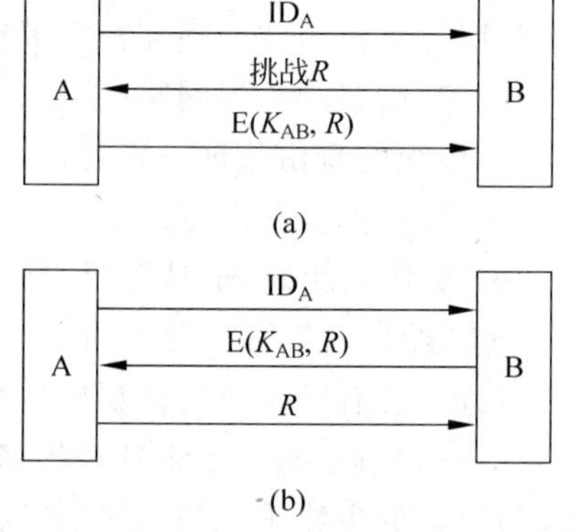

图 6-2　基于对称加密的单向认证

如果存在一个密钥分发中心(Key Distribution Cender,KDC),并且基于对称加密实现单向认证,其方法如图 6-3 所示。

每个用户与密钥分配中心(KDC)共享唯一的一个

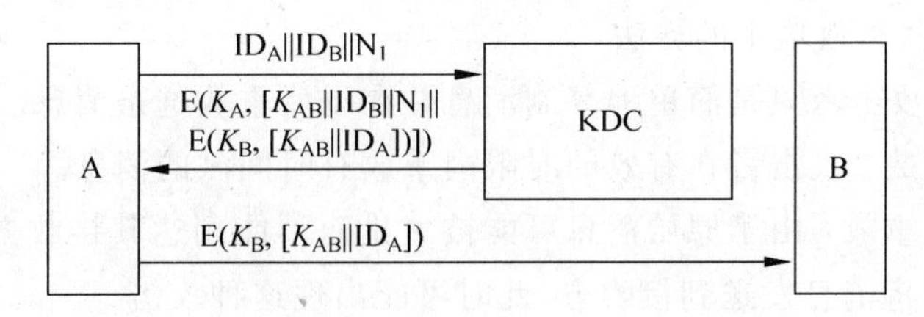

图 6-3　基于对称加密的、KDC 干预的单向认证

主密钥，A 有一个除了它外只有 KDC 知道的密钥 K_A，同样，B 有一个 K_B。设 A 要与 B 建立一个逻辑连接，需要用一个一次性的会话密钥来保护数据的传输。具体过程是这样的：

（1）A 向 KDC 请求一个会话密钥以保护与 B 的逻辑连接。消息中有 A 和 B 的标识及唯一的标识 N_1，这个标识我们称为临时交互号(nonce)。

（2）KDC 以用 K_A 加密的消息做出响应。消息中有两项内容是给 A 的：

- 一次性会话密钥 K_{AB}，用于会话。
- 原始请求消息，包括临时交互号，以使 A 使用适当的请求匹配这个响应。

此外，消息中有两项内容是给 B 的：

- 一次性会话密钥 K_{AB}，用于会话。
- A 的标识符 ID_A。

这两项用 K_B(KDC 与 B 共享的主密钥)加密。它们将发送给 B，以建立连接并证明 A 的标识。

（3）A 存下会话密钥备用，并将消息的后两项发给 B，即 $E(K_b, [K_{AB} \| ID_A])$。现在 B 已知道会话密钥 K_{AB}，知道它稍后的通话伙伴是 A(来自 ID_A)，且知道这些消息来自于 KDC(因为它是用 K_B 加密的)。至此，B 实现了对 A 的认证过程。

基于公钥加密的简单单向认证方案如图 6-4 所示：

在 6-4(a)所示方案中，B 给 A 发送一个挑战，而 A 则用自己的私钥对 R 加密，B 可以通过 A 的公钥解密并验证 A 的身份。6-4(b)中，B 将挑战 R 用 A 的公钥加密后发送，A 则用自己的私钥解密得到 R'，B 通过验证 $R=R'$来实现对 A 的单向身份认证。

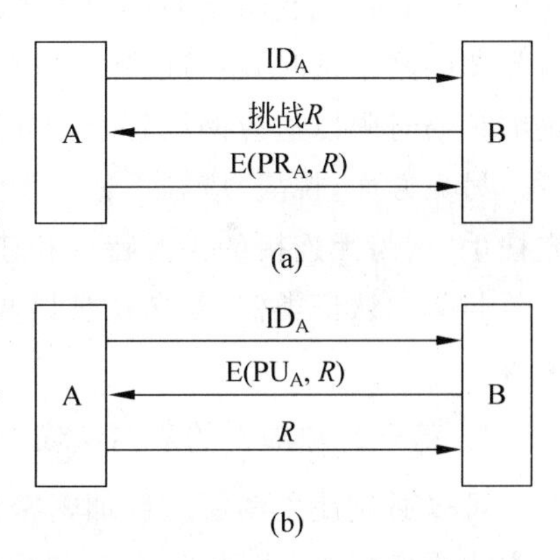

图 6-4　基于公钥加密的单向认证

6.2.2　双向认证

双向认证是一个重要的应用领域，指通信双方相互验证对方的身份。双向认证协议可以使通信双方确信对方的身份并交换会话密钥。保密性和及时性是认证的密钥交换中两个重要的问题。为防止假冒和会话密钥的泄密，用户标识和会话密钥这样的重要信息必须以密文的形式传送，这就需要事先已有能用于这一目的的密钥或公钥。因为可能存在消息重放，所以及时性非常重要，在最坏情况下，攻击者可以利用重放攻击威胁会话密钥或者成功地假冒另一方。

下面列出了一些重放攻击的方法：

- 简单重放：攻击者只是简单地复制消息并在以后重放这条消息。
- 可检测的重放：攻击者在有效的时限内重放有时间戳的消息。
- 不可检测的重放：由于原始消息可能被禁止而不能到达其接收方，所以只有通过重放消息才能将消息发送到接收方，此时可能出现这种攻击。
- 不加修改的逆向重放：这是向消息发送方的重放。如果使用对称密码并且发送方不能根据内容来区分发出的消息和接收的消息，那么可能出现这种攻击。

对付重放攻击的方法之一是，在每个用于认证交换的消息后附加一个序列号，只有序列号正确的消息才能被接受。但是这种方法存在这样一个问题，即它要求每一通信方都要记录其他通信各方最后的序列号，因此，认证和密钥交换一般不使用序列号，而是使用下列两种方法之一：

- 时间戳：仅当消息包含时间戳并且在A看来这个时间戳与其所认为的当前时间足够接近时，A才认为收到的消息是新消息，这种方法要求通信各方的时钟应保持同步。
- 挑战/应答：若A要接收B发来的消息，则A首先给B发送一个临时交互号(挑战)，并要求B发来的消息(应答)包含该临时交互号。

时间戳方法不适合于面向连接的应用。第一，它需要某种协议保持通信各方的时钟同步，为了能够处理网络错误，该协议必须能够容错，并且还应能抗恶意攻击；第二，如果由于通信一方时钟机制出错而使同步失效，那么攻击成功的可能性就会增大；第三，由于各种不可预知的网络延时，不可能保持各分布时钟精确同步。因此，任何基于时间戳的程序都应有足够长的时限以适应网络延时，同时应有足够短的时限以使攻击的可能性最小。

另一方面，挑战/应答不适合于无连接的应用，因为它要求在任何无连接传输之前必须先握手，这与无连接的主要特征相违背。

与单向认证类似，双向认证既可以采用对称密码技术实现，也可以采用公钥密码技术实现。

1. 基于对称加密的双向认证

可以通过使用两层对称加密密钥的方式来保证分布式环境中通信的保密性。通常，这种方法要使用一个可信的密钥分配中心(KDC)。在网络中，各方与KDC共享一个称为主密钥的密钥，KDC负责产生通信双方通信时短期使用的密钥(称为会话密钥)，并用主密钥保护这些会话密钥的分配。基于KDC实现双向认证的经典协议是Needham和Schroder设计的一个协议，如图6-5所示。

该协议可归纳如下：

(1) A→KDC：　　$ID_A \parallel ID_B \parallel N_1$

(2) KDC→A：　　$E(K_A, [K_{AB} \parallel ID_B \parallel N_1 \parallel E(K_B, [K_{AB} \parallel ID_A])])$

(3) A→B：　　$E(K_B, [K_{AB} \parallel ID_A]) \parallel E(K_{AB}, N_2)$

(4) B→A：　　$E(K_{AB}, N_2, N_3)$

(5) A→B：　　$E(K_{AB}, f(N_3))$

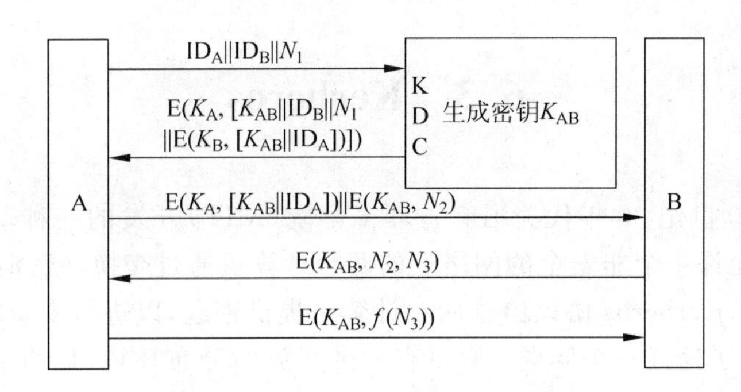

图 6-5 基于对称加密的双向认证

A,B 和 KDC 分别共享密钥 K_A 和 K_B,该协议的目的是要保证将会话密钥 K_{AB}安全地分配给 A 和 B。A 首先告诉 KDC,要和 B 通信。N_1 的作用是防止攻击方通过消息重放假冒 KDC。在步骤 2,A 安全地获得新的会话密钥 K_{AB}。在步骤 3,A 发送一个包括两个部分的消息给 B：第一部分来自 KDC,是用 K_B 加密的会话密钥 K_{AB}和 A 的标识,第二部分是用 K_{AB}加密的挑战 N_2。在步骤 4,B 解密得到会话密钥 K_{AB}和挑战 N_2,然后 B 用 K_{AB}加密 N_2 和新的挑战 N_3,并发送给 A,N_2 的作用是证明 B 知道 K_{AB},N_3 的作用是要求 A 证明自己知道 K_{AB}。步骤 5 使 B 确信 A 已知 K_{AB}。至此,A 和 B 相互认证了对方的身份,并且建立了会话密钥 K_{AB}。

2. 基于公钥加密的双向认证

用公钥密码进行会话密钥分配的方法见图 6-6。

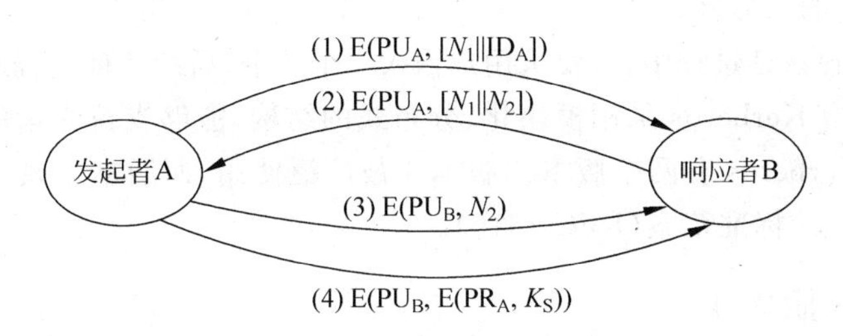

图 6-6 基于公钥密码的双向认证

(1) A 用 B 的公钥对含有其标识 ID_A 和挑战(N_1)的消息加密,并发送给 B。其中 N_1 用来唯一标识本次交易。

(2) B 发送一条用 PU_A 加密的消息,该消息包含 A 的挑战(N_1)和 B 产生的新挑战(N_2)。因为只有 B 可以解密消息(1),所以消息(2)中的 N_1 可使 A 确信其通信伙伴是 B。

(3) A 用 B 的公钥对 N_2 加密,并返回给 B,这样可使 B 确信其通信伙伴是 A。

至此,A 与 B 实现了双向认证。

(4) A 选择密钥 K_S,并将 $M=E(PU_B,E(PR_A,K_S))$发送给 B。使用 B 的公钥对消息加密可以保证只有 B 才能对它解密；使用 A 的私钥加密可以保证只有 A 才能发送该消息。

(5) B 计算 $D(PU_A,D(PR_B,M))$得到密钥。

步骤(4)、步骤(5)实现了对称密码的密钥分配。

6.3 Kerberos

Kerberos 是 20 世纪 80 年代美国麻省理工学院(MIT)开发的一种基于对称密码算法的网络认证协议,允许一个非安全的网络上的两台计算机通过交换加密消息互相证明身份。一旦身份得到验证,Kerberos 协议给这两台计算机提供密匙,以进行安全的通信。

Kerberos 阐述了这样一个问题：假设有一个开放的分布环境,用户通过用户名和口令登录到工作站。从登录到登出这段时间称为一个登录会话。在某个登录过程中,用户可能希望通过网络访问各种远程资源,这些资源需要认证用户的身份。用户工作站替用户实施认证过程,以获得资源使用权,而用户不需知道认证的细节。服务器能够只对授权用户提供服务,并能鉴别服务请求的种类。

Kerberos 的设计目的就是解决分布式网络环境下,用户访问网络资源时的安全问题,即工作站的用户希望获得服务器上的服务,服务器能够对服务请求进行认证,并能限制授权用户的访问。

Kerberos 是为 TCP/IP 网络设计的可信第三方认证协议,利用可信第三方(Kerberos 服务器)进行集中的认证。Kerberos 具有以下特点：

(1) 安全。Kerberos 提供强大的安全机制防止非法用户的入侵,攻击者不能伪装成合法用户进行窃听。只要 Kerberos 服务器是安全的,则认证服务就是安全的。

(2) 可靠。Kerberos 采用分布式的服务器结构,并且随时对系统进行备份,因而 Kerberos 具有高度的可靠性。

(3) 透明性。在认证过程中,只要求用户输入一个口令,后续认证过程对用户是透明的。

(4) 可伸缩性。Kerberos 采用模块化、分布式的结构,能够支持大量的客户和服务器。

目前常用的 Kerberos 有两个版本。版本 4 被广泛使用,而版本 5 改进了版本 4 中的安全性,并成为 Internet 标准草案(RFC 1510)。

6.3.1 Kerberos 版本 4

Kerberos 通过提供一个集中的认证服务器来负责用户对服务器的认证和服务器对用户的认证,而不是为每个服务器提供详细的认证协议。Kerberos 的实现包括一个运行在网络上某个物理安全结点处的密钥分发中心(Key Distribution Cender,KDC)以及一个函数库,各需要认证用户身份的分布式应用程序调用这个函数库实现对用户的认证。Kerberos 的设计目标是使用户通过用户名和口令登录到工作站,工作站基于口令生成密钥,并使用密钥和 KDC 联系,以代替用户获得远程资源的使用授权。

1. Kerberos 配置

Kerberos 的版本 4 在协议中使用 DES 来提供认证服务。每个实体都有自己的密钥,称为该实体的主密钥,这个主密钥是和 KDC 共享的。用户主密钥从用户口令生成,因此用户需要记住自己的口令;而网络设备则存储自己的主密钥。Kerberos 服务器称为 KDC,包括两个重要的模块：认证服务器(Authentication Server,AS)和门票授权服务器(TGS)。KDC 有一个记录实体名字和相应主密钥的数据库。为保证 KDC 数据库的安全,这些实体主密钥用KDC的主密钥加密。

用户通过用户名和口令登录到工作站，主密钥根据其口令生成。工作站可以记住用户名和口令，并使用这些信息来完成后面的认证过程。但是这样做不是很安全。如果用户在登录会话过程中运行了不可信软件，则易造成口令的泄露。为了降低风险，在用户登录后，工作站首先向KDC申请一个会话密钥，而且只用于本次会话。随后，工作站忘掉用户名和口令，使用这个会话密钥和KDC联系，完成认证的过程，获得远程资源的使用授权。会话密钥只在一段时间内有效，这大大降低了该密钥泄露造成安全问题的风险。

在用户A登录工作站的时候，工作站向AS申请会话密钥。AS生成一个会话密钥 S_A 并用A的主密钥加密发送给A的工作站。此外，AS还发送一个门票授权门票(Ticket-Granting Ticket，TGT)，TGT包含用KDC主密钥加密的会话密钥 S_A、A的ID以及密钥过期时间等信息。A的工作站用A的主密钥解密，然后工作站就可以忘记A的用户名和口令，而只需要记住 S_A 和TGT。每当用户申请一项新的服务，客户端则用TGT证明自己的身份，向TGS发出申请。

当用户A告诉TGS需要和B通信，TGS为双方生成一个会话密钥 K_{AB}，并用密钥 S_A 加密 K_{AB} 发送给A；TGS还发送给A一个访问B的服务授权门票，门票的内容是使用B的主密钥加密的会话密钥 K_{AB} 和A的ID。A无法读取门票中的信息，因为门票用B的主密钥加密。为了获得B上的资源使用授权，A将门票发送给B，B可以解密该门票，获得会话密钥 K_{AB} 和A的ID。基于 K_{AB}，A和B实现了双向的身份认证。同时，K_{AB} 还用于后续通信的加密和鉴别。K_{AB} 和访问B的问票称为访问B的证书。

服务认证交换：获得会话密钥和TGT

用户A登录到工作站，工作站联系KDC获得会话密钥和TGT的过程如图6-6所示。

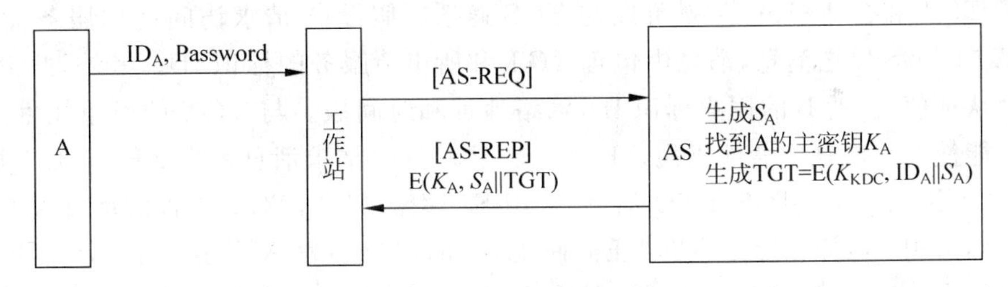

图6-7 获得会话密钥和TGT

用户A输入用户名和口令登录工作站，工作站以明文方式发送请求消息给KDC，消息中包括A的用户名。收到请求后，KDC(AS模块)使用A的主密钥加密访问TGS所需的证书，该证书包括：

- 会话密钥 S_A。
- TGT。TGT包括会话密钥、用户名和过期时间，并用KDC的主密钥加密，因此只有KDC才可以解密该TGT。

证书使用A的主密钥 K_A 加密，并发送给A的工作站。工作站将A的口令转换为DES密钥。工作站收到证书后，就用密钥解密证书，如果解密成功，则工作站抛弃A的主密钥，只保留TGT和会话密钥。

Kerberos中，将工作站发送给KDC的请求称为KRB_AS_REQ，即Kerberos认证服务请求(Kerberos Authentication Server Request)；将KDC的应答消息称为KRB_AS_REP，即Kerberos认证服务响应(Kerberos Authentication Server Response)。消息交换过程可以简单描述为：

(1) A→AS：$ID_A \parallel ID_{TGS} \parallel TS_1$。

(2) AS→A：$E(KA,[S_A \parallel ID_{tgs} \parallel TS_2 \parallel Lifetime_2 \parallel TGT])$。

$TGT = E(K_{KDC},[S_A \parallel ID_A \parallel AD_A \parallel ID_{tgs} \parallel TS_2 \parallel Lifetime_2])$

两条消息的具体元素如表6-1所示：

表6-1 服务认证交换：获得TGT

KRB_AS_REQ：用户申请TGT	
ID_A	告知AS客户端的用户标识
ID_{tgs}	告知AS用户请求访问TGS
TS_1	使AS能验证客户端时钟是否与AS时钟同步
KRB_AS_REP：AS返回TGT	
K_A	基于用户口令的密钥便得AS与客户端能验证口令，保护消息的内容
S_{As}	客户端可访问的会话密钥，由AS创建，使得客户端和TGS在不需要共享永久密钥的前提下安全交换信息
ID_{tgs}	标识该门票是为TGS生成的
TS_2	通知客户端门票发放的时间戳
$Lifetime_2$	通知客户端门票的生命期
TGT	客户端用于访问TGS的门票

2. 服务授权门票交换：请求访问远程资源

有了TGT和会话密钥，A就可以与TGS通话。假设A请求访问远程服务器B的资源。由A向TGS发送消息，消息中包含TGT和所申请服务的标识ID。另外，此消息中还包含一个认证值，包括B的用户标识ID，网络地址和时间戳。与TGT的可重用性不同，此认证值仅能使用一次且生命期极短。Kerberos中将这个请求消息称为KRB_TGS_REQ。

当TGS接到KRB_TGS_REQ消息后，用S_A解密TGT，TGT包含的信息说明用户A已得到会话密钥S_A，即相当于宣布"任何使用S_A的用户必为A"。接着，TGS使用该会话密钥解密认证消息，用得到的信息检查消息来源的网络地址，如匹配，则TGS确认该门票的发送者与门票的所有者是一致的。TGS发送一个应答消息，此消息称为KRB_TGS_REP，用TGS和A的共享会话密钥加密，且包含A与服务器B的共享密钥、服务器B的标识ID以及门票的时间戳。门票自身包含相同的会话密钥。至此，A拥有了服务器B的一个可重用的服务授权门票。

服务授权门票的消息交换过程如图6-8所示：

这一消息交换过程可以简单描述为：

(3) A→TGS：$ID_B \parallel TGT \parallel Authenticator_c$

(4) TGS→A：$E(S_A,[K_{AB} \parallel ID_B \parallel TS_4 \parallel Ticket_B])$

$TGT = E(K_{KDC},[S_A \parallel ID_A \parallel AD_A \parallel ID_{tgs} \parallel TS_2 \parallel Lifetime_2])$

$TicketB = E(K_B,[K_{AB} \parallel ID_A \parallel AD_A \parallel ID_B \parallel TS_4 \parallel Lifetime_4])$

$Authenticatorc = E(S_A,[ID_A \parallel AD_A \parallel TS_3])$

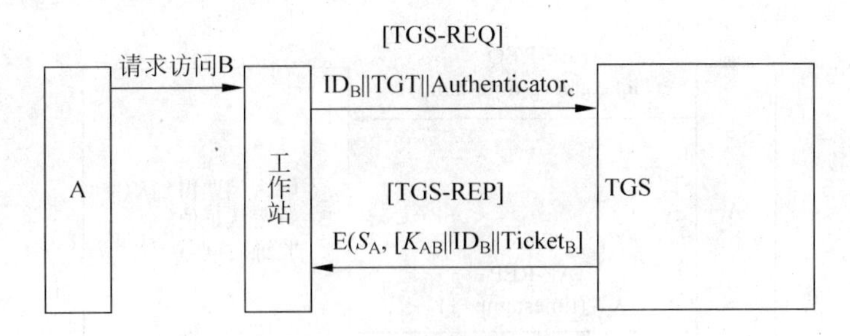

图 6-8　获得服务授权门票

两条消息的具体元素如表 6-2 所示。

表 6-2　服务授权门票交换

KRB_TGS_REQ：客户端申请服务授权门票	
ID_B	告知 TGS 用户希望访问的服务器 B
TGT	告知 TGS 该用户已被 AS 认证
$Authenticator_c$	客户端生成的合法门票
KRB_TGS_REP：TGS 返回服务授权门票	
S_A	用 A 与 TGS 共享的密钥保护消息的内容
K_{AB}	客户端可访问的会话密钥，由 TGS 创建，使得客户端和服务器在不需要共享永久密钥的前提下安全交换信息
ID_B	标识该门票是为服务器 B 生成的
TS_4	通知客户端门票发放的时间戳
$Ticket_B$	客户端用于访问服务器 B 的门票
TGT	重用，以免用户重新输入口令
K_{KDC}	由 AS 和 TGS 共享的密钥加密的门票，防止伪造
S_A	TGS 可访问的会话密钥，用于解密认证消息即认证门票
ID_A	标识门票的合法所有者
AD_A	防止门票在与申请门票时的不同工作站上使用
ID_{tgs}	向服务器确保门票解密正确
TS_2	通知 TGS 门票发放的时间
$Lifetime_2$	防止门票过期后继续使用
$Authenticator_A$	向 TGS 确保此门票的所有者与门票发放时的所有者相同，用短生命期防止重用
S_A	用客户端与 TCS 共享的密钥加密认证消息，防止伪造
ID_A	门票中必须与认证消息匹配的标识 ID
AD_A	门票中必须与认证消息匹配的网络地址
TS_3	通知 TGS 认证消息的生成时间

3. 客户/服务器认证交换：访问远程资源

用户 A 访问远程服务器 B 的过程如图 6-9 所示。

用户 A 的工作站给服务器 B 发送一个请求消息，此消息在 Kerberos 中称为 KRB_AP_

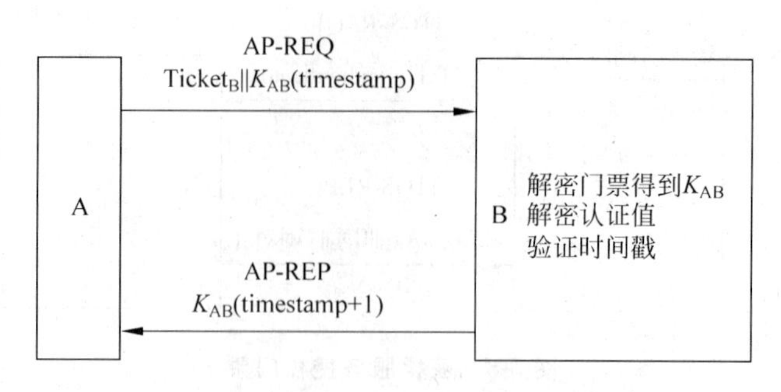

图 6-9 访问远程资源

REQ,即"应用请求"消息。AP_REQ 包含访问 B 的门票和认证值。认证值的形式是用 A 和 B 共享的会话密钥 K_{AB} 加密当前时间。B 解密 A 发送的门票得到密钥和 A 的 ID。然后,B 解密认证值以确认和他通信的实体确实知道密钥,同时检查时间,以保证这个消息不是重放消息。现在,B 已经认证了 A 的身份。B 的应答消息在 Kerberos 中称为 KRB_AP_REP。AP_REP 的消息作用是为了实现 A 对 B 的认证。具体实现机制是 B 将解密得到的时间值加 1,用 K_{AB} 加密后发回给 A。A 解密消息后可得到增加后的时间戳,由于消息是被会话密钥加密的,A 可以确信此消息只可能由服务器 B 生成。消息中的内容确保该应答不是一个对以前消息的应答。

至此,客户端 A 与服务器 B 实现了双向认证,并共享一个密钥 K_{AB},该密钥可以用于加密在它们之间传递的消息或交换新的随机会话密钥。

这一消息交换过程可以简单描述为:

(5) A→BTicket$_B$ ‖ Authenticator$_A$。

(6) B→AE(K_{AB},[TS_5 +1])(对所有认证)。

Ticket$_B$ = E(K_B,[K_{AB} ‖ ID_A ‖ AD_A ‖ ID_B ‖ TS_4 ‖ $Lifetime_4$]);

AuthenticatorA = E(K_{AB},[ID_A ‖ AD_A ‖ TS_5])。

表 6-3 总结了这一阶段两条消息中的各元素。

表 6-3 客户/服务认证交换用

KRB_AP_REQ:客户端申请服务	
Ticket$_B$	向服务器证明该用户通过了 AS 的认证
Authenticator$_B$	客户端生成的合法门票
KRB_AP_REP:可选的客户端认证服务器	
KA_B	向客户端 A 证明该消息来源于服务器 B
TS_5 +1	向客户端 A 证明该应答不是对原来消息的应答
Ticket$_B$	可重用,使得用户在多次使用同一服务器时不需要向 TGS 申请新门票
K_B	用 TGS 与服务器共享的密钥加密的门票,防止仿造
K_{AB}	客户端可访问的会话密钥,用于解密认证消息
ID_A	标识门票的合法所有者
AD_A	防止门票在与申请门票时的不同工作站上使用

续表

KRB_AP_REP：可选的客户端认证服务器	
ID_B	确保服务器能正确解密门票
TS_4	通知服务器门票发放的时间
$Lifetime_4$	防止门票超时使用
$Authenticator_A$	向服务器确保此门票的所有者与门票发放时的所有者相同，用短生命期防止重用
K_{AB}	用客户端与服务器共享的密钥加密的认证消息，防止假冒
ID_A	门票中必须与认证消息匹配的标识ID
AD_A	门票中必须与认证消息匹配的网络地址
TS_5	通知服务器认证消息的生成时间

4. Kerberos域和多重Kerberos

Kerberos环境包括Kerberos服务器、若干客户端和若干应用服务器：

(1) Kerberos服务器必须有存放用户标识(UID)和用户口令的数据库。所有用户必须在Kerberos服务器注册。

(2) Kerberos服务器必须与每个应用服务器共享一个特定的密钥、所用应用服务器必须在Kerberos服务器注册。

这种环境称为一个Kerberos域。Kerberos域是一组受管结点，它们共享同一Kerberos数据库。Kerberos数据库驻留在Kerberos主控计算机系统上，该计算机系统应位于物理上安全的房间内。Kerberos数据库的只读副本也可以驻留在其他Kerberos计算机系统上。但是，对数据库的所有更改都必须在主控计算机系统进行。更改或访问Kerberos数据库要求有Kerberos主控密码。还有一个概念是Kerberos主体。Kerberos主体是Kerberos系统指导的服务或用户。每个Kerberos主体通过主体名称进行标识。主体名称由三部分组成：服务或用户名称、实例名称以及域名。

隶属于不同行政机构的客户/服务器网络通常构成了不同域，在一个Kerberos服务器中注册的客户与服务器属于同一个行政区域，但由于一个域中的用户可能需要访问另一个域中的服务器，而某些服务器也希望能给其他域的用户提供服务，所以也应该为这些用户提供认证。

Kerberos提供了一种支持这种域间认证的机制。为支持域间认证，应满足一个需求：每个互操作域的Kerberos服务器应共享一个密钥，双方的Kerberos服务器应相互注册。

这种模式要求一个域的Kerberos服务器必须信任其他域的Kerberos服务器对其用户的认证。另外，其他域的应用服务器也必须信任第一域中的Kerberos服务器。

有了以上规则，我们可以用图6-10来描述该机制：当用户访问其他域的服务时，必须获得其他域中该服务的服务授权门票.用户按照通常的程序与本地TGS交互，并申请获得远程TGS(另一个域的TGS)的门票授权门票。客户端可以向远程TGS申请远程TGS域中服务器的服务授权门票。

图6-10中交换的消息过程如下：

(1) C→AS: $ID_c \| ID_{tgs} \| TS_1$

(2) AS→C: $E(K_c, [K_{c,tgs} \| ID_{tgs} \| TS_2 \| Lifetime_2 \| Ticket_{tgs}])$

(3) C→TGS: $ID_{tgsrem} \| Ticket_{tgs} \| Authenticatorc$

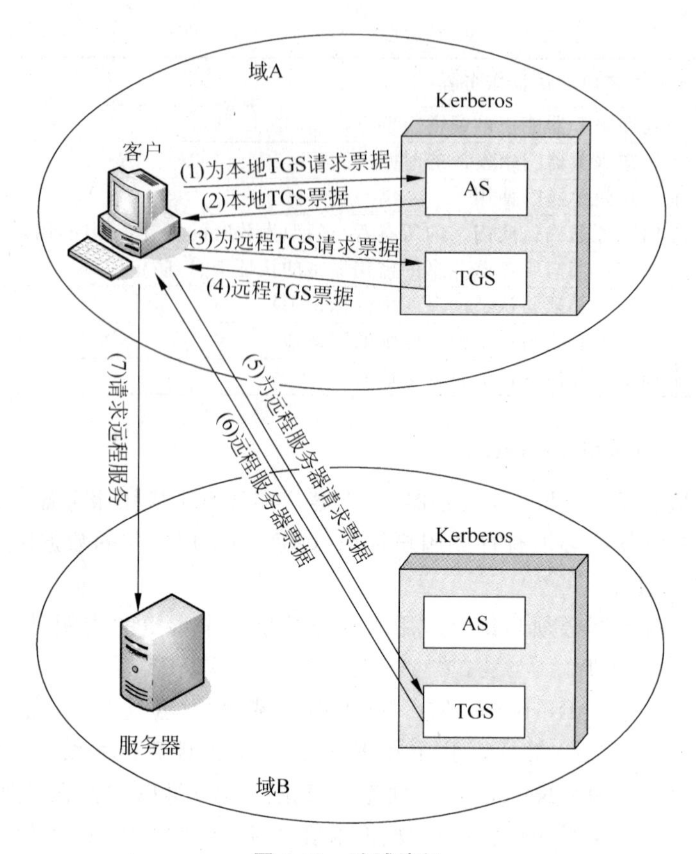

图 6-10　跨域访问

(4) TGS→C:　　$E(K_{c,tgs}, [K_{c,tgsrem} \| ID_{tgsrem} \| TS_4 \| Ticket_{tgsrem}])$

(5) $C \to TGS_{rem}$:　　$ID_{vrem} \| Ticket_{tgsrem} \| Authenticator_c$

(6) TGSrem→C:　　$E(K_{c,tgsrem}, [K_{c,vrem} \| ID_{vrem} \| TS_6 \| Ticket_{vrem}])$

(7) C→Vrem:　　$Ticket_{vrem} \| Authenticator_c$

送往远程服务器(V_{rem})的门票表明了用户原认证所在的域,服务器可以决定是否接收远程请求。

6.3.2　Kerberos 版本 5

Kerberos 版本 5 对版本 4 存在的一些缺陷进行了改进:

(1) 加密系统依赖性。版本 4 使用 DES,因此,它依赖于 DES 的强度,而 DES 的安全性一直受到人们的质疑;而且,DES 还有出口限制。版本 5 用加密类型标记密文,使得可以使用任何加密技术。加密密钥也加上类型和长度标记,允许不同的算法使用相同的密钥。

(2) Internet 协议依赖性。版本 4 需要使用 IP 地址,不支持其他地址类型。版本 5 用类型和长度标记网络地址,允许使用任何类型的网络地址。

(3) 消息字节顺序。版本 4 中,由消息的发送者用标记说明规定消息的字节顺序,而不遵循已有的惯例。在版本 5 中,所有消息结都遵循抽象语法表示(ASN.1)和基本编码规则(BER)的规定,提供一个明确无二义的消息字节顺序。

(4) 门票的生命期。版本 4 中,门票的生命期用一个 8 位表示,每单位代表 5 分钟。因此，最大生命期为 $2^8 \times 5 = 1280$ 分钟，约为 21 小时。这对某些应用可能不够长。在版本 5 中，门票中包含了精确的起始时间和终止时间，允许门票拥有任意长度的生命期。

(5) 向前认证。在版本 4 中，不允许发给一个客户端的证书被转发到其他主机或被其他用户进行其他相关操作。此操作是指服务器为了完成客户端请求的服务而请求其他服务器协作的能力，例如，客户端申请打印服务器的服务，而打印服务器需要利用客户端证书访问文件服务器得到客户文件。版本 5 提供这项功能。

(6) 域间认证。版本 4 中，N 个域的互操作需要 N^2 个 Kerberos-to-Kerberos 关系。版本 5 中支持一种需要较少连接的方法。

(7) 冗余加密。版本 4 中，对提供给客户端的门票进行两次加密，第一次使用的是目标服务器的密钥，第二次使用的是客户端密钥。版本 5 取消了第二次加密，即用用户密钥进行的加密，因为第二次加密并不是必须的。

(8) PCBC 加密。版本 4 加密使用 DES 的非标准模式 PCBC，此种模式已被证明易受交换密码块攻击。版本 5 提供了精确的完整性检查机制，并能够用标准的 CBC 模式加密。

(9) 会话密钥。版本 4 中，每张门票中包含一个会话密钥，此门票被多次用来访问同一服务器，因而可能遭受重放攻击。在版本 5 中，客户端与服务器可以协商一个用于特定连接的子会话密钥，每个子会话密钥仅被使用一次。这种新的客户端访问方式将会降低重放攻击的机会。

表 6-4 描述了版本 5 的基本会话。

表 6-4　Kerberos 版本 5 消息交换

(a) 认证服务交换：获取门票授权门票	
(1) A→AS	Options ‖ ID_A ‖ $Realm_A$ ‖ ID_{tgs} ‖ Times ‖ $Nonce_1$
(2) AS→A	$Realm_A$ ‖ ID_A ‖ $Ticket_{tgs}$ ‖ E(K_A, [S_A ‖ Times ‖ Nonce1 ‖ $Realm_{tgs}$ ‖ ID_{tgs}])
	$Ticket_{tgs}$ = E(K_{tgs}, [Flags ‖ S_A ‖ $Realm_A$ ‖ ID_A ‖ AD_A ‖ Times])
(b) 服务授权门票交换：获取服务授权门票	
(3) A→TGS	Options ‖ ID_B ‖ Times ‖ $Nonce_2$ ‖ $Ticket_{tgs}$ ‖ $Authenticator_A$
(4) TGS→A	RealmA ‖ ID_A ‖ $Ticket_B$ ‖ E(S_A, [K_{AB} ‖ Times ‖ $Nonce_2$ ‖ $Realm_B$ ‖ ID_B])
	$Ticket_{tgs}$ = E(Ktgs, [Flags ‖ S_A ‖ $Realm_A$ ‖ ID_A ‖ AD_A ‖ Times])
	$Ticket_B$ = E(K_B, [Flags ‖ K_{AB} ‖ $Realm_B$ ‖ ID_A ‖ AD_A ‖ Times])
	$Authenticator_A$ = E(S_A, [ID_A ‖ $Realm_A$ ‖ TS_1])
(c) 客户/服务器认证交换：获取服务	
(5) A→B	Options ‖ $Ticket_B$ ‖ $Authenticator_A$
(6) B→A	E(K_{AB}, [TS_2 ‖ Subkey ‖ Seq#])
	$Ticket_B$ = E(K_B, [Flags ‖ K_{AB} ‖ $Realm_A$ ‖ IDA ‖ AD_A ‖ Times])
	$Authenticator_A$ = E(K_{AB}, [ID_A ‖ RealmA ‖ TS_2 ‖ Subkey ‖ Seq#])

首先考虑认证服务交换。消息(1)是客户端请求门票授权门票过程。如前所述，它包括用户和 TGS 的标识，新增的元素包括：

- Realm：标识用户所属的域。
- Options：用于请求在返回的门票中设置指定的标识位，如下所述。
- Times：用于客户端请求在门票中设置时间：

- from：请求门票的起始时间
- till：请求门票的过期时间
- rtime：请求 till 更新时间
- Nonce：在消息(2)中重复使用的临时交互号，用于确保应答是刷新的，且未被攻击者使用。

消息(2)返回门票授权门票，标识客户端信息和一个用用户口令形成的密钥加密的数据块。该数据块包含客户端和 TGS 间使用的会话密钥，消息(1)中设定的时间和临时交互号以及 TGS 的标识信息。门票本身包含会话密钥、客户端的标识信息、需要的时间值、影响门票状态的标志和选项。这些标志为版本 5 带来的一些新功能将在以后讨论。

比较版本 4 和版本 5 的服务授权门票交换。两者的消息(3)均包含认证码、门票和请求服务的名字。在版本 5 中，还包括与消息(1)类似的门票请求的时间、选项和一个临时交互号；认证码的作用与版本 4 中相同。

消息(4)与消息(2)结构相同，返回门票和一些客户端需要的信息，后者被客户端和 TGS 共享的会话密钥加密。

最后，版本 5 对客户/服务器认证交换进行了一些改进，如在消息(5)中，客户端可以请求选择双向认证选项。认证也增加了以下新域：

- Subkey：客户端选择一个子密钥保护某一特定应用会话，如果此域被忽略，则使用门票中的会话密钥 $K_{c,v}$。
- Sequence(序号)：可选域，用于说明在此次会话中服务器向客户端发送消息的序列号。将消息排序可以防止重放攻击。

如果请求双向认证，则服务器按消息(6)应答。该消息中包含从认证消息中得到的时间戳。在版本 4 中该时间戳被加 1，而在版本 5 中，由于攻击者不可能在不知道正确密钥的情况下创建消息(6)，因此不需要对时间戳进行上述处理。如果有子密钥域存在，则覆盖消息(5)中相应的子密钥域。而选项序列号则说明了客户端使用的起始序列号。

1. 门票标志

版本 5 门票中的标志域支持许多版本 4 中没有的功能。表 6-5 总结了门票中可能包含的标志。

表 6-5 Kerberos 版本 5 标志

INITIAL	按照 AS 协议发布的服务授权门票，而不是基于门票授权门票发布的
PRE-AUTHENT	在初始认证中，客户在授予门票前即被 KDC 认证
HW-AUTHENT	初始认证协议要求使用带名客户端独占硬件资源
RENEWABLE	告知 TGS 此门票可用于获得最近超时门票的新门票
MAY-POSTDATE	告知 TGS 事后通知的门票可能基于门票授权门票
POSTDATED	表示该门票是事后通知的，终端服务器可以检查 authtime 域，查看认证发生的时间
INVALID	不合法的门票在使用前必须通过 KDC 使之合法化
PROXIABLE	告知 TGS 根据当前门票可以发放给不同网络地址新的服务授权门票
PROXY	表示该门票是一个代理
FORWARDABLE	告知 TGS 根据此门票授权门票可以发放给不同网络地址新的门票授权门票
FORWARDED	表示该门票或是经过转发的门票或是基于转发的门票授权门票认证后发放的门票

标志 INITIAL 用于表示门票是由 AS 发放的，而不是由 TGS 发放的。当客户端向 TGS 申请服务授权门票时，必须拥有 AS 发放的门票授权门票。在版本 4 中，这是唯一获得服务授权门票的方法。版本 5 提供了一种可以直接从 AS 获得服务授权门票的手段，其机制是：一个服务器（如口令变更服务器）希望知道客户端口令近来已被验证。

标志 PRE-AUTHENT 如果被设置，则表示当 AS 接收初始请求[消息(1)]时，在发放门票前应先对客户端进行认证，其预认证的确切格式在此未做详细说明。例如，MIT 实现版本 5 时，加密的时间戳默认设置为预认证。当用户想得到一个门票时，它将一个带有临时交互号的预认证块、版本号和时间戳用基于客户口令的密钥加密后送往 AS。AS 解密后，如果预认证块中的时间戳不在允许的时间范围之内（时间间隔取决于时钟迁移和网络延迟），则 AS 不返回门票授权门票。另一种可能性是使用智能卡（smart card）生成不断变化的口令，将其包含在预认证消息中。卡所生成的口令基于用户口令，但经过了一定的变换，使得生成的口令具有随机性，防止了简单猜测口令的攻击。如果使用了智能卡或其他相似设备，则设置 HW-AUTHENT 标志。

当门票的生命期较长时，就在相当一段时间内存在门票被攻击者窃取并使用的威胁。而缩短门票的生命期可降低这种威胁，主要开销将在于获取新门票，如对门票授权门票而言，客户端可以存储用户密钥（危险性较大）或重复向用户询问口令来解决。一种解决方案是使用可重新生成的门票。一个具有标志 RENEWABLE 的门票中包含两个有效期：一个是此特定门票的有效期，另一个是最大许可值的有效期。客户端可以通过将门票提交给 TGS 申请得到新的有效期的方法获得新门票。如果这个新的有效期在最大有效期的范围之内，TGS 即发放一个具有新的会话时间和有效期的新门票。这种机制的好处在于，TGS 可以拒绝更新已报告为被盗用的门票。

客户端可请求 AS 提供一个具有标志 MAY-POSTDATE 的门票授权门票。客户端可以使用此门票从 TGS 申请一个具有标志 POSTDATED 或 INVALID 的门票，然后，客户端提交合法的超时门票。这种机制在服务器上运行批处理任务和经常需要门票时特别有用。客户端可以通过一次会话得到一组具有扩展性时间值的门票。但第一个门票被初始化为非法标志，当执行进行到某一阶段需要某一特定门票时，客户端即将相应的门票合法化。用这种方法，客户端就不再需要重复使用授权门票去获取服务授权门票。

在版本 5 中，服务器可以作为客户端的代理，获取客户端的信任和权限，并向其他服务器申请服务。如果客户端想使用这种机制，需要申请获得一个带有 PROXIABLE 标志的门票授权门票。当此门票传给 TGS 时，TGS 发布一个具有不同网络地址的服务授权门票。该门票的标志 PROXY 被设置，接收到这种门票的应用可以接收它或请求进一步认证，以提供审计跟踪。

代理在转发时有一些限制。如果门票被设置为 FORWARDABLE，TGS 给申请者发放一个具有不同网址和 FORWARDED 标志的门票授权门票，于是此门票可以被送往远程 TGS。这使得用户端在不需要每个 Kerberos 都包含与其他各不同域中的 Kerberos 共享密钥的前提下，可以访问不同域的服务器。例如，各域具有层次结构时，客户端可以向上遍历到一个公共结点后再向下到达目标域。每一步都是转发门票授权门票到图中的下一个 TGS。

6.4 X.509认证服务

X.509是由国际电信联盟(ITU-T)制定的关于数字证书结构和认证协议的一种重要标准,并被广泛使用。S/MIME、IPSec、SSL/TLS与SET等都使用了X.509证书格式。

为了在公用网络中提供用户目录信息服务,ITU于1988年制定了X.500系列标准。目录是指管理用户信息数据库的服务器或一组分布服务器,用户信息包括用户名到网络地址的映射等用户信息或其他属性。在X.500系列标准中,X.500和X.509是安全认证系统的核心。X.500定义了一种命名规则,以命名树来确保用户名称的唯一性;X.509则定义了使用X.500目录服务的认证服务。X.509规定了实体认证过程中广泛使用的证书语法和数据接口,称之为证书。每个证书包含用户的X.500名称和公钥,并由一个可信的认证中心用私钥签名,以确定名称和公钥的绑定关系。另外,X.509还定义了基于公钥证书的一个认证协议。

X.509是基于公钥密码体制和数字签名的服务。其标准中并未规定使用某个特定的算法,但推荐使用RSA;其数字签名需要用到散列函数,但并没有规定具体的散列算法。

最初的X.509版本公布于1988年,版本3的建议稿1994年公布,在1995年获得批准,2000年被再次修改。

6.4.1 证书

X.509的核心是与每个用户相关的公钥证书。所谓证书就是一种经过签名的消息,用来确定某个名字和某个公钥的绑定关系。这些用户证书由一些可信的认证中心(CA)创建并被CA或用户放入目录服务器中。目录服务器本身不创建公钥和证书,仅仅为用户获得证书提供一种简单的存取方式。如果用户A校验一个证书链,则A称为校验者,被校验公钥的拥有者称为当事人。校验者通过某种方法证实为可信的、能够签署证书的公钥称为信任锚(trust anchor)。在一个可校验的证书链中,第一张证书就是由信任锚签署的,即某个CA。

1. 证书格式

X.509证书包含以下信息:

- 版本号(Version):区分合法证书的不同版本。目前定义了三个版本,版本1的编号为0,版本2的编号为1,版本3的编号为2。
- 序列号(Serial number):一个整数,和签发该证书的CA名称一起唯一标识该证书。
- 签名算法标识(Signature algorithm identifier):指定证书中计算签名的算法,包括一个用来识别算法的子域和算法的可选参数。
- 签发者(Issuer name):创建、签名该证书的CA的X.500格式名字。
- 有效期(Period of validity):包含两个日期,即证书的生效日期和终止日期。
- 证书主体名(Subject name):持有证书的主体的X.500格式名字,证明此主体是公钥的所有者。
- 证书主体的公钥信息(Subject's public-key information):主体的公钥以及将被使用

的算法标识，带有相关的参数。

- 签发者唯一标识（Issuer unique identifier）：版本 2 和版本 3 中可选的域，用于唯一标识认证中心 CA。
- 证书主体唯一标识（Subject unique identifier）：版本 2 和版本 3 中可选的域，用于唯一标识证书主体。
- 扩展（Extensions）：仅仅出现在版本 3 中，一个或多个扩展域集。
- 签名（Signature）：覆盖证书的所有其他域，以及其他域被 CA 私钥加密后的散列代码，以及签名算法标识。

X.509 使用如下格式定义证书：

$$CA《A》=CA\{V,SN,AI,CA,T_A,A,Ap\}$$

其中：Y《X》为用户 X 的证书，是认证中心 Y 发放的；Y{I}为 Y 签名 I，包含 I 和 I 被加密后的散列代码；CA 用它的私钥对证书签名，如果用户知道相应的公钥，则用户可以验证 CA 签名证书的合法性，这是一种典型的数字签名方法。

2. 证书获取

CA 生成的用户证书具有以下特点：

- 任何可以访问 CA 公钥的用户均可获得证书中的用户公钥。
- 只有 CA 可以修改证书。

由于证书不可伪造，因此证书可以存放在目录中而不需要对目录进行特别保护。

如果只有一个 CA，所有用户都属于此 CA，并且普遍信任该 CA。所有用户的证书均可存放于同一个目录中，以被所有用户存取。另外，用户也可以直接将其证书传给其他用户。一旦用户 B 获得了 A 的证书，B 即可确信用 A 的公钥加密的消息是安全的、不可能被窃取，同时，用 A 的私钥签名的消息也不可能仿造。

实际应用中，用户数量众多，期望所有用户从同一个 CA 获得证书是不切实际的。因此，一般有多个 CA，每个 CA 给其用户群提供证书。由于证书是由 CA 签发的，每一个用户都需要拥有一个 CA 的公钥来验证其签名。该公钥必须用一种绝对安全的方式提供给每个用户，使得用户可以信任该证书。

假设存在两个认证机构 X_1 和 X_2，用户 A 获得了认证机构 X_1 的证书，而 B 获得了认证机构 X_2 的证书，如果 A 无法安全地获得 X_2 的公钥，则由 X_2 发放的 B 的证书对 A 而言就无法使用，A 只能读取 B 的证书，但无法验证其签名。然而，如果两个 CA 之间能安全地交换它们的公钥，则 A 可以通过下述过程获得 B 的公钥：

(1) 从目录中获得由 X_1 签名的 X_2 的证书，由于 A 知道 X_1 的公钥，A 可从证书中获得 X_2 的公钥，并用 X_1 的签名来验证证书。

(2) A 再到目录中获取由 X_2 颁发的 B 的证书，由于 A 已经得到了 X_2 的公钥，A 即可利用它验证签名，从而安全地获得 B 的公钥。

A 使用了一个证书链来获得 B 的公钥，在 X.509 中，该链表示如下：

$$X_1《X_2》X_2《B》$$

同样，B 可以逆向地获得 A 的公钥：

$$X_2《X_1》X_1《A》$$

上述模式并不仅仅限于两个证书，对长度为 N 的 CA 链的认证过程可表示如下：

X_1《X_2》X_2《X_3》…X_N《B》

在这种情况中，链中的每对 CA(X_i，X_{i+1})必须互相发放证书。

所有由 CA 发放给 CA 的证书必须放在一个目录中，用户必须知道如何找到一条路径获得其他用户的公钥证书。在 X. 509 中，推荐采用层次结构放置 CA 证书，以利于建立强大的导航机制。

图 6-11 描述了 X. 509 中推荐的层次结构，相连的圆圈表示 CA 间的层次结构，相连的方框表示每个 CA 发放的证书所在的目录，每个 CA 目录入口中包含两种证书。

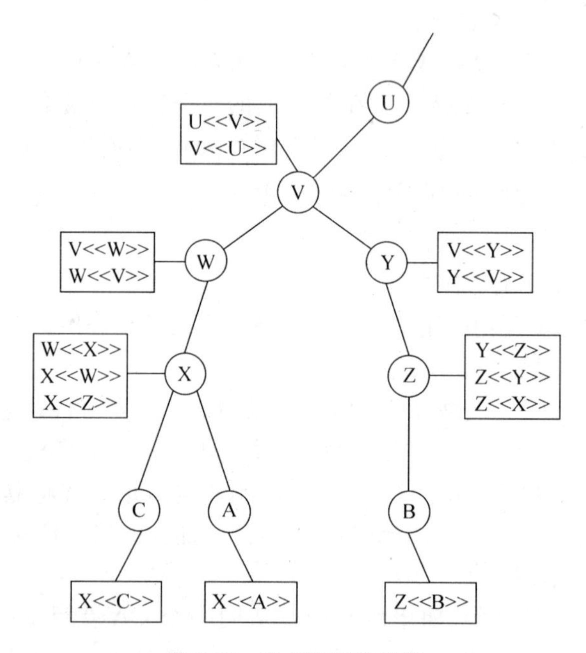

图 6-11　X. 509 层次结构

- 向前证书：由其他 CA 发给 X 的证书。
- 向后证书：X 发给其他 CA 的证书。

例如，用户 A 可以通过创建一条到 B 的路径获得相关证书：

X《W》W《V》V《Y》Y《Z》Z《B》

当 A 获得相关证书后，可以通过顺序展开证书路径获得 B 的公钥，用这个公钥，A 可将加密消息送往 B，如果 A 想得到 B 返回的加密消息或对发往 B 的消息签名，则 B 需要按照下述证书路径获得 A 的公钥：

Z《Y》Y《V》V《W》W《X》X《A》

B 可以获得目录中的证书集，或 A 可在它发给 B 的初始消息中将其包含进去。

3. 证书撤销

与信用卡相似，每一个证书都有一个有效期。通常，新的证书会在旧证书失效前发放。另外，还可能由于以下原因提前撤回证书：

(1) 用户密钥被认为不安全。

(2) 用户不再信任该CA。

(3) CA证书被认为不安全。

每个CA必须存储一张证书撤销列表(Certificate Revocation List,CRL),用于列出所有被CA撤销但还未到期的证书,包括发给用户和其他CA的证书。CRL也应被放在目录中。

X.509也定义了CRL的格式。X.509 v2的CRL包括以下域:

① 版本。可选字段,用于描述CRL版本,为整数值1,指明是CRL v2。

② 签名算法标识。与证书中的"签名算法标识"相同,用于定义计算CRL签名的算法。

③ 签发者名称。与证书中的"签名者名称"相同,用于定义签发该CRL的CA的X.500名称。

④ 本次更新。指明了CRL的签发时间。

⑤ 下次更新。指示下一次发布CRL的时间。

⑥ 回收证书。列出了所有已经撤销的证书。每一个已撤销证书都包括以下内容:

- 用户证书。包含该撤销证书的序列号,唯一地标识该撤销证书。
- 撤销日期。指明该证书被撤销的日期。
- CRL条目扩展。可选字段,用来描述各种可选信息,比如证书撤销理由、撤销证书的CA名称等。

⑦ CRL扩展。包含各种可选信息,例如证书中心密钥标示符、签发者别名、CRL编号、增量CRL指示符等。

⑧ CRL登记项扩展。包括原因代码(证书撤销原因)、保持指令代码(指示在证书已被存储时采取的动作)、无效日期(证书将变为无效的日期)和证书签发者。

⑨ CRL签发者的数字签名。

当一个用户在一个消息中接收了一个证书,用户必须确定该证书是否已被撤销。用户可以在接到证书时检查目录,为了避免目录搜索时的延迟,用户可以将证书和CRL缓存。

6.4.2 认证的过程

X.509也包含三种可选的认证过程,这些过程可以应用于各种应用程序。三种方法均采用了公钥签名。假设双方知道对方的公钥,可通过目录服务获得证书或证书由初始消息携带。

图6-12给出了三种过程。

1. 单向认证

假设用户A发起到B的通信,单向认证指只需B验证A的身份,而A不需验证B。

令A和B的公钥/私钥对分别为(PU_A,PR_A)和(PU_B,PR_B),单向认证包含一个从用户A到用户B的简单信息传递,具体认证过程包括以下步骤:

(1) A产生一个随机会话密钥K,和一个临时交互号r_A,向B发送以下消息:

$$A \rightarrow B: ID_A \| PR_A(r_A \| T_A \| ID_B) \| E(PU_B, r_A \| T_A \| k)$$

其中,t_A为时间戳,一般由两个日期组成:消息生成时间和有效时间。时间戳用来防止消息的延迟传递;临时交互号r_A用于防止重放攻击,其值在消息的起止时间之内是唯一的,这样,B即可存储临时交互号直至它过期,并拒绝接受其他具有相同临时交互号的新消息;

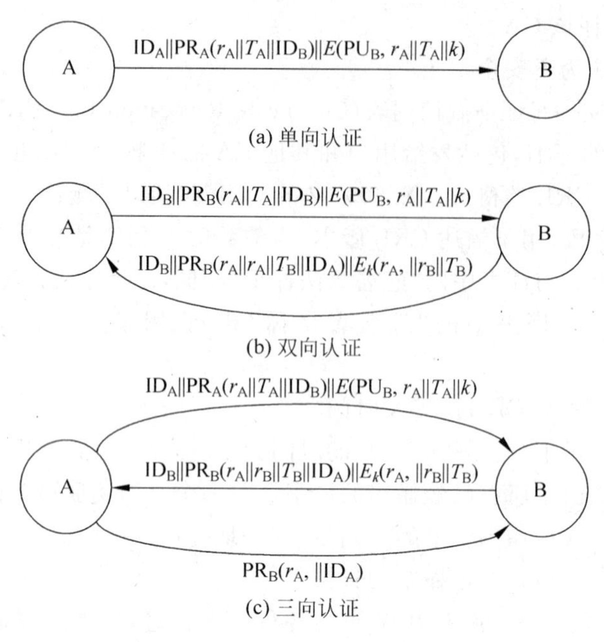

图 6-12　X.509 认证过程

ID_A 和 ID_B 分别是 A 和 B 的标识；$PR_A(r_A \| T_A \| ID_B)$代表 A 的签名；$E(PU_B, r_A \| T_A \| k)$则代表用 B 的公钥加密。

(2) B 收到消息后，获取 A 的 X.509 证书并验证其有效性，从而得到 A 的公钥，然后验证 A 的签名和消息完整性。验证时间戳是否为当前时间，检查临时交互号是否被重放。解密得到会话密钥。

对于纯认证而言，消息被用做简单地向 B 提供证书。消息也可以包含要传送的信息，将信息放在签名的范围内，保证其真实性和完整性。

2. 双向认证

双向认证是进行两次单向认证，不仅实现 B 对 A 的认证，而且实现了 A 对 B 认证。具体过程如下：

(1) 和单向认证过程一样，A 发送给 B

$$A \rightarrow B: ID_A \| PR_A(r_A \| T_A \| ID_B) \| E(PU_B, r_A \| T_A \| k)$$

(2) B 对 A 的消息进行验证，验证过程同单向认证的第 2 步。然后，B 产生另外一个临时交互号 r_B，并向 A 发送消息

$$B \rightarrow A: ID_B \| PR_B(r_A \| r_B \| T_B \| ID_A) \| E_k(r_A \| r_B \| T_B)$$

E_k 表示使用会话密钥 k 进行加密。

(3) A 收到消息后，用会话密钥加密得到 $r_A \| r_B \| T_B$，并与自己发送的 r_A 相比对；获取 B 的证书并验证其有效性，获得 B 的公钥，验证 B 的签名和数据完整性；验证时间戳 T_B，并检查 r_B。

3. 三向认证

三向认证是对双向认证的加强。在三向认证中，当 A 与 B 完成了双向认证中的两条消息的交换，A 再向 B 发送一条消息：

$$A \rightarrow B: PR_B(r_A \parallel ID_A)$$

此消息包含签名了的临时交互号 r_B，这样，消息的时间戳就不用被检查了，因为双方的临时交互号均被回送给了对方，各方可以使用回送的临时交互号来防止重放攻击。这种方法在没有同步时钟时使用。

6.4.3　X.509 版本 3

X.509 的版本 2 中没有将设计和实践当中所需要的某些信息均包含进去。版本 3 增加了一些可选的扩展项。每一个扩展项有一个扩展标识、一个危险指示和一个扩展值。危险指示用于指出该扩展项是否能安全地被忽略，如果值为 TRUE 且实现时未处理它，则其证书将会被当做非法的证书。

证书扩展项有三类：密钥和策略信息、证书主体和发行商属性以及证书路径约束。

1. 密钥和策略信息

此类扩展项传递的是与证书主体和发行商密钥相关的附加信息，以及证书策略的指示信息。一个证书策略是一个带名的规则集，在普通安全级别上描述特定团体或应用类型证书的使用范围。例如，某个策略可用于电子数据交换(EDI)在一定价格范围内的贸易认证。

这个范围包括：

- 授权密钥标识符：标识用于验证证书或 CRL 上的签名的公钥。同一个 CA 的不同密钥得以区分，该字段的一个用法是用于更新 CA 密钥对。
- 主体密钥标识符：标识被证实了的公钥，用于更新主体的密钥对。同样，一个主体对不同目的的不同证书可以拥有许多密钥对(例如，数字签名和加密密钥协议)。
- 密钥使用：说明被证实的公钥的使用范围和使用策略。可以包含以下内容：数字签名、非抵赖、密钥加密、数据加密、密钥一致性、CA 证书的签名验证和 CA 的 CRL 签名验证。
- 私钥使用期：表明与公钥相匹配的私钥的使用期。通常，私钥的使用期与公钥不同。例如，在数字签名密钥中，签名私钥的使用期一般比其公钥短。
- 证书策略：证书可以在应用多种策略的各种环境中使用。该扩展项中列出了证书所支持的策略集，包括可选的限定信息。
- 策略映射：仅用于其他 CA 发给 CA 的证书中。策略映射允许发行 CA 将其一个或多个策略等同于主体 CA 域中的某个策略。

2. 证书主体和发行商属性

该扩展支持证书主体或发行商以可变的形式拥有可变的名字，并可传递证书主体的附加信息，使得证书所有者更加确信证书主体是一个特定的人或实体。例如，一些信息如邮局地址、公司位置或一些图片。

扩展域包括：

- 主体可选名字：包括使用任何格式的一个至两个可选名字。该字段对特定应用，如电子邮件、EDI、IPSec 等使用自己的名字形式非常重要。
- 发行商可选名字：包括使用任何格式的一至两个可选名字。
- 主体目录属性：将 X.500 目录的属性值转换为证书的主体所需要的属性值。

3. 证书路径约束

该扩展项允许在CA或其他CA发行的证书中包含限制说明。这些限制信息可以限制主体CA所能发放的证书种类或证书链中的种类。

扩展域包括:

- 基本限制:标识该主体是否可作为CA,如果可以,证书路径长度被限制。
- 名字限制:表示证书路径中的所有后续证书的主体名的名字空间必须确定。
- 策略限制:说明对确定的证书策略标识的限制,或证书路径中继承的策略映射的限制。

6.5 公钥基础设施

6.5.1 PKI体系结构

简单地说,PKI是基于公钥密码技术,支持公钥管理,提供真实性、保密性、完整性以及可追究性安全服务,具有普适性的安全基础设施。PKI的核心技术围绕建立在公钥密码算法之上的数字证书的申请、颁发、使用与撤销等整个生命周期进行展开,主要目的就是用来安全、便捷、高效地分发公钥。

PKI技术采用数字证书管理用户公钥,通过可信第三方,即认证中心CA,把用户公钥和用户的身份信息,如名称、电子邮件地址等,绑定在一起,产生用户的公钥证书。从广义上讲,所有提供公钥加密和数字签名服务的系统,都可以称为PKI。PKI的主要目的是通过管理公钥证书,为用户建立一个安全的网络环境,保证网络上信息的安全传输。IETF的PKI小组制订了一系列的协议,定义了基于X.509证书的PKI模型框架,称为PKIX。PKIX系列协议定义了证书在Internet上的使用方式,包括证书的生成、发布、获取,各种密钥产生和分发的机制,以及实现这些协议的轮廓结构。狭义的PKI一般指PKIX。

一个完整的PKI应用系统必须具有权威认证机构(CA)、数字证书库、密钥备份及恢复系统、证书作废系统、应用接口(API)等基本构成部分,如图6-13所示。构建PKI也将围绕着这五大关键元素来着手构建。

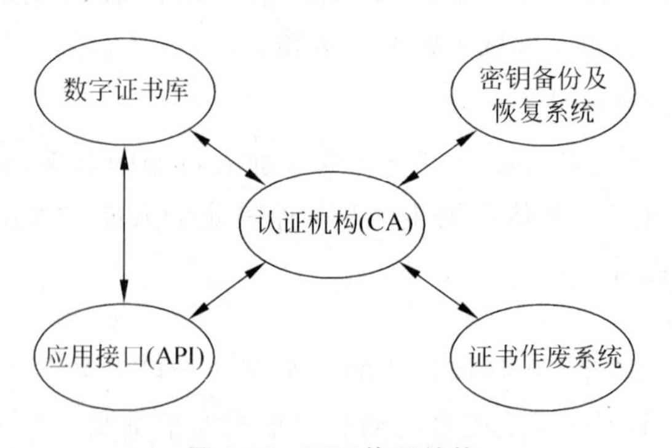

图6-13 PKI体系结构

- 认证机构(CA)：CA是PKI的核心执行机构，是PKI的主要组成部分，人们通常称它为认证中心。CA是数字证书生成、发放的运行实体，在一般情况下也是证书撤销列表(CRL)的发布点，在其上常常运行着一个或多个注册机构(RA)。CA必须具备权威性的特征。
- 数字证书库：证书库是CA颁发证书和撤销证书的集中存放地，可供公众进行开放式查询。一般来说，查询的目的有两个：其一是想得到与之通信实体的公钥；其二是要验证通信对方的证书是否已进入"黑名单"。此外，证书库还提供了存取证书撤销列表(CRL)的方法。
- 密钥备份及恢复系统：如果用户丢失了用于解密数据的密钥，则数据将无法被解密，这将造成合法数据丢失。为避免这种情况，PKI提供备份与恢复密钥的机制。但是密钥的备份与恢复必须由可信的机构来完成。并且，密钥备份与恢复只能针对解密密钥，签名私钥为确保其唯一性而不能够作备份。
- 证书作废系统：证书作废处理系统是PKI的一个必备的组件。证书有效期以内也可能需要作废，原因可能是密钥介质丢失或用户身份变更等。在PKI体系中，作废证书一般通过将证书列入作废证书表(CRL)来完成。通常，系统中由CA负责创建并维护一张及时更新的CRL，而由用户在验证证书时负责检查该证书是否在CRL之列。
- 应用接口(API)：PKI的价值在于使用户能够方便地使用加密、数字签名等安全服务，因此一个完整的PKI必须提供良好的应用接口系统，使得各种各样的应用能够以安全、一致、可信的方式与PKI交互，确保安全网络环境的完整性和易用性。

PKI的优势主要表现在：

(1) 采用公开密钥密码技术，能够支持可公开验证并无法仿冒的数字签名，从而在支持可追究的服务上具有不可替代的优势。

(2) 由于密码技术的采用，保护机密性是PKI最得天独厚的优点。PKI不仅能够为相互认识的实体之间提供机密性服务，同时也可以为陌生的用户之间的通信提供保密支持。

(3) 由于数字证书可以由用户独立验证，不需要在线查询，原理上能够保证服务范围的无限制地扩张，这使得PKI能够成为一种服务巨大用户群的基础设施。

(4) PKI提供了证书的撤销机制，从而使得其应用领域不受具体应用的限制。另外，因为有撤销技术，不论是永远不变的身份、还是经常变换的角色，都可以得到PKI的服务而不用担心被窃后身份或角色被永远作废或被他人恶意盗用。

(5) PKI具有极强的互联能力。不论是上下级的领导关系，还是平等的第三方信任关系，PKI都能够按照人类世界的信任方式进行多种形式的互联互通，从而使PKI能够很好地服务于符合人类习惯的大型网络信息系统。

6.5.2 PKIX相关协议

PKIX体系中定义了一系列的协议，可分为以下几个部分：

1. PKIX基础协议

PKIX的基础协议以RFC 2459和RFC 3280为核心，定义了X.509 v3公钥证书和X.509 v2 CRL的格式、数据结构和操作等，用以保证PKI基本功能的实现。此外，PKIX还在 RFC 2528、RFC 3039、RFC 3279 等定义了基于 X.509 v3 的相关算法和格式等，以加强 X.509 v3 公钥证书和 X.509 v2 CRL 在各应用系统之间的通用性。

2. PKIX 管理协议

PKIX 体系中定义了一系列的操作，它们是在管理协议的支持下进行工作的。管理协议主要完成以下的任务：

- 用户注册：这是用户第一次进行认证之前进行的活动，它优先于 CA 为用户颁布一个或多个证书。这个进程通常包括一系列的在线和离线的交互过程。
- 用户初始化：在用户进行认证之前，必须使用公钥和一些其他来自信任认证机构的确认信息(确认认证路径等)进行初始化。
- 认证：在这个进程中，认证机构通过用户的公钥向用户提供一个数字证书并在数字证中进行保存。
- 密钥对的备份和恢复：密钥对可以用于数字签名和数据加解密。而对于数据加解密来说，当用于解密的私钥丢失时，必须提供机制来恢复解密密钥，这对于保护数据来说非常重要。密钥的丢失通常是由密钥遗忘、存储器损坏等原因造成的。可以通过用数字签名的密钥认证后来恢复加解密密钥。
- 自动的密钥对更新：为了安全原因，密钥有其一定的生命期，所有的密钥对都需要经常更新。
- 证书撤销请求：一个授权用户可以向认证机构提出要求撤销证书。当发生密钥泄露、从属关系变更或更名等时，需要提交这种请求。
- 交叉认证：如果两个认证机构之间要交换数据，则可以通过交叉认证来建立信任关系。一个交叉认证证书中包含此认证机构用来发布证书的数字签名。

3. PKIX 安全服务和权限管理的相关协议

PKIX 中安全服务和权限管理的相关协议主要是进一步完善和扩展 PKI 安全架构的功能，通过 RFC 3029、RFC 3161、RFC 3281 等定义。

在 PKIX 中，不可抵赖性通过数字时间戳 DTS(Digital Time Stamp)和数据有效性验证服务器 DVCS(Data Validation and Certification Server)实现。在 CA/RA 中使用的 DTS，是对时间信息的数字签名，主要用于确定在某一时间某个文件确实存在或者确定多个文件的时间上的逻辑关系，是实现不可抵赖性服务的核心。DVCS 的作用则是验证签名文档、公钥证书或数据存在的有效性，其验证声明称为数据有效性证书。DVCS 是一个可信第三番，是用来实现不可抵赖性服务的一部分。权限管理通过属性证书来实现。属性证书利用属性和属性值来定义每个证书主体的角色、权限等信息。

6.5.3 PKI 信任模型

选择正确的信任模型以及与它相应的安全级别是非常重要的，同时也是部署 PKI 所要做的较早和基本的决策之一。所谓实体 A 信任 B，即 A 假定实体 B 严格地按 A 所期望的那样行动。如果一个实体认为 CA 能够建立并维持一个准确的对公钥属性的绑定，则他信任该 CA。所谓信任模型，就是提供用户双方相互信任机制的框架，是 PKI 系统整个网络结构的基础。

信任模型主要明确回答了以下几个问题：

- 一个 PKI 用户能够信任的证书是怎样被确定的？
- 这种信任是怎样建立的？
- 在一定的环境下，这种信任如何被控制？

1. 层次模型

层次结构可以被描绘为一棵倒立的树，如图 6-14 所示。

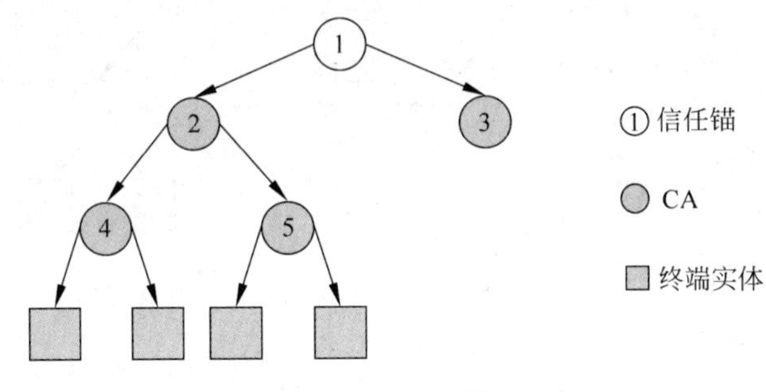

图 6-14 层次模型

在这棵倒立的树上，根代表一个对整个 PKI 系统的所有实体都有特别意义的 CA，通常叫做根 CA，它充当信任的根。根 CA 认证直接连接在它下面的 CA，每个 CA 都认证零个或多个直接连接在它下面的 CA，倒数第二层的 CA 认证终端实体。在这种模型中，认证方只需验证从根 CA 到认证结点的这条路径就可以了，不需要建立从根结点到发起认证方的路径。

2. 交叉模型

在这种模型中，如果没有命名空间的限制，那么任何 CA 都可以对其他的 CA 发证，所以这种结构非常适合动态变化的组织结构，但是在构建有效的认证路径时，很难在网中确定一个 CA 是否是另一个 CA 的适当的证书颁发者。

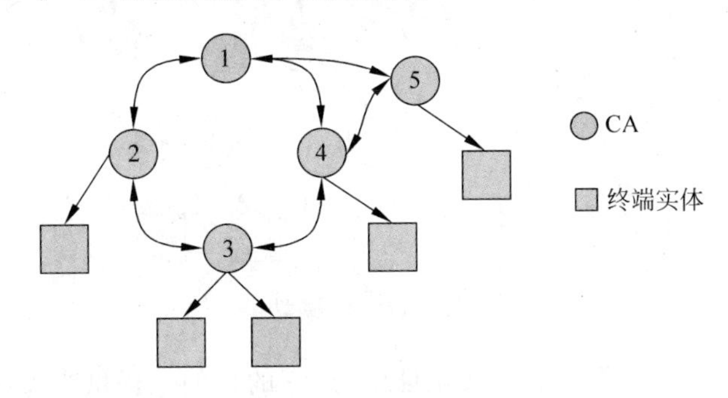

图 6-15 交叉模型

因为路径构造比层次结构复杂得多，验证时需要对 CA 发布的证书进行反复的比较，跨越很多结点的信任路径会被认为是不可信的。

3. 混合模型

混合模型是将层次结构和交叉结构相混合而得到的模型。当独立的组织或企业建立了各自的层次结构，同时又想要相互认证，则要将完全的交叉认证加到层次模型中，产生这种混合模型。如图 6-16 示。混合模型的特点是：存在多个根 CA，任意两个根 CA 间都要交叉认证；每个层次结构都在根级有一个单一的交叉证书通向另一个层次结构。

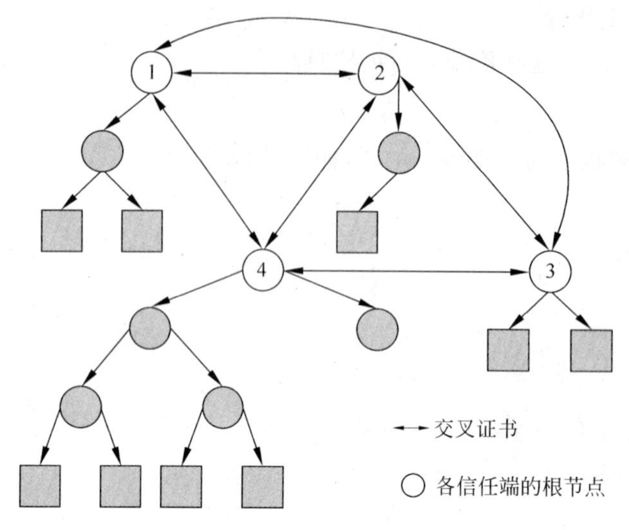

图 6-16 混合模型

4. 桥 CA 模型

混合模式对于小规模的层次模型间的交叉认证比较实用，规模一大，根间的交叉认证就会变得相当庞大，考虑到这种局限，所以产生了桥 CA 结构，这种结构已被美国联邦 PKI 所采用。

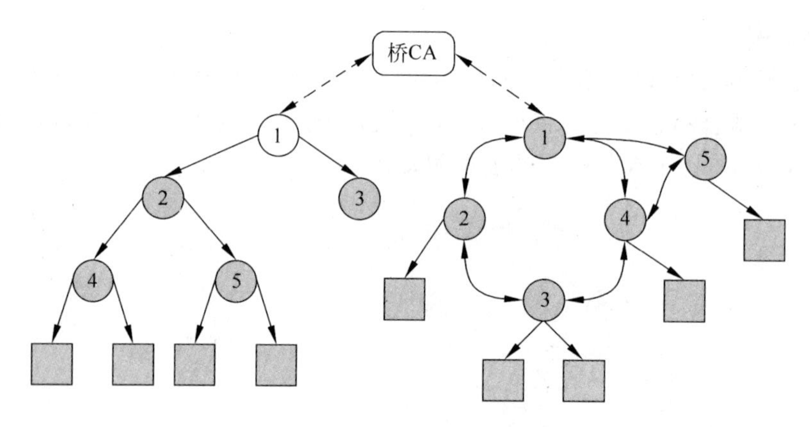

图 6-17 桥模型

桥 CA 模型实现了一个集中的交叉认证中心，它的目的是提供交叉证书，而不是作为证书路径的根。对于各个异构模式的根结点来说，它是它们的同级，而不是上级。当一个企业与桥 CA 建立了交叉证书，那么，他就获得了与那些已经和桥 CA 交叉认证的企业进行信任路径构建的能力。

5. 信任链模型

这种模型从根本上讲类似于层次结构模型，但它同时拥有多个根 CA，这些可信的根 CA 被预先提供给客户端系统，为了成功地被验证，证书一定要直接或间接地与这些可信根

CA 连接，我们所用的浏览器中的证书就是这种模型的应用。

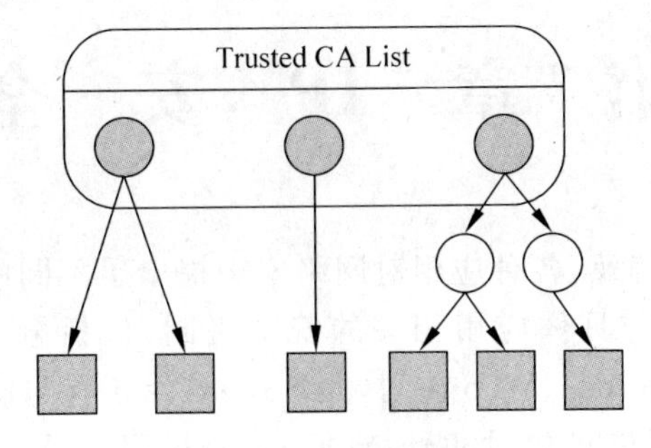

图 6-18　信任链模型

由于不需要依赖目录服务器，这种模型在方便性和简单互操作性方面有明显的优势，但是也存在许多安全隐患。例如，因为浏览器的用户自动地信任预安装的所有公钥，所以即使这些根 CA 中有一个是“坏的”（例如，该 CA 从没有认真核实被认证的实体），安全性将被完全破坏。另外一个潜在的安全隐患是没有实用的机制来撤销嵌入到浏览器中的根密钥。

第 7 章　IP　安　全

随着 Internet 的不断普及，各种应用对网络安全提出了不同的要求，因此人们设计了不同的安全机制。比如各种与具体应用相关的安全机制，包括电子邮件（如 S/MIME、PGP 等）、客户/服务器（如 Kerberos）、Web 访问（如 SSL）等。还有与协议相关、在不同的网络协议层次实现的安全机制，如信息包过滤器、SOCKS 协议服务器、链路级网关、传输代理、各种应用防火墙等。

事实上，可以在 Internet 上的任何层次实现安全机制，各层机制有不同的特点。但用户的一些安全要求跨越多个协议层；此外，有的应用程序有安全机制，有的则没有。在 TCP/IP 协议分层模型中，IP 层是可能实现端到端安全通信的最底层。通过在 IP 层上实现安全性，不仅可以保护各种带安全机制的应用程序，而且可以保护许多无安全机制的应用。典型地，IP 协议实现在操作系统中。因此，在 IP 层实现安全功能，可以不必修改应用程序。

IP 级安全性包括 3 个方面的内容：认证、保密和密钥管理。认证机制确保收到的 IP 包是从包头标识的源端发出，还要确保该包在传输过程中的完整性。保密性是将报文加密后传送，防止第三方的窃听。密钥管理机制与密钥的安全交换有关。

互联网工程任务组（IETF）于 1998 年 11 颁布了一套开放标准网络安全协议：IP 层安全标准 IPSec（IP Security），其目标是为 IPv4 和 IPv6 提供具有较强的互操作能力、高质量和基于加密的安全。IPSec 将密码技术应用在网络层，提供端对端通信数据的私有性、完整性、真实性和防重放攻击等安全服务。IPSec 对于 IPv4 是可选的，对于 IPv6 是强制性的。

7.1　IPSec 概述

IPSec 设计目的是以安全的方式使用 TCP/IP 进行通信，其设计思想是在操作系统内部实现安全功能，在不需要修改应用程序的前提下，为多个应用提供安全保护。它通过运用现代密码学实现了 IP 层的安全服务，提供在 LAN、WAN 和互联网中安全通信的能力。

1. IPSec 的主要用途

（1）一个组织的各分支机构通过互联网安全互联。一个大的组织或企业可以在互联网和公用 WAN 上建立安全的虚拟专用网，在公众网络上开展自己的业务，减少了对专用网络的需求，节省了开销和网络管理费用。

（2）用户远程安全访问互联网。如果一个用户使用了 IP 安全协议的终端，则用户可以通过本地访问互联网服务提供商（ISP），以获得对公司网络的安全访问，减少了远程通信的费用。

（3）与合作者建立外联网和内联网联系。使用 IPSec 可以与其他组织进行安全通信，确保认证、保密并提供密钥交换机制。

（4）加强电子商务的安全性。虽然一些 Web 和电子商务应用程序是建立在安全协议之上的，但使用 IPSec 能加强其安全性。

IPSec能支持各种应用的原理在于它可以在IP层实现加密和(或)认证功能,这样就可以在不修改应用程序的前提下保护所有的分布式应用,包括远程登录、电子邮件、文件传输和Web访问等。

IPSec通过多种手段提供了IP层安全服务:允许用户选择所需安全协议、允许用户选择加密和认证算法、允许用户选择所需的密码算法的密钥。IPSec可以安装在路由器或主机上,若IPSec装在路由器上,则可在不安全的Internet上提供一个安全的通道,若是装在主机上,则能提供主机端对端的安全性。

2. IPSec的特点

(1) 当在防火墙或路由器中实现IPSec时,IPSec提供了强大的安全性,能够应用到所有穿越边界的数据通信量上。而在一个公司或组织内部的通信量不会引起与安全有关的处理的负荷。

(2) IPSec实现在传输层以下,因此对于应用程序和用户都是透明的。所有用户计算机或服务器系统中的软件都不必加以修改;也没有必要对用户进行安全培训,给每个用户下发密钥并且在用户离开组织时取消其密钥。

(3) 如果需要,IPSec可以为单个用户提供安全性。这对于不在本地的工作者以及在一个组织内部为敏感应用建立安全的虚拟子网是非常有用的。

(4) IPSec独立于鉴别和加密算法,在一个基本框架上可使用不同的鉴别和加密模块以满足不同的安全需要,如果某个算法被破解或者被更好的算法代替,可以及时替换该算法而不影响其他模块的实现;在实现了IP安全机制的系统中,协议规定了必须实现的几种算法,因此可以保证全球范围内的互操作性。

(5) 在IP协议的实现中,对IP报头中不能处理的选项可以不加以处理,而不是作为异常处理,所以实现了某种IP协议安全机制的IP包可以通过未实现这种安全机制的路由器。

除了支持终端用户和保护上述系统和网络外,IPSec在互联网的路由结构中扮演了一个非常重要的角色。IPSec可确保:

- 路由广播(一个新的路由器公告它的存在)来自于授权路由器。
- 邻居广播(路由器寻找建立或维护与其他路由区域中路由器的相邻关系)来源于授权路由器。
- 重定向报文来源于发送包的初始路由器。
- 路由更新无法伪造。

没有以上安全措施,攻击者可以中断通信或转发某些流量。路由协议如OSPF必须在用IPSec安全协议的路由器上运行。

7.2　IPSec安全体系结构

IPSec规范相当复杂,因为它不是一个单独的协议。它给出了应用于IP层上网络数据安全的一整套体系结构,包括认证头(Authentication Header,AH)协议、封装安全载荷(Encapsulating Security Payload,ESP)协议、密钥管理(Internet Key Exchange,IKE)协议和用于网络认证和加密的一些算法等。

7.2.1 IPSec 构成

IPSec 有许多文档，整个文档分为 7 部分，如图 7-1 所示。

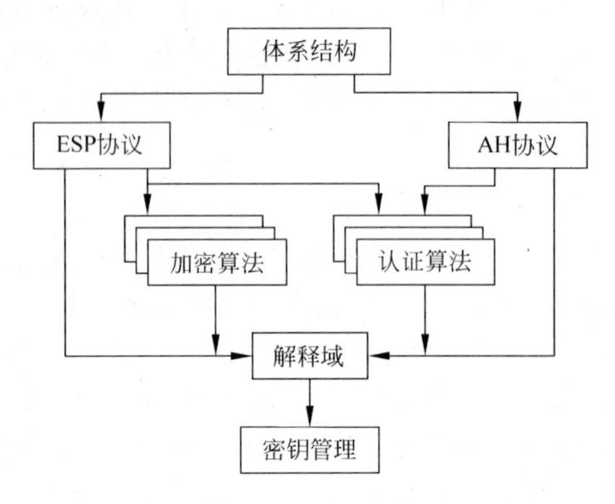

图 7-1 IPSec 文档

(1) 体系结构。包括 IPSec 的一般概念、安全需求、定义和机制。

(2) ESP。包括数据包格式和使用 ESP 加密/认证数据包的一些相关约定。

(3) AH。包括数据包格式和使用 AH 认证数据包的一些相关约定。

(4) 加密算法。一系列描述各种 ESP 中使用的加密算法的文档。这些文档描述了每一种算法的密钥长度和强度规范，每一种算法的可用性能评估，加密算法在 ESP 中如何使用的一般信息，加密算法的特性等。

(5) 认证算法。一系列描述如何把各种认证算法应用于 AH 和 ESP 的文档。这些文档规定了操作参数规范(如轮数、输入输出分组格式等)，认证算法的填充要求，操作的可选参数/方法的标志，算法的默认值域与强制值域，算法的认证数据比较条件等。

(6) 密钥管理。描述密钥管理模式的文档。当前的密钥管理提供了 Oakley 和 ISAKMP。

(7) 解释域。这个文档包括与其他文档相关的一些参数，如被认可的加密、认证算法标识和诸如密钥生存周期之类的运行参数。

IPSec 的安全功能主要通过 IP 认证头 AH 协议以及 ESP 协议实现。AH 提供数据的完整性、真实性和防重播攻击等安全服务，但不包括机密性。而 ESP 除了实现 AH 所实现的功能外，还可以实现数据的机密性。AH 和 ESP 可以分开使用或一起使用。完整的 IPSec 还应包括 AH 和 ESP 中所使用密钥的交换和管理，也就是 IKE 协议。IKE 用于动态地认证 IPSec 参与各方的身份。IPSec 主要构成组件如图 7-2 所示。

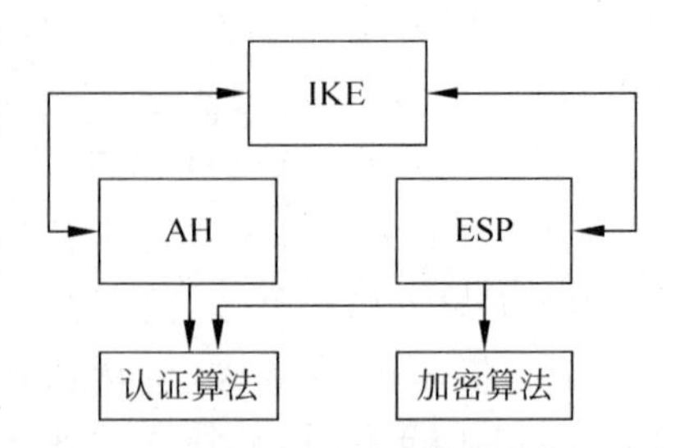

图 7-2 IPSec 组件

IPSec 规范中要求强制实现的加密算法是 CBC 模式的 DES 和 NULL 算法，而认证算法是 HMAC-MD5、HMAC-SHA-1 和 NULL 认证算法。NULL 加密和认证分别是不加密和不认证。

7.2.2 IPSec服务

IPSec提供的服务如下：

- 访问控制；
- 无连接完整性；
- 数据源认证；
- 抗重放攻击；
- 保密性(加密)；
- 有限的通信量机密性。

表7-1描述了AH和ESP协议所支持的服务。对ESP而言,可分为支持和不支持认证两种。AH和ESP均支持基于分布密钥的访问控制。流量保密性则与安全协议相关。

表7-1 IPSec服务

服　　务	AH	ESP(仅包括加密)	ESP(加密＋认证)
访问控制	√	√	√
无连接完整性	√		√
数据源认证	√		√
抗重放攻击	√	√	√
保密性		√	√
有限的通信量机密性		√	√

7.2.3 安全关联

在IP的认证和保密机制中出现的一个核心概念是安全关联(SA)。SA是IPSec的基础,是出现在IPSec中认证和保密机制的关键概念。一个安全关联是发送方和接收方之间的受到密码技术保护的单向关系,该关联对所携带的通信流量提供安全服务：要么对通信实体收到的IP数据包进行"进入"保护,要么对实体外发的数据包进行"流出"保护。如果需要双向安全交换,则需要建立两个安全关联,一个用于发送数据,一个用于接收数据。安全服务可以由AH或ESP提供,但不能两者都提供。

一个安全关联由三个参数唯一确定：

(1) 安全参数索引(SPI)。一个与SA相关的位串,仅在本地有意义。这个参数被分配给每一个SA,并且每一个SA都通过SPI进行标识。发送方把这个参数放置在每一个流出数据包的SPI域中,SPI由AH和ESP携带,使得接收系统能选择合适的SA处理接收包。SPI并非全局指定,因此SPI要与目标IP地址、安全协议标识一起来唯一标识一个SA。

(2) 目标IP地址。目前IPSec SA管理机制中仅仅允许单播地址。所以这个地址表示SA的目的端点地址,可以是用户终端系统、防火墙或路由器。它决定了关联方向。

(3) 安全协议标识。标识该关联是一个AH安全关联或ESP安全关联。

处理与SA有关的流量时有两个数据库,即安全关联数据库(Security Association Database,SAD)和安全策略数据库(Security Policy Database,SPD)。SAD包含了与每一个安全关联相联系的参数,SPD则指定了主机或网关的所有IP流量的流入和流出分配策略。

1. 安全关联数据库

实现 IPSec 的系统需要维护一个 SAD，该数据库维护保障 IP 数据包安全的 SA 记录，每一个 SA 都在 SAD 中有一个记录。一个 SA 记录通常包括以下信息：

- 序列号：以 AH 或 ESP 报头中 32 位二进制值表示。
- 序列号溢出标志：标志序列号计数器是否溢出，生成审核事件，以防止溢出 IP 数据包的传送。
- 防重放窗口：用于判断收到的一个 AH 或 ESP 数据包是否是重放。
- AH 信息：认证算法、密钥、密钥生存期和 AH 的相关参数（AH 必须实现）。
- ESP 信息：加密和认证算法、密钥、初始值、密钥生存期和 ESP 的相关参数（ESP 必须实现）。
- SA 有效期：一个特定的时间间隔或字节计数。超过此有效期后，必须终止或由一个新的 SA 替代。
- IPSec 协议模式：隧道模式或传输模式。

当需要向某个 IP 目标 X 发送数据包，发送方在安全关联数据库中查询如何向目标 X 发送数据的信息，这些信息包括 SPI、密钥、算法、序列号等。当接收到一个 IP 数据包，该数据包中的 SPI 用于在安全关联数据库中查询相应记录，该记录会告诉接收方应当使用哪个密钥、哪个序列号来处理该数据包。

2. 安全策略数据库

IPSec 为用户提供多种方式在 IP 通信中实现 IPSec 服务。SA 可以根据用户的意愿进行配置，用户可以选择何种类型的数据包应该被丢弃、何种类型的数据包可以在不受 IPSec 保护的情形下被转发或接收、是否对数据包进行加密或（和）完整性保护等。并且，IPSec 对需要 IPSec 保护的流量和不需要 IPSec 保护的流量进行大粒度区分。

确定某一 IP 流量与特定 SA 的相关性（或在不需要 IPSec 时无 SA），是通过 SPD 实现的。SPD 是 SA 处理的基本元素，它指定了为 IP 数据包提供什么服务以及以什么方式提供服务。SPD 包含一张有序表，该表记录多个策略项，每一策略项由一个或多个选择子确定，而这些选择子定义了该策略项控制的所有 IP 流量。实际上，这些选择子过滤输出流量，并将它们映射到某个特定的 SA。每个 IP 包的输出过程遵守如下过程：

(1) 在 SPD 中，比较包中相应域的值（选择子域），寻找匹配的 SPD 入口，可能指向零个或多个 SA。

(2) 如果该包存在 SA，则选定 SA 和其关联的 SPI。

(3) 执行所需的 IPSec 处理（如 AH 或 ESP 处理）。

SPD 入口由以下选择子域决定：

- 目的 IP 地址：可以是单一 IP 地址、一组或一定范围的地址和地址掩码。后两者要求多个目的系统共享相同的 SA（例如，位于防火墙之后）。
- 源 IP 地址：可以是单一 IP 地址、一组或一定范围的地址和地址掩码。后两者要求多个源系统共享相同的 SA（例如，位于防火墙之后）。
- 用户标识：来自操作系统的用户标识。用户操作系统提供该标识，而不是 IP 或上层报头域提供。

- 数据敏感性级别：用于系统提供信息流安全级别(如秘密或未分类)。
- 传输层协议：从IPv4或IPv6的邻接头域中获得，可以是单个协议号，也可以是一组或一定范围的协议号。
- 源端口和目的端口：可以是单个TCP或UDP端口、一组端口和端口通配符。

7.2.4　IPSec工作模式

IPSec的安全功能主要通过IP认证头AH协议以及护封装安全载荷ESP协议实现。AH和ESP均支持两种模式：传输模式和隧道模式，如图7-3所示。

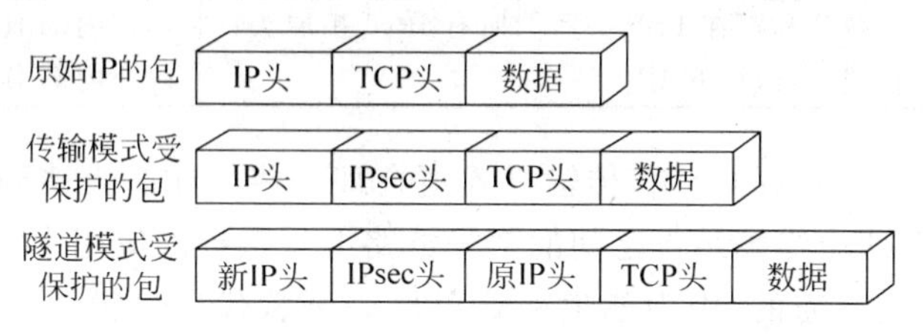

图7-3　IPSec工作模式

1. 传输模式

传输模式主要为直接运行在IP层之上的协议，如TCP、UDP和ICMP，提供安全保护，一般用于在两台主机之间的端到端通信。传输模式是指在数据包的IP头和载荷之间插入IPSec信息。当一个主机在IPv4上运行AH或ESP时，其载荷是跟在IP报头后面的数据；对IPv6而言，其载荷是跟在IP报头后面的数据和IPv6的任何扩展头。传输模式使用原始明文IP头。

传输模式的ESP可以加密和认证IP载荷，但不包括IP头。传输模式的AH可以认证IP载荷和IP报头的选中部分。

2. 隧道模式

隧道模式对整个IP包提供保护。为了达到这个目的，当IP数据包附加了AH或ESP域之后，整个数据包加安全域被当做一个新IP包的载荷，并拥有一个新的外部IP包头。原来(内部)的整个IP包利用隧道在网络之间传输，沿途路由器不能检查内部IP包头。由于原来的包被封装，新的、更大的包可以拥有完全不同的源地址与目的地址，以增强安全性。当SA的一端或两端为安全网关时使用隧道模式，如使用IPSec的防火墙或路由器。防火墙外的主机在没有IPSec时也可以实现安全通信：当主机生成的未保护包通过本地网络边缘的防火墙或安全路由器时，IPSec提供隧道模式的安全性。

IPSec如何操作隧道模式的例子如下。网络中的主机A生成以另一个网络中主机B作为目的地址的IP包，该IP包从源主机A被发送到A网络边界的防火墙或安全路由器。防火墙过滤所有的外发包。根据对IPSec处理的请求，如果从A到B的包需要IPSec处理，则防火墙执行IPSec处理，给该IP包添加外层IP包头，外层IP包头的源IP地址为此防火墙的IP地址，目的地址可能为B本地网络边界的防火墙的地址。这样，包被传送到B的防火墙，而其间经过的中间路由器仅检查外部IP头；在B的防火墙处，除去外部IP头，内部的包被送往主机B。

ESP在隧道模式中加密和认证(可选)整个内部IP包，包括内部IP报头。AH在隧道模式中认证整个内部 IP 包和外部 IP 头中的选中部分。

表 7-2 总结了传输模式和隧道模式的功能。

表 7-2 传输模式和隧道模式的功能

模式	传输模式 SA	隧道模式 SA
AH	认证 IP 载荷和 IP 头中的选中部分、IPv6 扩展头	认证整个内部 IP 包(内部报头和 IP 载荷)和部分选中的外部 IP 报头、外部 IPv6 扩展头
ESP	加密 IP 载荷和跟在 ESP 头后的所有 IPv6 扩展头	加密内部 IP 包
带认证的 ESP	加密 IP 载荷和跟在 ESP 头后的所有 IPv6 扩展头; 认证 IP 载荷,但没有 IP 头	加密内部 IP 包 认证内部 IP 包

当 IPSec 被用于端到端的应用,传输模式更合理一些。在防火墙到防火墙或者主机到防火墙这类数据仅在两个终端结点之间的部分链路上受保护的应用中,通常采用隧道模式。而且,传输模式并不是必需的,因为隧道模式可以完全替代传输模式。但是隧道模式下的 IP 数据包有两个 IP 头,处理开销相对较大。

7.3 认 证 头

IP 认证头为 IP 数据包提供数据完整性校验和身份认证,还有可选择的抗重放攻击保护,但不提供数据加密服务。数据完整性确保在包的传输过程中内容不可更改;认证确保终端系统或网络设备能对用户或应用程序进行认证,并相应地提供流量过滤功能,同时还能防止地址欺诈攻击和重放攻击。认证基于消息鉴别码(MAC),双方必须共享同一个密钥。

由于 AH 不提供机密性保证,所以它也不需要加密算法。AH 可用来保护一个上层协议(传输模式)或一个完整的 IP 数据报(隧道模式)。它可以单独使用,也可以和 ESP 联合使用。

认证头由如下域组成,如图 7.4 所示。

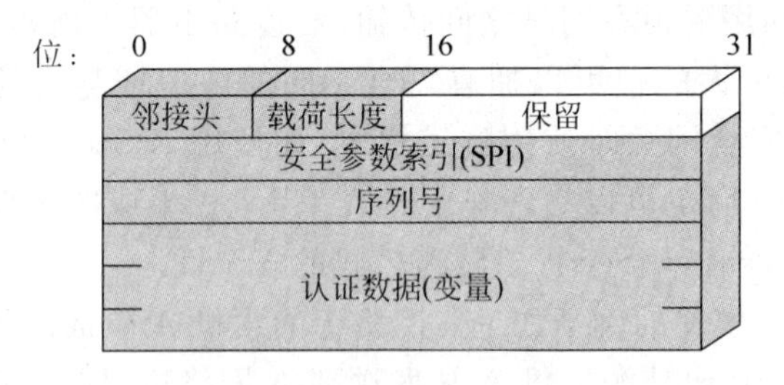

图 7-4 IPSec 认证头

(1) 邻接头(8 位)。标识 AH 字段后面下一个负载的类型。

(2) 有效载荷长度(8 位)。字长为 32 位的认证头长度减 2。例如,认证数据域的默认长度是 96 位或 3 个 32 位字,另加 3 个字长的固定头,总共 6 个字,则载荷长度域的值为 4。

(3) 保留(7 位)。保留给未来使用。这个字段的值设置为 0。

(4) 安全参数索引(32 位)。这个字段与目的 IP 地址和安全协议标识一起,共同标识当前数据包的安全关联。

(5) 序列号(32 位)。单调递增的计数值,提供了反重放的功能。在建立 SA 时,发送方和接收方的序列号初始化为 0,使用此 SA 发送的第一个数据包序列号为 1,此后发送方逐渐增大该 SA 的序列号,并把新值插入到序列号字段。

(6) 认证数据(变量)。变长域,包含了数据包的完整性校验值(Integrity Check Value, ICV)或包的 MAC。这个字段的长度必须是 32 位字的整数倍,可以包含显示填充。

7.3.1　反重放服务

重放攻击是指攻击者在得到一个经过认证的包后,在后来将其传送到目的站点的行为。而重复接收经过认证的 IP 包可能会以某种方式中断服务或产生不可预料的后果。序列号域就可以防止上述攻击。

当建立了一个新的 SA 时,发送方将序列号初值设为 0,每次在 SA 上发送一个包,则计数器加 1,将新值写入序列号域。这样,使用的第一个值即为 1。如果要求支持反重放(默认设置),则发送方不允许循环计数。发送方在将新值插入到序列号字段之前要进行检查,确保计数值没有折返。如果已经折返,则发送方要建立新的 SA。如果关闭了反重放,则计数值可以折返到 0,并重新开始递增。

由于 IP 是无连接、不可靠的服务,协议不能保证 IP 数据包的按顺序传输,也不能保证所有的数据包均被传输。因此,IPSec 认证文档声明,接收方应实现一个大小为 W 的窗口(W 默认为 64)。窗口的右边界代表最大的序列号 N,记录目前收到的合法包的最大序列号,任何序列号在 $N-W+1$ 到 N 之间的包均可以被正确接收(如被验证),标记窗口的正确位置(见图 7-5)。接收到包后的处理过程如图 7-5 所示。

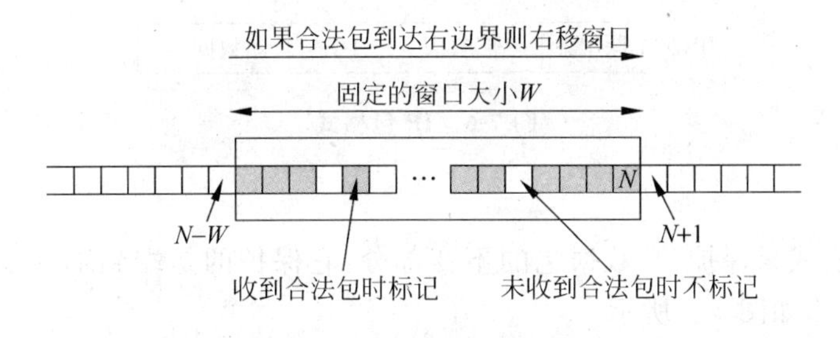

图 7-5　AH 反重放机制

(1) 如果所接受的包在窗口中且是新包,则验证 MAC,如果验证通过,则在窗口中标记相应位置。

(2) 如果所接受的包超过窗口的右边界且是新包,则验证 MAC,如果验证通过,则以这个序列号为窗口的右边界,并在窗口中标记相应的位置。

(3) 如果所接受的包超过窗口的左边界或未通过验证,则忽略包,并产生审核事件。

7.3.2　完整性校验值

认证数据域包含 ICV。ICV 是一种报文认证编码 MAC 或 MAC 算法生成的截断代码。有许多规格说明描述了这一规范,例如:

- HMAC-MD5-96；
- HMAC-SHA-1-96。

上述两种规格说明均使用了 HMAC 算法，而前者使用 MD5 散列函数，后者使用 SHA-1 散列函数。两者均先计算全部 HMAC 值，然后截断前 96 位（认证数据域的默认长度）。

MAC 根据如下部分进行计算：

(1) IP 报头：传输过程中不变的部分和 AH，以及 SA 终点可以预测的部分，对可变部分或不可预计的部分全部置 0，便于在源端和目的端计算。

(2) AH 报头不包括认证数据域：认证数据域被置 0，便于在源端和目的端计算。

(3) 整个上层协议数据：假设在传输过程中不变，如 TCP 段或隧道模式中的内部 IP 包。

对 IPv4 而言，不变域为 Internet 包头长度，可变但可预测的域为目的地址，对 ICV 计算具有 0 优先级的可变域为生存时间域及头校验和域。源地址和目的地址均被保护，以防地址欺诈。

对 IPv6 而言，不变域为基本头的版本号，可变但可预测的域为目的地址，具有 0 优先级的可变域为流标签。

7.3.3 AH 工作模式

AH 可用于传输模式和隧道模式。任何一种情况下，AH 都要对外部 IP 头的固有部分进行身份验证。

典型的 IPv4 和 IPv6 包如图 7-6 所示。此时，IP 载荷为 TCP 分段，也可以是任何使用 IP 的数据单元，如 UDP 或 ICMP。

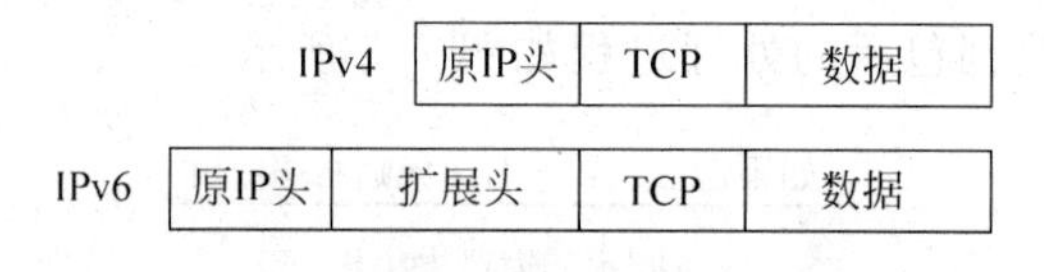

图 7-6 IP 包格式

1. 传输模式

AH 的传输模式只保护 IP 数据包的不变部分，它保护的是端到端的通信，通信的终点必须是 IPSec 终点，如图 7-7 所示。

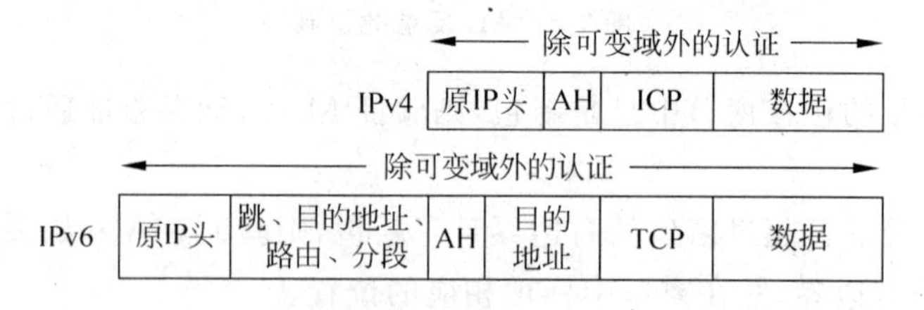

图 7-7 AH 的传输模式

在 IPv4 的传输模式 AH 中，AH 插入到原始 IP 报头之后、IP 载荷（如 TCP 分段）之前。认证包括了除 IPv4 报头中可变的、被 MAC 计算置为 0 的域以外的整个包。

在 IPv6 中，AH 被作为端到端载荷，即不被中间路由器检查或处理。因此，AH 出现在 IPv6 基本头、跳、路由和分段扩展头之后。目的地址作为可选报头在 AH 前面或后面，由特定语义决定。同样,认证包括了除IPv4报头中可变的、被MAC计算置为0的域以外的整个包。

2. 隧道模式

AH用于隧道模式时,整个原始IP包被认证,AH被插入到原始IP头和新外部IP包头之间。原IP头中包含了通信的原始地址,而新IP头则包含了IPSec端点的地址,如图7-8所示。

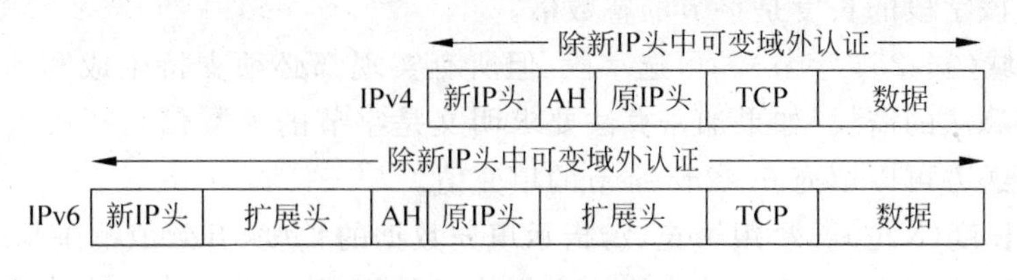

图7-8 AH隧道模式

使用隧道模式,整个内部IP包,包括整个内部IP头均被AH保护。外部IP头(IPv6中的外部IP扩展头)除了可变且不可预测的域之外均被保护。隧道模式可用来替换端到端安全服务的传输模式;但由于这一协议中没有提供机密性,因此,相当于就没有隧道封装这一保护措施,所以它没有什么用处。

7.4 封装安全载荷

封装安全载荷ESP为IP数据包提供数据完整性校验、身份认证和数据加密,还有可选择的抗重放攻击保护。即除提供AH提供的所有服务外,ESP还提供数据保密服务,保密服务包括报文内容保密和流量限制保密。ESP用一个密码算法提供机密性,数据完整性则由身份验证算法提供。ESP通过插入一个唯一的、单向递增的序列号提供抗重放服务。保密服务可以独立于其他服务而单独选择,数据完整性校验和身份认证用作保密服务的联合服务。只有选择了身份认证时,才可以选择抗重放服务。

ESP可以单独使用,也可以和AH联合使用,还可以通过隧道模式使用。ESP可以提供包括主机到主机、防火墙到防火墙、主机到防火墙之间的安全服务。

ESP包的格式如图7.9所示,它包含如下各域:

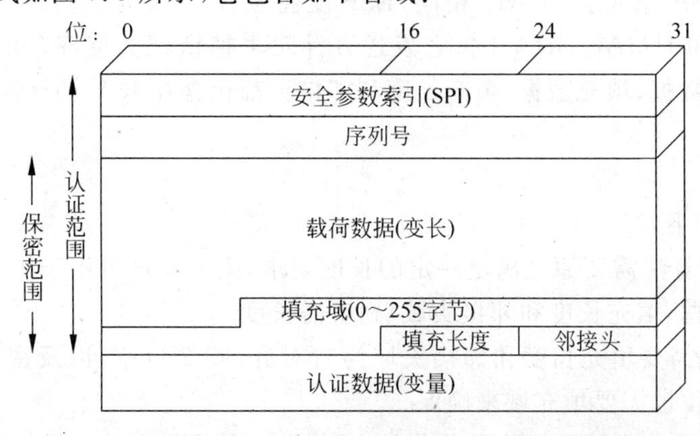

图7-9 ESP格式

(1) 安全参数索引 SPI(32 位)。标识安全关联。ESP 中的 SPI 是强制字段,总要提供。

(2) 序列号(32 位)。单调递增计数值,提供反重放功能。这是个强制字段,并且总要提供,即使接收方没有选择对特定 SA 的反重放服务。如果开放了反重放服务,则计数值不允许折返。

(3) 载荷数据(变量)。变长的字段,包括被加密保护的传输层分段(传输模式)或 IP 包(隧道模式)。该字段的长度是字节的整数倍。

(4) 填充域(0~255 字节)。可选字段,但所有实现都必须支持生成和消费填充值。该字段满足加密算法的需要(如果加密算法要求明文是字节的整数倍),还可以提供通信流量的保密性。发送方可以填充 0~255 字节的填充值。

(5) 填充长度(8 位)。紧跟填充域,指示填充数据的长度,有效值范围是 0~255。

(6) 邻接头(8 位)。标识载荷中第一个报头的数据类型(如 IPv6 中的扩展头或上层协议 TCP 等)。

(7) 认证数据(变长)。一个变长域(必须为 32 位字长的整数倍),包含根据除认证数据域外的 ESP 包计算的完整性校验值。该字段长度由所选择的认证算法决定。

7.4.1 加密和认证算法

载荷数据、填充数据、填充长度和邻接头域在 ESP 中均被加密。如果加密载荷的算法需要初始向量 **IV** 这样的同步数据,则必须从载荷数据域头部取,**IV** 通常作为密文的开头,但并不被加密。

目前,必须支持 DES 算法按 CBC 加密,其他可以用来加密的算法包括:3DES、RC5、IDEA、3 IDEA、CAST 和 Blowfish。

对加密来说,发送方封装 ESP 字段,添加必要的填充并加密结果。发送方使用 SA 和 **IV**(密码同步数据)指定的密钥、加密算法、算法模式来加密字段。如果加密算法要求 **IV**,则这个数据被显示地携带在载荷字段中。加密在认证之前执行,并且不包含认证数据。这种方式有利于接收方在解密之前快速地检测数据包,拒绝重放和伪造的数据包。

接收方使用密钥、解密算法和 **IV** 来解密 ESP 载荷数据、填充、填充长度和邻接头。如果指明使用了显示 **IV**,则这个数据从负载中取出,输入到解密算法中。如果使用隐式 **IV**,则接收方构造一个本地 **IV** 输入到解密算法中。

认证算法由 SA 指定。与 AH 相同,ESP 支持使用默认为 96 位的 MAC,且应支持 HMAC-MD5-96 和 HMAC-SHA-1-96。发送方针对去掉认证数据部分的 ESP 计算 ICV。SPI、序列号、载荷数据、填充数据、填充长度和邻接头都包含在 ICV 的计算中。

7.4.2 填充

填充域功能如下:

(1) 如果加密算法需要原文满足一定的长度要求,则填充域可用于扩展原文长度(包括载荷数据、填充数据、填充长度和邻接头域)到所需长度。

(2) ESP 格式需要填充长度和邻接头域为右对齐的 32 位字,以及密文长度需要为 32 位的整数倍,不足位也需要填充域来确保。

(3) 增加额外的填充域可以隐藏载荷的实际长度,并提供部分流量保护。

7.4.3　ESP 工作模式

与 AH 一样，ESP 支持两种模式：传输模式和隧道模式，而且 IPv4 和 IPv6 稍有不同。

1. 传输模式 ESP

传输模式 ESP 用于加密和认证(可选)IP 携带的数据(如 TCP 分段)，如图 7-10 所示。

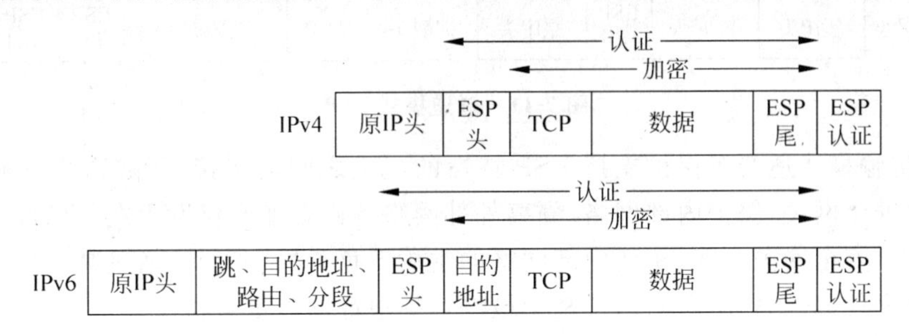

图 7-10　传输模式 ESP

在此模式下使用 IPv4，ESP 头位于传输头(TCP、UDP、ICMP)之前，ESP 尾(填充数据、填充长度和邻接头域)放入 IP 包尾部。如果选择了认证，则将 ESP 的认证数据域置于 ESP 尾之后。整个传输层分段和 ESP 尾一起加密。认证覆盖 ESP 头和所有密文。

在 IPv6 中，ESP 被视为端到端载荷，即不被中间路由器校验和处理。因此，ESP 头出现在 IPv6 基本头、跳、路由和分段扩展头之后，目的可选扩展头可根据愿望出现在 ESP 头之前或之后。如果可选扩展头在 ESP 头之后，则加密包括整个传输段、ESP 尾和目的可选扩展头。认证覆盖了 ESP 头和所有密文。

传输模式操作可归纳如下：

(1) 在源端，包括 ESP 尾和整个传输层分段的数据块被加密，块中的明文被密文替代，形成要传输的 IP 包，如果选择了认证，则加上认证。

(2) 将包送往目的地。中间路由器需要检查和处理 IP 头和任何附加的 IP 扩展头，但不需要检查密文。

(3) 目的结点对 IP 报头和任何附加的 IP 扩展头进行处理后，利用 ESP 头中的 SPI 解密包的剩余部分，恢复传输层分段数据。

传输模式操作为任何使用它的应用提供保护，而不需要在每个单独的应用中实现。同时，这种方式也是高效的，仅增加了少量的 IP 包长度。它的一个弱点是可能对传输包进行流量分析。

2. 隧道模式 ESP

隧道模式 ESP 用于加密整个 IP 包，如图 7-11 所示。

在此模式中，将 ESP 头作为包的前缀，并在包后附加 ESP 尾，然后对其进行加密。该模式用于对流量计数分析。

由于 IP 头中包含目的地址和可能的路由以及跳信息，不可能简单地传输带有 ESP 头的、被加密的 IP 包，因为这样中间路由器就不能处理该数据包。因此，必须用新的 IP 报头封装整个数据块(ESP 头、密文和可能的认证数据)，其中拥有足够的路由信息，却没有为流量分析提供信息。

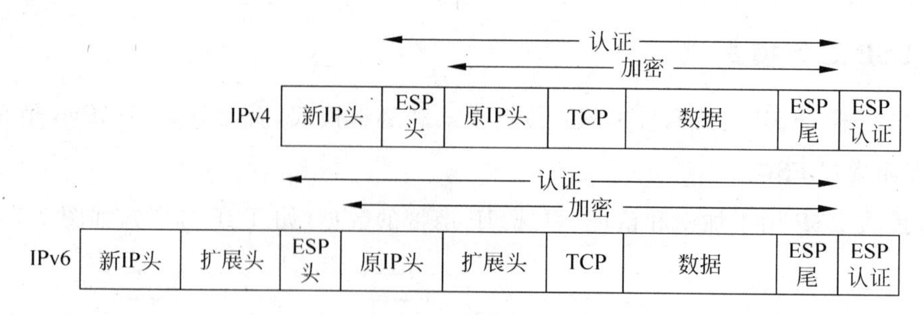

图 7-11 隧道模式 ESP

然而，传输模式适合于保护支持 ESP 特性的主机之间的连接，而隧道模式则适用于防火墙或其他安全网关，保护内部网络，隔离外部网络。后者加密仅发生在外部网络和安全网关之间或两个安全网关之间，从而内部网络的主机不负责加密工作，通过减少所需密钥数目简化密钥分配任务。另外，它阻碍了基于最终目的地址的流量分析。

考虑这样一种情况，外部主机想与防火墙保护的内部网络中的一台主机进行通信，则在将传输层分段从外部主机传到内部主机过程中采取以下步骤：

① 源端将目标内部主机的 IP 地址作为目的地址准备一个内部 IP 包，以 ESP 头为前缀，再将包和 ESP 尾加密，并可以加上认证数据。然后新的 IP 头封装数据块（基本头和可选的扩展，如 IPv6 的路由和跳信息），目的地址为防火墙的地址，生成外部 IP 包。

② 外部 IP 包到达目的防火墙，其中经过的中间路由器应检查和处理外部 IP 头和任何外部 IP 扩展头，而不需要检查密文。

③ 目的防火墙检查和处理外部 IP 报头和任何外部 IP 扩展头，然后，根据 ESP 头中的 SPI，解密包的剩余部分，恢复内部 IP 包的原文，然后在内部网络中传输包。

④ 内部包经过 0 个或多个路由器到达目的主机。

7.5 安全关联组合

单个 SA 可以实现 AH 或 ESP 协议，但不能两者都实现。有时，特定的流量需要在主机间提供 IPSec 服务，并在安全网关间（如防火墙间）为相同流量提供分离的服务。此时，为了达到理想的 IPSec 服务，需要为相同流量提供多个 SA。安全关联束是指为提供特定的 IPSec 服务集所需的一个 SA 序列。安全关联束中的 SA 可以在不同结点终止，也可以在同一个结点终止。

安全关联可以通过两种方式组合成束：

(1) 传输邻接。指在不调用隧道的情况下，对一个 IP 包使用多个安全协议。组合 AH 和 ESP 的方法仅允许一级组合，因为对一个 IPSec 实例进行多次嵌套没有任何好处。

(2) 隧道迭代。指通过 IP 隧道应用多层安全协议。由于每个隧道可以在路径上的不同 IPSec 结点起始和终止，因此，该方法允许多层嵌套。

IPSec 结构文档列举了四种 SA 组合，IPSec 的主机（如工作站、服务器）或安全网关（如防火墙、路由器）必须支持这些组合。如图 7-12 所示，图的下部表示元素的物理连接，上部表示一个或多个嵌套的 SA 逻辑连接。每个 SA 可以是 AH 或 ESP。对主机到主机的 SA

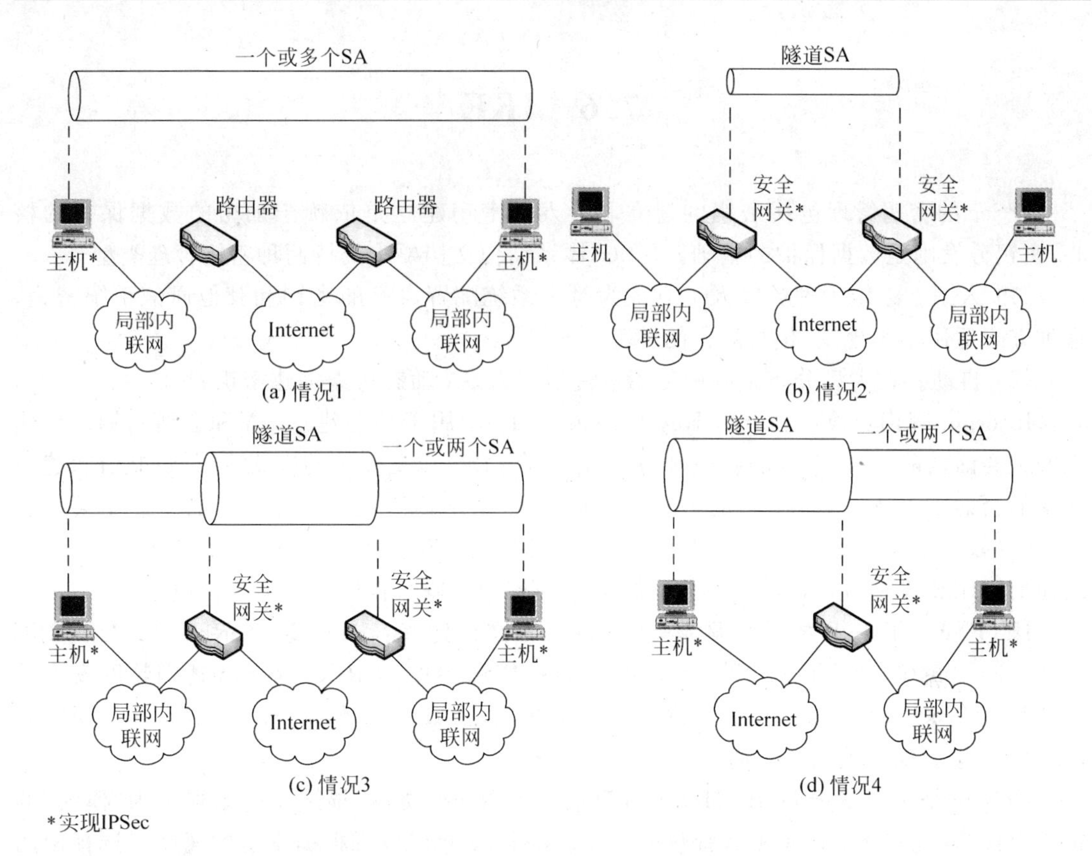

图 7-12 安全关联的基本组合方式

而言,模式可以是传输的或隧道的,否则,必须是隧道模式。

情况 1 为实施 IPSec 的终端系统间提供所需的安全机制,通过 SA 通信的任何两个终端系统,必须共享特定的密钥,可能的连接如下:

① 传输模式的 AH;

② 传输模式的 ESP;

③ 传输模式的 AH 后紧跟 ESP(AH SA 内置于 ESP SA);

④ 在 AH 或 ESP 隧道模式中拥有连接①、连接②或连接③。

我们已经讨论了如何用各种关联支持认证、加密、认证前加密和认证后加密。

在情况 2 中,仅在网关间提供安全保护,主机不实现 IPSec。此时,支持简单的虚拟专用网。隧道可支持 AH、ESP 或带认证的 ESP。由于 IPSec 将作用于整个内部包,故而不需要隧道嵌套。

情况 3 在情况 2 的基础上增加了端到端保护。情况 1 和情况 2 讨论的组合在此都允许。网关到网关的隧道对终端系统间的所有通信提供认证和/或保密。网关到网关的隧道 ESP 可对流量提供一定的保密性。单个主机可以根据特定应用实现任何额外的 IPSec 服务或为用户提供端到端的 SA。

情况 4 支持远程主机使用互联网到达企业的防火墙,访问防火墙后的某些服务器或工作站。在防火墙和远程用户之间仅需要隧道模式。如情况 1 一样,可在远程主机和本地主机间使用一到两个 SA。

7.6 IKE

IPSec 的密钥管理包括密钥的建立和分发。密钥建立是依赖于加密的数据保护的核心,密钥分发则是数据保护的基础。IPSec 体系结构文档要求支持两种密钥管理类型：

(1) 人工。系统管理员以人工方式为每个系统配置自己的密钥和其他通信系统密钥。这种方式适用于小规模、相对静止的环境。

(2) 自动。在大型分布系统中使用可变配置为 SA 动态按需创建密钥。

Internet 密钥交换(Internet Key Exchange,IKE)用于动态建立 SA 和会话密钥。在建立安全会话之前,通信双方需要一种协议,用于自动地、以受保护的方式进行双向认证、建立共享的会话密钥和生成 IPSec 的 SA,这一协议叫做 IKE 协议。IKE 的目的是使用某种长期密钥(如共享的秘密密钥、签名公钥和加密公钥)进行双向认证并建立会话密钥,以保护后续通信。IKE 代表 IPSec 对 SA 进行协商,并对安全关联数据库(SAD)进行填充。

IETF 设计了 IKE 的整个规范,主要由三个文档定义：RFC 2407、RFC 2408 和 RFC 2409。RFC 2407 定义了因特网 IP 安全解释域(IPSec DOI),RFC 2408 描述因特网安全关联和密钥管理协议 ISAKMP,RFC 2409 则描述了 IKE 如何利用 Oakley、SKEME 和 ISAKMP 进行安全关联的协商。

Oakley 是一个基于 Diffie-Hellman 算法的密钥交换协议,描述了一系列称为"模式"的密钥交换,并且定义了每种模式提供的服务。Oakley 允许各方根据本身的速度来选择使用不同的模式。以 Oakley 为基础,IKE 借鉴了不同模式的思想,每种模式提供不同的服务但都产生一个结果：通过验证的密钥交换。在 Oakley 中,并未定义模式进行一次安全密钥交换需要交换的信息,而 IKE 对这些模式进行了规范,将其定义成正规的密钥交换方法。

SKEME 是另外一种密钥交换协议,定义了验证密钥交换的一种类型。其中,通信各方利用公钥加密实现相互间的验证；同时"共享"交换的组件。每一方都要用对方的公钥来加密一个随机数字,两个随机数(解密后)都会对最终的会话密钥产生影响。通信的一方可选择进行一次 Diffie-Hellmna 交换,或者仅仅使用另一次快速交换对现有的密钥进行更。IKE 在它的公共密钥加密验证中,直接借用了 SKEME 的这种技术,同时也借用了快速密钥刷新的概念。

ISAKMP 为认证和密钥交换提供了一个框架,用来实现多种密钥交换。ISAKMP 自身不包含特定的交换密钥算法,而是定义了一系列使用各种密钥交换算法的报文格式,规定了通信双方的身份认证,安全关联的建立和管理,密钥产生的方法,以及安全威胁(例如重放攻击)的预防。

DOI 是 ISAKMP 的一个概念,规定了 ISAKMP 的一种特定用法,其含义是,对于每个 DOI 值,都应该有一个与之相对应的规范,以定义与该 DOI 值有关的参数。IKE 实际上是一种常规用途的安全交换协议,适用于多方面的需求,如 SNMPv3、OSPFZv 等。IKE 采用的规范是在"解释域"中制订的,它定义了 IKE 具体如何协商 IPSecSA。如果其他协议要用到 IKE,每种协议都要定义各自的 DOI。

IETF 为 IPSec 设计的自动的密钥管理协议是 ISAKMP/Oakley。

7.6.1 Oakley 密钥确定协议

1. Oakley 背景

Oakley 是 Diffie-Hellman 交换密钥算法的细化。Diffie-Hellman 涉及用户 A 和用户 B 间的交互。A 和 B 首在两个全局参数上达成一致：大素数 q 和 q 的本源根 g。A 选择一个随机整数 X_A 作为它的私钥，并计算其公钥 $Y_A=g^{X_A} \bmod q$ 传给 B。同样，B 也选择一个随机整数 X_B 作为它的私钥，计算其公钥 $Y_B=g^{X_B} \bmod q$ 传给 A。这样，双方即可计算它们的会话密钥：

$$K=(Y_B)^{X_A} \bmod q=(Y_A)^{X_B} \bmod q=g^{X_A X_B} \bmod q$$

Diffie-Hellman 算法有三个很好的特性：

(1) 密钥不需要长时间地保存，仅在需要时动态地创建。因此，密钥泄露的可能性大大减少了。

(2) 密钥协商过程中只需要利用全局参数就可以达成目的，不需要其他额外的交换开销。

(3) 密钥协商中交换的信息无需保密。通信双方即使只能在公开环境中交换信息也能够协商密钥。

然而 Diffie-Hellman 算法也有一些缺点：

(1) 不提供任何标识各方身份的信息，密钥协商过程中没有身份认证。

(2) 易受中间人的攻击。第三方 C 可以在与 A 通信时冒充 B，而在与 B 通信时冒充 A。中间人攻击过程如下：

① B 给 A 发送公钥 Y_B。

② 敌方 E 窃听到该消息，将 B 的公钥保存下来，并向 A 以 B 的用户标识发送带有 E 的公钥 Y_E 的报文。该报文伪装成从 B 的主机发送出来的形式，于是 A 接收了 E 的报文，将 E 的公钥和 B 的用户标识一起存储；同样地，E 伪装成 A 向 B 发送一个带有 E 公钥的报文。

③ B 在 B 的私钥和 Y_E 的基础上计算会话密钥 K_1，A 在 A 的私钥和 Y_E 的基础上计算会话密钥 K_2，E 使用 E 的私钥 X_E 和 Y_B 计算 K_1，使用 X_E 和 Y_A 计算 K_2。

④ 此后，E 就可以通过转接从 A 到 B 和从 B 到 A 的消息来获得 A 和 B 的通信内容，而 A 和 B 却无法知道他们在与 E 共享通信。

(3) 它是计算密集性的，容易遭受阻塞性攻击。攻击方请求大量的密钥，而受攻击者花费了相对多的计算资源来做无意义的乘方、取模运算。

Oakley 算法则是一种保持了 Diffie-Hellman 优点而去掉了其缺点的一种算法。Oakley 协议被真正地用于建立两个通信实体之间的共享密钥。

2. Oakley 的特性

Oakley 算法有如下 5 个重要特性：

(1) 可以防止阻塞攻击。

(2) 双方可以协商得到一个组。本质上这与 Diffie-Hellman 密钥交换的全局参数一样。

(3) 使用临时交互号防止重放攻击。

(4) 可以交换 Diffie-Hellman 的公钥值。

(5) 对 Diffie-Hellman 交换进行认证,防止中间人攻击。

Oakley 协议使用了 Cookie。这里的 Cookie 与 Web 浏览中的 Cookie 完全不同,指通信实体随机选择的一个数。Cookie 作为防阻塞标记提供了通信双方的源地址识别,用于保护计算资源免于被攻击。Cookie 交换要求各方在发给对方确认的初始报文中发送一个伪随机数 Cookie,此确认必须在 Diffie-Hellman 密钥交换的第一个报文中重复。如果源地址是伪造的,则攻击者不能得到该 Cookie。因此,攻击者只能要求用户生成确认报文,但不可能要求用户执行 Diffie-Hellman 计算。

ISAKMP 要求 Cookie 的生成应满足 3 个基本需求:

(1) Cookie 必须与特定的通话方相关。这样可以防止攻击者使用合法的 IP 地址和 UDP 端口获得 Cookie 后,将它用于其他 IP 地址和端口。

(2) 被某个实体承认的 Cookie 只能由其发行实体生成,不可能由其他实体生成,使得发行实体使用本地秘密信息生成 Cookie,继而验证它。并且,该秘密信息不可能从其他 Cookie 中推导出来。其本质在于发行实体不需要保存它所发行的 Cookie,当在需要时能验证收到的 Cookie,从而降低了被发现的可能性。

(3) Cookie 的生成和验证方法必须足够快,以防范企图占用处理器资源的攻击。

推荐创建 Cookie 的方法是根据源 IP 地址、目的 IP 地址、UDP 源端口和目的端口,以及一个本地生成的秘密值,快速生成散列值(如 MD5)。

Oakley 支持在 Diffie-Hellman 密钥交换时使用不同的 Diffie-Hellman 组,每组包含两个全局参数和算法标识。目前,规范中包括如下组:

(1) 768 位模数的乘方取模:

$$q = 2^{768} - 2^{704} - 1 + 2^{64} \times (\lfloor 2^{638} \times \pi \rfloor + 149686)$$
$$g = 2$$

(2) 1024 位模数的乘方取模:

$$q = 2^{1024} - 2^{960} - 1 + 2^{64} \times (\lfloor 2^{894} \times \pi \rfloor + 129093)$$
$$g = 2$$

(3) 1536 位模数的乘方取模:参数待定。

(4) 2^{155} 的椭圆曲线:

- 生成器(十六进制):X=7B,Y=1C8。
- 椭圆曲线参数(十六进制):A=0,Y=7338F。

(5) 2^{185} 的椭圆曲线

- 生成器(十六进制):X=18,Y=D。
- 椭圆曲线参数(十六进制):A=0,Y=1EE9。

前三种是使用乘方取模的传统 Diffie-Hellman 算法,后两种是使用椭圆曲线模拟 Diffie-Hellman。

Oakley 使用 nonce 来防止重放攻击。每个 nonce 是一个本地生成的伪随机数,nonce 在应答中出现,并在交换的特定部分加密以对它进行保护。

在 Oakley 中使用了 3 种认证方法:

(1) 数字签名。对双方均可取到的散列进行签名来验证交换,各方用自己的私钥加密散列。散列在生成时使用重要的参数，如用户 ID、nonce 等。

(2) 公钥加密。使用发送方的私钥对参数(如 ID、nonce)加密来验证交换。

(3) 对称密钥加密。使用其他方法传送密钥，再使用该密钥和对称加密算法对交换信息加密来验证交换。

3. Oakley 密钥交换

Oakley 规范包括许多协议允许的交换实例。规范中称为“主动密钥交换”的实例只涉及 3 次报文交换，具体步骤如下：

① 发起者 A 发送一个在组中使用的 Cookie 和一个 Diffie-Hellman 公钥，并声明在此次交换中使用的公钥加密算法、散列算法和认证算法，以及发起者 A 和响应者 B 的标识、此次交换的 A 的 nonce。最后，A 使用自己的私钥对两个标识、nonce、组、Diffie-Hellman 公钥和提供的算法进行签名，并将签名附于其后。

② 当响应者 B 接收到报文时，B 使用 A 的公开签名密钥验证签名。然后，B 将发送一个应答报文，此报文包含从第一个报文中得到的 A 的 Cookie、标识和 nonce，同时包含一个 B 的 Cookie，B 的 Diffie-Hellman 公钥、所选的算法(包含在提供的算法中)、B 的标识、B 为此次交换准备的 nonce。最后，B 使用 B 的私钥对两个标识、nonce、组、两个 Diffie-Hellman 公钥和选择的算法进行签名，并将签名附于其后。

③ 当 A 收到 B 的应答报文时，使用 B 的公钥验证签名。报文中的 nonce 值可以确保这不是一个对旧消息的重放。为了完成交换，A 必须发送一个应答消息给 B，证实 A 已经收到了 B 的公钥。此应答消息和第二个报文包含的内容大致相同。

至此，通信双方建立起了一个共享的密钥。

7.6.2 ISAKMP

ISAKMP 定义了 SA 管理和 Internet 上密钥建立的框架，规定了建立、协商、修改和删除 SA 的过程和报文格式。ISAKMP 定义了生成交换密钥的载荷和认证数据。载荷的格式提供了传输密钥和认证数据的一致性框架，并且独立于特定密钥交换协议、加密算法和认证机制。

ISAKMP 支持在所有网络层的安全协议(如 IPSec、TLS、TLSP、OSPF 等)的 SA 协商。ISAKMP 通过集中管理 SA 减少了在每个安全协议中重复功能的数量。ISAKMP 还能通过一次对整个栈协议的协商来减少建立连接的时间。

1. ISAKMP 头格式

ISAKMP 报文由 ISAKMP 头和一个或多个载荷组成，并包含在传输协议之中。ISAKMP 规范规定，在实现时必须在传输协议中支持 UDP。

ISAKMP 报文的头格式如图 7-13 所示，它由以下域组成：

- 发起者 Cookie(64 位)：发起 SA 创建、SA 通知或 SA 删除的实体的 Cookie。
- 响应者 Cookie(64 位)：应答实体的 Cookie，在发起者的第一个报文中为空。
- 邻接载荷(8 位)：表明报文中第一个载荷的类型。
- 主版本号(4 位)：指明使用的 ISAKMP 的主版本号。ISAKMP 相关的 RFC 规定，此字段设置为 1。

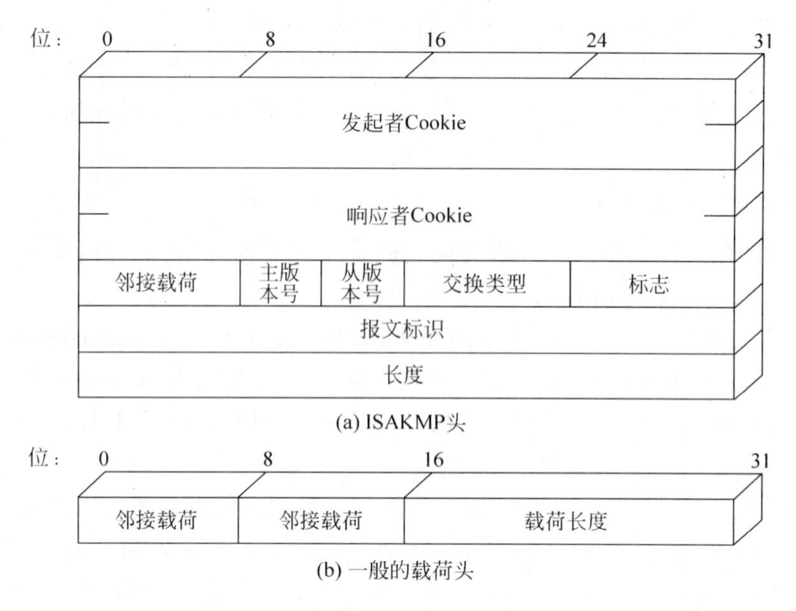

图 7-13 ISAKMP 格式

- 从版本号(4 位)：指明使用的 ISAKMP 的从版本号。ISAKMP 相关的 RFC 规定，从版本号也设置为 1。
- 交换类型(8 位)：表明交换类型，说明在 ISAKMP 交换中消息和负载的顺序。
- 标志(8 位)：ISAKMP 交换的选项集合。在标志字段中，从最低有效位开始定义标志：加密位是标志字段的第 0 位，当跟在 ISAKMP 报头后面的所有载荷都使用此 SA 的加密算法加密，则设置加密位为 1；提交位是第 1 位，在 SA 创建完成之前没有接收到任何加密消息时设置提交位为 1。其他位在传输之前必须设置为 0。
- 报文标识(32 位)：报文的唯一标识。
- 长度(32 位)：报文(头＋所有载荷)总的字节长度。

2. ISAKMP 载荷类型

所有 ISAKMP 载荷开始于如图 7.12(b)所示的载荷头。而报文中最后一个载荷的邻接载荷域的值为 0。载荷长度域标明载荷头的该载荷字节长度。

表 7-3 总结了在 ISAKMP 中定义的载荷类型，列举了每种载荷的部分域和参数。

表 7-3 ISAKMP 载荷类型

类　　型	参　　数	描　　述
安全关联(SA)	解释和位置域	用于协商安全属性和表明协议发生的 DOI 和位置
建议(P)	建议号、协议标识、SPI 大小、转换号、SPI	用于 SA 协商中标明使用的协议和转换数
转换(T)	转换号、转换标识、SA 属性	用于 SA 协商中标明转换和相关的 SA 属性
密钥交换(KE)	密钥交换数据	支持各种密钥交换技术
标识(ID)	标识类型、标识数据	用于交换标识信息

续表

类　型	参　数	描　述
证书(CERT)	证书编码、证书数据	用于传输证书和其他与证书相关的信息
证书请求(CR)	证书类型号、证书类型、证书认证号、认证机构	用于请求证书，标明所请求证书的类型和可接受的认证机构
散列(HASH)	散列数据	散列函数生成的数据
签名(SIG)	签名数据	数字签名函数生成的数据
Nonce(NONCE)	nonce数据	包含nonce
通知(N)	DOI、协议标识、SPI大小、通知报文类型、通知数据	用于传输通知数据，如出错条件
删除(D)	DOI、协议标识、SPI大小、SPI号、一个或多个SPI	标明一个SA不再合法

(1) SA载荷用于开始创建一个SA，其中的解释域参数定义了协商发生的DOI标识；位置参数定义了协商使用的安全策略，而加密和保密的安全级别可以规定(如敏感级、安全间隔等)。协商将在这些参数的控制下进行。

(2) 建议载荷包含了SA协商中需要使用的信息。该载荷表明了SA(ESP或AH)协商使用的协议、服务和机制。此载荷还包括发送实体的SPI和转换次数。每个转换包含在转换载荷之中。发起者可以通过使用多个转换载荷来提供多种可能性，而响应者可以从中选择一个或予以拒绝。

(3) 转换载荷定义了用于保护指定协议通信通道的安全转换方式，参数转换号用于标识该载荷，使得响应者可以使用它来表示接受了该转换方式；转换标识和属性域标识了特定的转换(如ESP使用的3DES，AH使用的HMAC-SHA-1-96)和与之相联系的属性(散列长度)。

(4) 密钥交换载荷可以支持各种各样的密钥交换技术，包括Oakley、Diffie-Hellman和PGP使用的基于RSA的密钥交换。密钥交换数据域包括生成会话密钥所需的数据，与所使用的密钥交换算法相关。

(5) 标识载荷用于确定通信伙伴身份的标识和使用的认证信息。一般，标识数据域包含IPv4或IPv6地址。

(6) 证书载荷提供了通过ISAKMP传送公钥证书的手段，能够出现在任何ISAKMP消息中。证书编码域标明证书类型或与证书相关的如下信息：

- PKCS#7限制的X.509证书；
- PGP证书；
- DNS签名密钥；
- X.509签名证书；
- X.509密钥交换证书；
- Kerberos令牌；
- 证书撤销表(CRL)；
- 认证撤销表(ARL)；
- SPKI证书。

在任何 ISAKMP 交换中,发送方可以使用证书请求载荷去请求其他通信实体的证书。载荷必须列举可接受的多种证书类型和可接受的多个认证机构 CA。

(7) 散列载荷包含由散列函数根据部分报文和/或 ISAKMP 状态生成的数据。此载荷用于验证报文中数据的完整性或认证正在与之对话的实体。

(8) 签名载荷包含由数字签名函数根据部分报文和/或 ISAKMP 状态生成的数据。此载荷用于验证报文中数据的完整性或提供不可抵赖服务。

(9) nonce 载荷包含用于交互的随机数据,以防止重放攻击。

(10) 通知载荷包含与 SA 或 SA 协商相关的出错或状态信息,ISAKMP 定义了以下出错报文:

Invalid Payload Type
DOI Not Supported
Situation Not Supported
Invalid Cookie
Invalid Major Version
Invalid Minor Version
Invalid Exchange Type
Invalid Flags
Invalid Message ID
Invalid Protocol ID
Invalid SPI
Invalid Transform ID
Attributes Not Supported
No Proposal Chosen
Bad Proposal Syntax
Payload Malformed
Invalid Key Information
Invalid Cert Encoding
Invalid Certificate
Bad Cert Request Syntax
Invalid Cert Authority
Invalid Hash Information
Authentication Failed
Invalid Signature
Address Notification

目前定义的 ISAKMP 状态报文只有连接报文。另外,还使用了一些 ISAKMP 通知、DOI 通知。IPSec 定义了如下的状态报文:

- 响应者生命期:响应者选择的 SA 生命期。
- 重放状态:响应者选择是否执行反重放检测的确认。
- 初始联系:通知对方这是与远程系统建立联系的第一个 SA,收到这个通知的接收方可以假设发送系统重新启动,不再需要以前的 SA,并从该系统中删除。

删除截荷表明发送方将一个或多个 SA 从它的数据库中删除,从而不再合法。

3. ISAKMP 交换

ISAKMP 允许为 SA 建立和密钥协商而创建交换。交换定义了对等实体之间通信过程中 ISAKMP 消息的内容和顺序。ISAKMP 提供了一个带有载荷类型的报文交换框架,定义了 5 种默认的交换类型,如表 7-4 至表 7-8 所示。表中,SA 指与协议和转换载荷相关的 SA 载荷。绝大多数交换包括所有的基本载荷类型:SA 载荷、密钥交换载荷、身份载荷、签名载荷等。交换之间的差别主要是消息的顺序和每一个消息内载荷的次序。

表 7-4 基本交换类型

交换	注释
(1) I→R: SA; NONCE	开始 ISAKMP-SA 协商
(2) R→I: SA; NONCE	基本 SA 建立
(3) I→R: KE; ID_I; AUTH	生成密钥;响应者验证的发起者标识
(4) R→I: KE; ID_R; AUTH	发起者验证的响应者标识;生成密钥;SA 建立

表 7-5　身份保护交换类型

交　　换	注　　释
(1) I→R：SA	开始 ISAKMP-SA 协商
(2) R→I：SA	基本 SA 建立
(3) I→R：KE；NONCE	生成密钥
(4) R→I：KE；NONCE	生成密钥
(5) * I→R：ID_I；AUTH	响应者验证的发起者标识
(6) * R→I：ID_R；AUTH	发起者验证的响应者标识；SA 建立

表 7-6　单认证交换类型

交　　换	注　　释
(1) I→R：SA；NONCE	开始 ISAKMP-SA 协商
(2) R→I：SA；NONCE；ID_R；AUTH	基本 SA 建立；发起者验证的响应者标识
(3) I→R：IDI；AUTH	响应者验证的发起者标识；SA 建立

表 7-7　主动交换类型

交　　换	注　　释
(1) I→R：SA；KE；NONCE；ID_I	开始 ISAKMP-SA 协商和密钥交换
(2) R→I：SA；KE；NONCE；ID_R；AUTH	响应者验证的发起者标识；生成密钥；基本 SA 建立
(3) * I→R：AUTH	发起者验证的响应者标识；SA 建立

表 7-8　信息交换类型

交　　换	注　　释
* I→R：N/D	出错通知或状态通知或删除

注：I 为发起者，R 为响应者，* 为加密 ISAKMP 报头后的载荷，AUTH 为认证机制使用。

(1) 基本交换支持密钥交换和认证数据一起传送，减少了交换的次数，但代价是不提供标识保护。头两个报文提供 Cookie，建立达成一致协议和转换的 SA，双方使用 nonce 阻止重放攻击。最后两个报文交换密钥和用户标识，使用从头两个报文中得到的认证密钥、标识和 nonce 的认证载荷。

(2) 身份保护交换通过提供用户标识扩展了基本交换，支持密钥交换信息和认证信息的分离。头两个报文建立 SA，接下来的两个报文使用 nonce 提供反重放保护，执行密钥交换，一旦计算出会话密钥，双方则交换包括数字签名、公钥证书等内容的认证信息。密钥交换信息和认证信息的分离提供了通信身份保护，但增加了两条消息。

(3) 单认证交换用于仅仅传输认证信息，而不进行密钥交换，好处是提供了认证的能力而无需付出计算密钥的代价。头两个报文建立 SA。另外，响应者使用第 2 个报文传输它的标识，并使用认证保护。发起者发送第三个报文传送其认证标识。

(4) 主动交换支持将 SA、密钥交换和认证相关的信息一起传输，好处是减少了消息往返次数，从而交换的次数最少，代价是不提供标识保护。第 1 个报文由发起者提供一个带协议和转换选项的 SA，同时开始密钥交换并提供它的标识。在第 2 个报文中，响应者在确认接收到 SA 的报文时，表明它所接收的协议和转换，完成密钥交换和对传送信息的认证。第

3 个报文由发起者使用共享的会话密钥对先前接收的信息加密，发回认证结果。

（5）信息交换用于单向传输 SA 管理信息。

7.6.3 IKE 的阶段

IKE 定义了两个阶段的 ISAKMP 交换。阶段 1 建立 IKE SA，对通信双方进行双向身份认证，并建立会话密钥；阶段 2 使用阶段 1 的会话密钥，建立一个或多个 ESP 或 AH 使用的 SA。IKE SA 定义了双方的通信形式，如使用哪种算法来加密 IKE 通信，怎样对远程通信方的身份进行验证等。随后，便可用 IKE SA 在通信双方之间建立任何数量的 IPSec SA。因此，在具体的 IPSec 实现中，IKE SA 保护 IPSec SA 的协商，IPSec SA 保护最终的网络中的数据流量。

1. IKE 阶段 1

阶段 1 的交换有两种模式：积极模式和主模式，如图 7-14 所示。

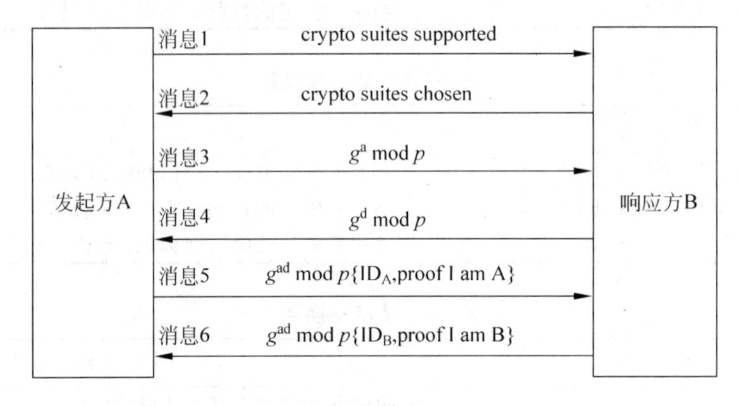

(a) 主模式

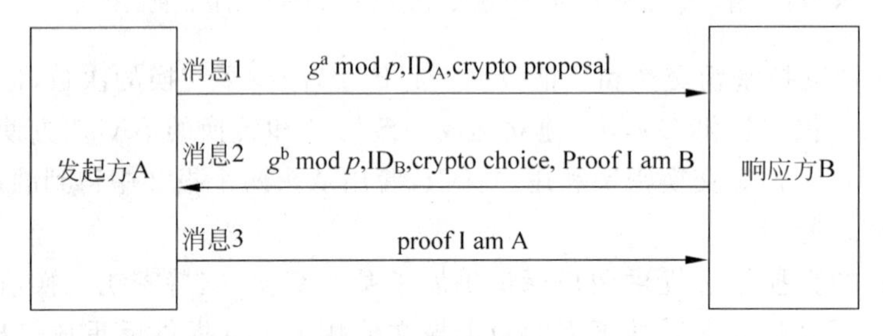

(b) 积极模式

图 7-14 IKE 阶段 1 的模式

积极模式(aggressive mode)使用 3 条消息完成，前两条消息是 Diffie-Hellman 交换，用于建立会话密钥；消息 2 和消息 3 完成了双向认证。在消息 1 中，发起方可以提议密码算法。但是因为发起方还要发送一个 Diffie-Hellman 数，所以必须指定一种唯一的 Diffie-Hellman 组，并期望响应方能够支持。如果不能支持，则响应方会拒绝本次链接请求，而且不会告诉发起方自己能够支持的算法。

主模式则需要 6 条消息。在第一对消息中，发起方发送一个 Cookie 并请求对方的密码算法，响应方回应自己的 Cookie 和能够接受的密码算法。消息 3 和消息 4 是一次 Diffie-

Hellman 交换过程。消息 5 和消息 6 用消息 3 和消息 4 商定的 Diffie-Hellman 数值进行加密，完成双向身份认证的过程。主模式可以协商所有密码参数：加密算法、散列算法、认证方式和 Diffie-Hellman 组，由发起方提议，响应方选择。IKE 为每类密码参数规定了必须实现的算法，加密算法必须支持 DES，散列算法要实现 MD5，认证方式要支持预先共享密钥的方式，Diffie-Hellman 组则是特定的 g 和 p 的模指数。

积极模式的消息 2 和消息 3、主模式的消息 5 和消息 6 都包含一个身份证据，用于证明发送方知道与其身份相关的秘密，同时作为以前发送的消息的完整性保护。在 IKE 中，身份证据随着认证方式的不同而不同。IKE 阶段 1 可以接受的认证方法包括预先共享的秘密密钥、加密公钥、签名公钥等。通常，身份证据由某种密钥的散列值、Diffie-Hellman 值、Nonce、Cookie 等构成。

2. IKE 阶段 2

IKE 阶段 2 定义了快速交换模式，用于建立 ESP 和 AH 的 SA。快速模式包含 3 条消息，能够协商 IPSec SA 的参数，如图 7-15 所示。

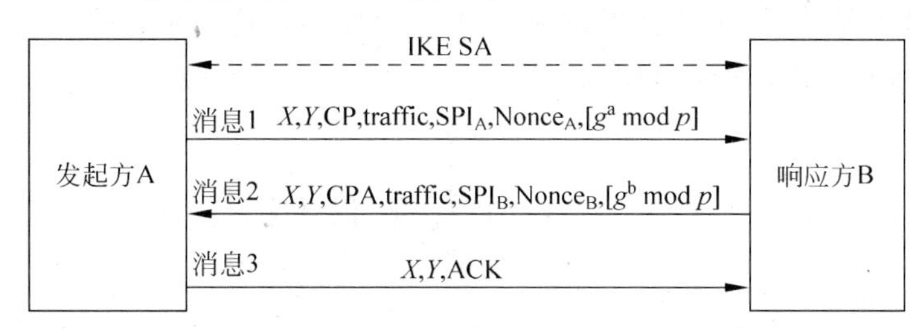

图 7-15　IKE 阶段 2 的快速模式

其中，X 代表阶段 1 中生成的 Cookie 对；Y 代表阶段 2 中发起方选择的 32 比特数，用于区分阶段 2 中的不同会话；CP 代表发起方提议的密码参数，CPA 则代表响应方选择的密码参数；trafic 代表通信流类型，用来限制通过该 IPSec SA 传输的通信流；[]代表此字段是可选的。快速模式中的所有消息中，除了 X 与 Y，消息其余部分都用阶段 1 中 IKE SA 的加密密钥进行加密，并用 IKE SA 的完整性保护密钥进行完整性保护。

第8章 Web安全性

从 Internet 诞生阶段开始，World Wide Web 就是互联网上最重要、最广泛的应用之一。随着 Internet 的发展和普及，当前几乎所有的商业机构、多数政府机构和许多个人都建设了自己的 Web 站点。越来越多的公司热衷于在 Web 上开展电子商务，政府部门逐渐开展基于 Web 的电子政务，许多个人都会在 Web 上进行交易。网络交易、网络银行、电子政务、网络事务处理等业务的兴起，拓展了 Web 应用的领域。另一方面，Internet 和 Web 容易受到攻击，Web 的安全性问题日益突出。2007 年初，全美 RSA 安全大会就得出了“Web 应用安全代替网络安全成为全球最大安全威胁”的结论。为了保证 Web 的安全，安全 Web 服务应运而生。

Web 安全性非常广泛，本章首先讨论 Web 安全性的普遍需求，然后集中讨论两种应用于 Web 商业的标准模式：SSL/TLS 和 SET。

8.1 Web安全性概述

WWW 本质上是一种运行于互联网和 TCP/IP 上的一种客户/服务器程序。Web 带来了与一般计算机和网络安全不太一样的挑战：

(1) Web 越来越多地作为商业信息的发布窗口以及商务交易的平台。如果 Web 服务器被破坏，就可能发生信誉受损和金钱失窃等问题。

(2) Web 浏览器非常易于使用，Web 服务器相对而言易于配置和管理，Web 内容也易于开发，但其底层的软件却非常复杂。复杂的软件可能隐藏着潜在的安全漏洞。在 Web 使用的短短历史中，各种新的和升级的系统容易受到各种各样的安全性攻击。

(3) Web 服务器通常作为公司或机构整个计算机系统的核心。一旦 Web 服务器被攻陷，攻击者不仅可以访问 Web 服务，也可获得与之相连的整个本地站点服务器的数据和系统访问权限。

(4) 通常基于 Web 服务的用户是一些突发的、未受训练的用户，这些用户不需要知道隐藏在服务背后的安全隐患，因此也没有有效防范的工具和知识。

表 8-1 总结了在使用 Web 时将要面临的一些威胁安全的类别。

为了提供 Web 安全性，人们设计了许多的方法，如图 8-1 所示。这些方法的使用机理是相似的，只是各自的应用范围及在 TCP/IP 协议栈中的相对位置不同。

IPSec 是提供 Web 安全性的一种方法，如图 8-1(a)所示。使用 IPSec 的优点在于，它对终端用户和应用均是透明的，并且提供通用的解决方案。另外，IPSec 还具有过滤功能，可以仅用 IPSec 处理所选的流量。需要指出的是，IPSec 要求改变操作系统，以便在协议栈中实现 IPSec。

表 8-1 Web 上威胁的比较

	威　　胁	后　　果	对　　策
完整性	• 修改用户数据 • 特洛伊木马浏览器 • 内存修改 • 修改传送中的消息	• 信息丢失 • 机器损害 • 易受所有其他威胁的攻击	加密的校验和
保密性	• 网上窃听 • 盗取服务器数据 • 盗取客户端数据 • 盗取网络配置信息 • 盗取客户端与服务器通话信息	• 信息失窃 • 秘密失窃	加密、Web 代理
拒绝服务	• 破坏用户线程 • 用假消息使机器溢出 • 填满硬盘或内存 • 使用 DNS 攻击来孤立机器	• 中断 • 干扰 • 阻止正常工作	难于防止
认证	• 伪装成合法用户 • 伪造数据	• 用户错误 • 相信虚假信息	加密技术

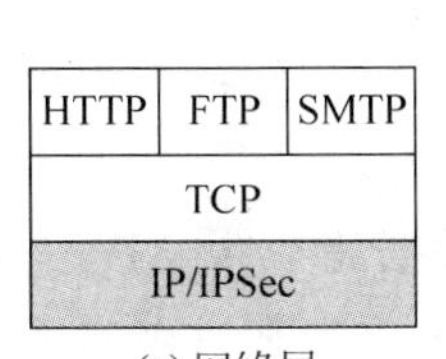

(a) 网络层

HTTP FTP SMTP
SSL/TLS
TCP
IP

(b) 传输层

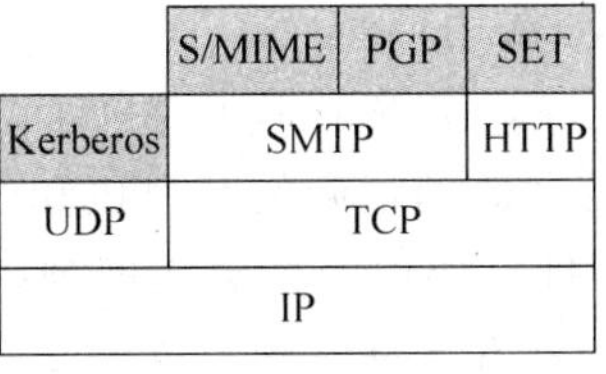

(c) 应用层

图 8-1 安全功能在 TCP/IP 协议栈中的位置

另一种解决方案是在 TCP 之上实现安全性，如图 8-1(b)所示。这种方法最先的例子是安全套接层（Secure Socket Layer，SSL），接着是称为传输层安全协议（Transport Layer Security，TLS）的互联网标准。此时，有两种实现方法，一般来说，SSL（或 TLS）可以作为潜在的协议对应用透明，也可以在特定包中使用，如 Netscape 和 IE 浏览器均提供 SSL，大多数 Web 服务器都实现了此协议。

一些特定应用也实现了特定的安全服务，图 8.1(c)是一个示意图。这种方法的好处在于它是为给定应用定制的，在 Web 安全性方面一个典型的例子是安全电子交易（SET）。

8.2 安全套接层和传输层的安全

安全套接层（Secure Socket Layer，SSL）协议最初是由 Netscape 公司于 1994 年设计的，主要目标是为 Web 通信协议——HTTP 提供保密和可靠通信。SSL 协议的第一个成熟版本是 SSL 2.0，于 1994 年 11 月首次公开发表，并于 1995 年 3 月被集成到 Netscape 公司的产品中，包括 Navigator 1.1 浏览器和 Web 服务器产品等。

1996 年 Netscape 公司发布了 SSL 3.0，该版本发明了一种全新的规格描述语言，以及一种全新的记录类型和数据编码，还弥补了加密算法套件反转攻击这个安全漏洞。SSL 3.0 与 SSL 2.0 是向后兼容的。SSL 3.0 相比 SSL 2.0 更加成熟和稳定，因此很快成为事实上的工作标准。

1997 年，IETF 基于 SSL 协议发布了传输层安全(Transport Layer Security, TLS)协议的 Internet Draft。1999 年，IETF 正式发布了关于 TLS 的 RFC 2246。TLS 是 IETF 的 TLS 工作组在 SSL 3.0 基础之上提出的，最初版本是 TLS 1.0，最新版本是 2006 年发布的 TLS 1.1。TLS 1.0 可看作 SSL 3.1，它和 SSL 3.0 的差别不大，且考虑了和 SSL 3.0 的兼容性。

SSL/TLS 被设计为在 TCP 协议栈的第 4 层之上，使得该协议可以被部署在用户级进程中，而不需要对操作系统进行修改。使用 TCP 协议而不是 UDP 协议，使得 SSL/TLS 更加简单，因为不需要考虑超时和数据丢失重传的问题，因为 TCP 已经处理了这些问题。使用 TCP 提供的可靠的数据流服务，SSL/TLS 对传输的数据不加变更，只是分割成带有报文头和密码学保护的记录，一端写入的数据完全是另一端读取的内容，这种透明性使得几乎所有基于 TCP 的协议稍加改动就可以在 SSL 上运行。

SSL/TLS 协议是一个基于 PKI 的网络数据安全协议，可以在客户端和服务器之间建立一个安全的网络通道。SSL/TLS 协议提供的服务具有以下三个特性：

(1) 保密性。在初始化连接后，数据以双方商定的密钥和加密算法进行加密，以保证其机密性，防止非法用户破译。

(2) 认证性。协议采用非对称密码体制对对端实体进行鉴别，使得客户端和服务器端确信数据将被发送到正确的客户机和服务器上。

(3) 完整性。协议通过采用散列函数来处理消息，提供数据完整性服务。

SSL 支持具有各种密钥长度的各种各样的算法，选择一种攻击来攻破它所花费的代价远高于数据价值。同时，SSL 可以抵挡住监听和中间人攻击、流量数据分析攻击、截取再拼接攻击、短包攻击和报文重放攻击等。

本节将主要讨论 SSL v3，然后介绍 SSL v3 和 TLS 的主要区别。

8.2.1 SSL 体系结构

1. SSL 协议分层模型

SSL 是一个中间层协议，它位于 TCP/IP 层和应用层之间，为 TCP 提供可靠的端到端安全服务。SSL 不是简单的单个协议而是两层协议，如图 8-2 所示。

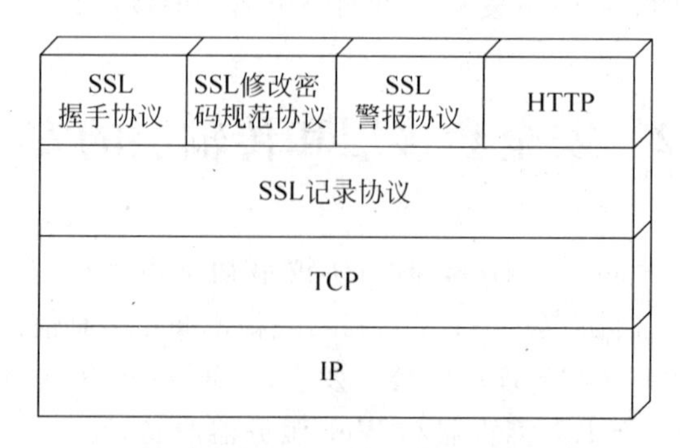

图 8-2 SSL 协议的分层模型

在底层,SSL记录层协议建立在某一可靠的传输协议,如TCP协议,之上,基于此可靠的传输协议向上层提供机密性、真实性和重复的保护。发送时,SSL记录协议接收上层应用消息、将数据分段为可管理的块、可选择地压缩数据、应用MAC、加密、添加一个头部,并将结果传送给TCP。接收到的数据则被解密、验证、解压缩、重组后交付给高层。记录层上有3个高层协议:SSL握手协议、SSL密码修改协议和SSL报警协议。握手协议允许客户端和服务器彼此认证对方,并且在应用协议发出或收到第一个数据之前协商加密算法和加密密钥。这样做的原因是保证了应用协议的独立性,使低层协议对高层协议是透明的。为Web客户端服务器交互提供传送服务的HTTP协议可以在上层访问SSL记录协议。

SSL中包含两个重要概念:SSL会话和SSL连接。

2. SSL会话

SSL会话是一个客户端和服务器间的关联,会话是通过握手协议创建的,定义了一组密码安全参数,这些密码安全参数可以由多个连接共享。会话可用于减少为每次连接建立安全参数的昂贵协商费用。SSL会话协调服务器和客户端的状态。

每个会话具有多种状态。一旦会话建立,则进入针对读和写(即接收和发送)的当前操作状态。在握手协议中创建了读挂起状态和写挂起状态。在握手协议成功完成后,挂起状态成为当前状态。

一个会话状态由以下参数定义(参见SSL规范):

- 会话标识符:一个由服务器生成的数值,用于标识活动的或恢复的会话状态。
- 对等实体证书:对等实体的一个X509.v3证书,此状态元素可以为空(NULL)。
- 压缩方法:在加密前使用的压缩数据的算法。
- 密码规范:描述了大量数据的加密算法(如NULL,AES等)和用于计算MAC的散列算法(如MD5或SHA-1),同时也定义如散列值大小等密码学属性。
- 主密码:一个由客户端和服务器共享的48字节的秘密数值,提供用于生成加密密钥、MAC秘密和初始化向量**IV**的秘密数据。
- 可恢复性标志:一个标志,表明会话能否用于初始化一个新的连接。

3. SSL连接

连接是提供合适服务类型的一种传输(OSI层次模型定义)。对SSL来说,连接表示的是对等网络关系,且连接是短暂的;而会话具有较长的生命周期,在一个会话中可以建立多个连接,每个连接与一个会话相关。这是因为SSL/TLS被设计为与HTTP 1.0协同工作,而HTTP 1.0协议具有可在客户端和Web服务器之间打开大量TCP连接的特点。

连接状态可用以下参数定义:

- 服务器和客户端随机数:一个服务器和客户端为每个连接选择的随机字节序列。
- 服务器写MAC密码:一个服务器发送数据时在MAC操作中使用的密钥。
- 客户端写MAC密码:一个客户端发送数据时在MAC操作中使用的密钥。
- 服务器写密钥:一个服务器加密和客户端解密数据时使用的常规的密钥。
- 客户端写密钥:一个客户端加密和服务器解密数据时使用的常规的密钥。
- 初始化向量IV:当使用CBC模式的分组密码时,需要为每个密钥维护一个**IV**。该字段首先由SSL握手协议初始化,其后,每个记录的最后一个密文分组被保存,以

作为下一个记录的 **IV**。在加密之前，**IV** 与第一个明文分组做异或运算。

- 序列号：会话的各方为每个连接传送和接收消息维护一个单独的序列号。当接收或发送一个修改密码规范协议报文时，消息序列号被设为 0。序列号不能超过 $2^{64}-1$。

4. SSL 基本流程

简化的 SSL 协议如图 8-3 所示。在基本流程中，客户端 A 发起与服务器 B 的连接，然后 B 把自己的证书发送给 A。A 验证 B 的证书，从中提取 B 的公钥，然后选择一个用来计算会话密钥的随机数，将其用 B 的公钥加密发送给 B。基于这个随机数，双方计算出会话密钥（主密钥）。然后通信双方使用会话密钥对会话数据进行加密和完整性保护。

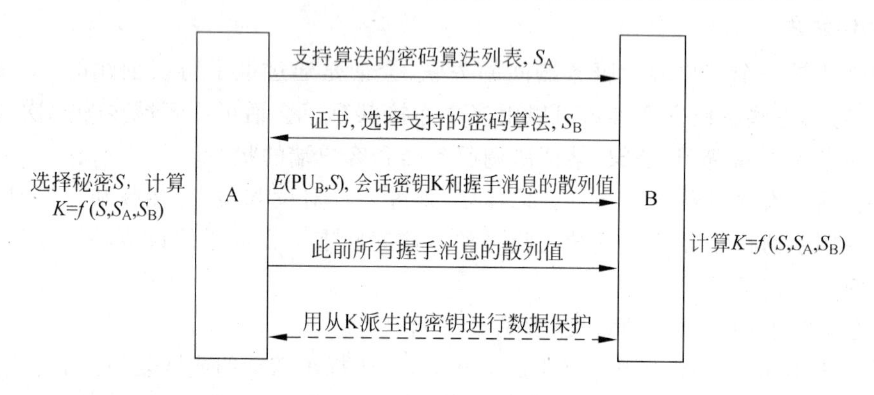

图 8-3　简化的 SSL 协议

消息 1：A 发起会话请求，并发送自己支持的密码算法的列表和一个随机数 S_A。

消息 2：B 把自己的证书以及另一个随机数 S_B 发送给 A，同时在消息 1 的密码算法列表中选择自己能够支持的算法响应给 A。

消息 3：A 选择一个随机数 S，根据 S、S_A 和 S_B 计算会话密钥（主密钥）K。然后 A 用 B 的公钥加密 S 后发送给 B，同时发送的还有会话密钥 K 和握手消息的散列值，用来证明自己的身份，同时还可以防止攻击者对消息的篡改。这个散列值是经过加密和完整性保护的。用于加密这个散列值的加密密钥同时也是对将来的会话数据进行加密的密钥，它是根据主密钥 K、S_A 和 S_B 计算出来的。用于数据发送的密钥称为写密钥，用于数据接收的密钥称为读密钥。发送、接收两个方向都需要加密密钥、完整性保护密钥和初始向量 **IV**，因此共需要 6 个密钥。这 6 个密钥都是均是通过会话主密钥生成的。

消息 4：B 也根据 S、S_A 和 S_B 计算会话密钥 K。B 发送此前所有握手消息的散列值，此散列值用 B 的写加密密钥进行加密保护，用 B 的写完整性保护密钥进行完整性保护。通过这个消息，B 证明自己知道会话密钥，同时也证明自己知道 B 的私钥，因为 K 是从 S 导出的，而 S 使用 B 的公钥加密的。

至此，A 完成了对 B 的认证，但 B 没有对 A 的身份进行认证。这是因为实际应用中很少需要双向认证，只是需要客户端认证服务器，而不需要服务器认证客户端。如果客户端拥有证书，也可以实现双向认证。但实际应用中，服务器通常通过要求客户端把会话密钥加密的用户名和口令发送过来实现对客户端的认证。

8.2.2　SSL 记录协议

在 SSL 协议中，所有的传输数据都被封装在记录中。记录是由记录头和长度不为 0 的记录数据组成的。所有的 SSL 通信包括握手消息、安全空白记录和应用数据都使用 SSL 记录层。SSL 记录协议包括了记录头和记录数据格式的规定。

SSL 记录协议为 SSL 连接提供两种服务：

(1) 保密性。握手协议定义了加密 SSL 载荷的加密密钥。

(2) 消息完整性。握手协议也定义了生成 MAC 的共享密钥。

图 8-4 描述了 SSL 记录协议的整个操作过程。发送时，SSL 记录协议从高层协议接收一个要传送的任意长度的数据，将数据分成多个可管理的段，可选择地进行压缩，然后应用 MAC，利用 IDEA、DES、3DES 或其他加密算法进行数据加密，再加上一个 SSL 头，将得到的最终数据单元放入一个 TCP 段中发送出去。SSL 头主要包括内容类型、主要版本、次要版本和压缩长度等信息。接收数据则与发送数据过程相反。接收的数据被解密、验证、解压、重组后，再传递给高层应用。

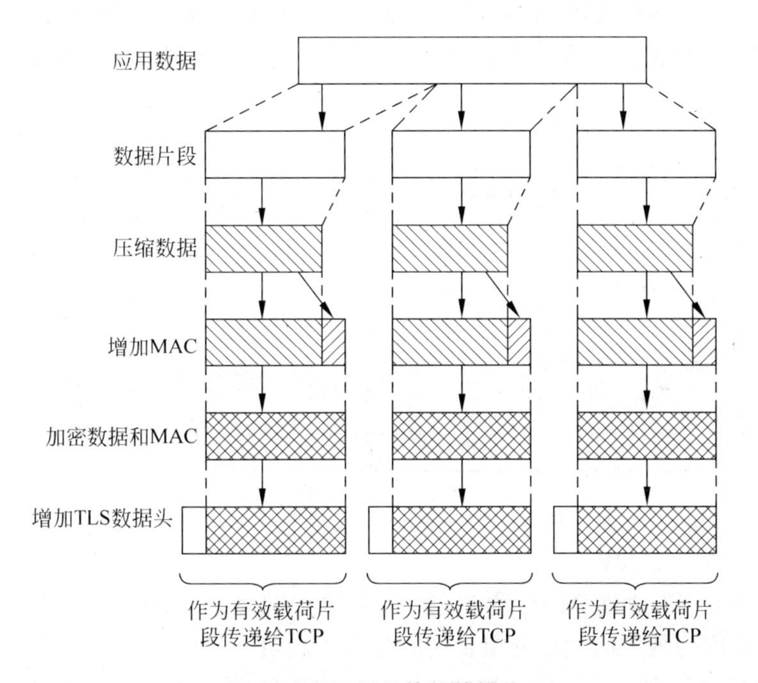

图 8-4　SSL 记录协议的操作

(1) 数据分段。每个高层协议消息被分成若干小于或等于 2^{14} 字节的段(SSL Plaintext)。

(2) 压缩。使用当前会话状态定义的压缩算法对所有段进行可选择压缩，压缩将 SSL Plaintext 结构变换为 SSL Compressed 结构。压缩必须采用无损压缩方法，并且增加长度不能超过 1024 个字节。在 SSL v3(和当前的 TLS)中，没有制定压缩算法，所以默认的压缩算法为空。如果要应用压缩，则必须在加密和 MAC 计算之前完成。

(3) 计算 MAC。对压缩数据计算其消息认证代码(MAC)。为此，需要使用共享的完整性保护密钥。MAC 的计算公式如下：

H_1 = Hash(MAC_write_secret ‖ pad_1 ‖ seq_num ‖ SSLCompressed. type ‖ SSLCompressed. length ‖ SSLCompressed. fragment))

H = hash(MAC_write_secret ‖ pad_2 ‖ H_1)

其中：‖ 为连接符号；MAC_write_secret 为双方的共享密钥；Hash 为散列算法 MD5 或 SHA-1；pad_1 为填充，对 MD5 来说，是字节 0x36(0011 0110)重复 48 次(384 位)；对 SHA-1，是该字节重复 40 次(320 位)；pad_2 为填充，对 MD5 来说，是对字节 0x5C(0101 1100)重复 48 次(384 位)；对 SHA-1 来说，重复 40 次；seq_num 为该消息的序列号；SSLCompressed. type 为处理此分段的上层协议；SSLCompressed. length 为压缩后的分段长度；SSLCompressed. fragment 为压缩后的分段(如果没有压缩，则为明文段)。

当会话的客户端发送数据时，密钥是客户的写密钥，服务器用读密钥来验证 MAC 数据；而当会话的客户端接收数据时，密钥是客户的读密钥，服务器用写密钥来产生 MAC 数据。序号是一个可以被发送和接收双方递增的计数器。每个通信方向都会建立一对计数器，分别被发送者和接收者拥有。计数器有 32 位，计数值循环使用，每发送一个记录计数值递增一次，序号的初始值为 0。

(4) 加密。将压缩消息和 MAC 用对称加密方法加密。加密对内容增加的长度不能超过 1024 个字节，以便整个长度不能超过 $2^{14}+2048$。表 8-2 所列的加密算法是允许的。

表 8-2 两种加密算法

分组密码		流密码	
算法	密钥大小	算法	密钥大小
AES	128,256	RC4-40	40
IDEA	128	RC4-128	128
RC2-40	40		
DES-40	40		
DES	56		
3DES	168		
Fortezza	80		

对流加密而言，压缩消息和 MAC 一起被加密。由于 MAC 在加密之前计算，它将与明文或压缩后的明文一起加密。

对分组加密而言，应在 MAC 之后、加密之前进行填充，使得待加密的数据(明文＋MAC＋填充)长度为规定的加密分组长度的整数倍。填充的格式是一定长度的填充字节后跟一个字节的填充长度。填充以这样的方式进行：消息末尾添加一个“1”位后，添加所需个数的“0”位。

(5) 添加 SSL 记录头。SSL 记录协议的最后一步是加上 SSL 头，此 SSL 头由以下字段构成：

- 内容类型(8 位)：用于指明处理封装分段的高层协议。
- 主版本号(8 位)：表明在用的 SSL 主版本号。对 SSL v3，这个值为 3。
- 从版本号(8 位)：表明在用的 SSL 从版本号。对 SSL v3，这个值为 0。
- 压缩后长度(16 位)：指示明文段或压缩分段(如果应用了压缩)的字节长度，最大为 $2^{14}+2048$。

已经定义的内容类型包括修改密码规范协议、报警协议、握手协议和应用数据。SSL 记录的格式如图 8-5 所示。

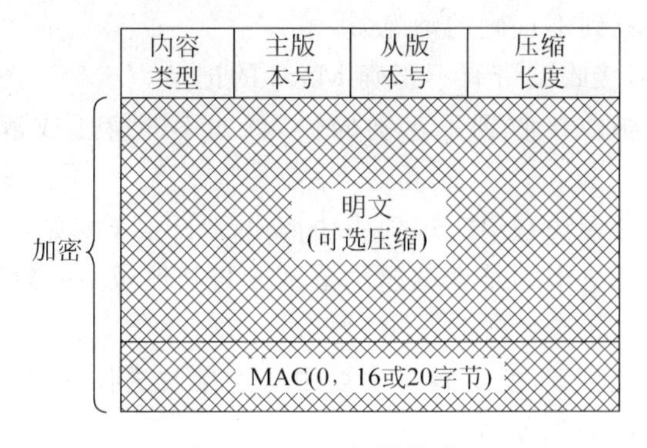

图 8-5 SSL 记录格式

8.2.3 SSL 修改密码规范协议

修改密码规范协议是 SSL 3 个特定协议之一，也是最简单的一个。该协议由一条消息组成，该消息只包含一个值为 1 的单个字节，如图 8-6(a)所示。客户端和服务器端都能发送改变密码说明消息，通知接收方后续记录将使用刚刚协商的密码算法和密钥来加密后续的记录。这条消息的接收引起未决状态被复制到当前状态，更新本连接中使用的密码组件：加密算法、散列算法以及密钥等。客户端在握手密钥交换和验证服务器端证书后发送修改密码规范消息，服务器则在成功处理它从客户端接收的密钥交换消息后发送该消息。

为了保障 SSL 传输过程的安全性，双方应该每隔一段时间改变加密规范。

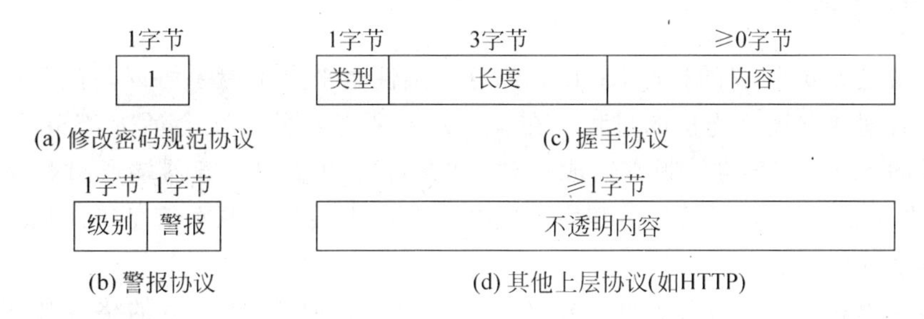

图 8-6 SSL 记录协议有效载荷

8.2.4 SSL 报警协议

报警协议用于向对等实体传递 SSL 相关的报警。如果在通信过程中某一方发现任何异常，就需要给对方发送一条警示消息通告。报警消息传达此消息的严重程度的编码和对此报警的描述。最严重一级的报警消息将立即终止连接；在这种情况下，本次对话的其他连接还可以继续进行，但对话标识符必须设置为无效，以防止此失败的对话重新建立新的连接。像其他的消息一样，报警消息是利用由当前连接状态所指出的算法加密和压缩的。

此协议的每个消息由两个字节组成，如图 8-5(b)所示。第一个字节表示消息出错的严重程度，值 1 表示警告，值 2 表示致命错误。如果级别为致命，则 SSL 将立即终止连接，而会话中的其他连接将继续进行，但不会在此会话中建立新连接。第二个字节包含描述特定报警信息的代码。

导致致命错误的报警如下：

- 意外的消息：接收到不正确的消息。
- MAC 记录出错：接收到带有不正确 MAC 的记录。
- 解压失败：解压函数接收到不正确的输入(如不能解压或解压长度大于允许值的长度)。
- 握手失败：发送者无法在给定选项中协商出一个可以接受的安全参数集。
- 非法参数：握手消息中的某个域超出范围或与其他域不一致。

一般警告如下：

- 结束通知：通知接收者，发送者将不再用此连接发送任何消息。各方在关闭连接的写端时均需发送结束通知。
- 无证书：如果无适当的证书可用，可能作为证书请求的响应来发送。
- 证书出错：接受的证书被破坏(如签名无法通过验证)。
- 不支持的证书：不支持接收的证书类型。
- 证书撤销：证书被其签名者撤销。
- 证书过期：证书超过使用期限。
- 未知证书：在处理证书时，出现其他错误，使得证书不被接受。

SSL 握手协议中的错误处理是很简单的。当发现一个错误后，发现方将向对方发一个消息。当传输或收到最严重一级的报警消息时，连接双方均立即终止此连接。服务器和客户端均应忘一记前一次对话的标识符、密钥及有关失败的连接的共享信息。

8.2.5 SSL 握手协议

握手协议是 SSL 协议的核心，SSL 的部分复杂性也来自于握手协议。握手是指客户端与服务器端之间建立安全连接的过程。在客户端和服务器的一次会话中，SSL 握手协议对它们所使用的 SSL/TLS 协议版本达成一致，并允许客户端和服务器端通过数字证书实现相互认证，协商加密和 MAC 算法，利用公钥技术来产生共享的私密信息等。握手协议在传递应用数据之前使用。

握手协议由客户端和服务器间交换的一系列消息组成，这些消息的格式如图 8-5(c)所示。每个消息由三个域组成：

- 类型(1 字节)：表明 10 种消息中的一种，表 8-3 列举了所定义的消息类型。
- 长度(3 字节)：消息的字节长度。
- 内容(≥0 个字节)：与消息相关的参数，如表 8-3 所示。

表 8-3 握手协议消息类型

消息类型	参数
hello_request	空
client_hello	版本号、随机数、会话标识、密码组、压缩方法
server_hello	版本号、随机数、会话标识、密码组、压缩方法
certificate	X.509 v3 证书链
server_key_exchange	参数、签名

续表

消息类型	参　　数
certificate_request	类型、认证机构
server_done	空
certificate_verify	签名
client_key_exchange	参数、签名
finished	散列值

图 8-7 表明了在客户端与服务器之间建立逻辑连接的初始交换。此交换过程包括 4 个阶段。

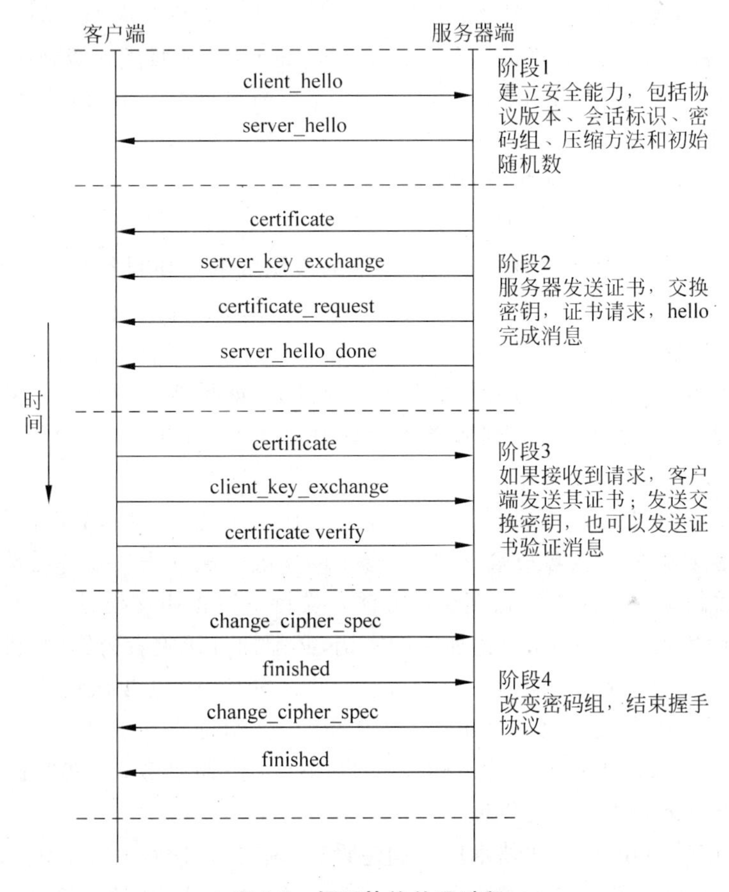

图 8-7　握手协议处理过程

1. 阶段 1：建立逻辑连接

此阶段用于建立初始的逻辑连接，并建立与之相连的安全能力。客户端向服务器发送一条客户端 hello 消息（client_hello），服务器必须使用服务器 hello 消息（server_hello）进行响应，否则就会造成致命错误，同时连接失败。在客户端 hello 消息中，客户端提供给服务器端一个算法和压缩方式列表，顺序排列与偏好相一致。服务器从中进行选择，并把选择结果通过服务器 hello 消息反馈给客户端。经过这一阶段，客户端与服务器双方对以下参数达成共识：协议版本、随机数、会话 ID、密码组件以及压缩算法等。

客户端发起这个交换，发送具有如下参数的 client_hello 消息：

(1) 版本号。客户端希望在本次会话中用以通信的 SSL 协议版本号，它应该是客户端能够支持的最新版本。

(2) 随机数。由客户端生成的随机数结构，用 32 位时间戳和一个安全随机数生成器生成的 28 字节随机数组成。这些值作为 nonce，在密钥交换时防止重放攻击。

(3) 会话标识。一个变长的会话标识。非 0 值意味着客户端想更新已存在连接的参数或在此会话中创建一个新的连接；0 值意味着客户端想在新会话上创建一个新连接。

(4) 密码组。按优先级降序排列的、客户端支持的密码套件列表。表的每个元素定义了一个密码套件，包括加密算法、密钥长度、MAC 算法等。协议中预先定义好了大约 30 种密码套件，每个套件被分配了一个数值。

(5) 压缩方法。一个客户端支持的压缩方法列表，也是按照优先级降序排列的。

客户端发出消息 client_hello 后，会等待包含与消息 client_hello 参数相同的 server_hello 消息的到来。如果服务器找到一组可接受的密码算法，它将发送此消息。否则，服务器将以握手失败报警消息来响应客户端。

server_hello 消息具有如下内容：

- 版本号：这个字段包含的是客户端支持的最低版本号和服务器支持的最高版本号。
- 随机数：随机数域是由服务器生成的，与客户端的随机数域相互独立。
- 会话标识：对应当前连接的会话。如果客户端 hello 消息中的会话标识非 0，服务器将查看它的会话缓冲区来寻找匹配的会话 ID。如果找到并且服务器愿意使用指定的会话状态建立新连接，则服务器将使用与客户端 hello 中会话 ID 相同的值来回应。
- 密码组：服务器从客户端 hello 消息中的密码组中选择的密码套件子集。
- 压缩方法：服务器从客户端 hello 消息中的压缩方法列表中选择的单个压缩方法。

密码组参数的第一个元素是密钥交换方法。支持下述密钥交换方法：

- RSA：用接收者的 RSA 公钥加密的密钥，必须拥有接收者公钥的公钥证书。
- 固定 Diffie-Hellman：Diffie-Hellman 密钥交换，其中包含认证中心签发的 Diffie-Hellman 公钥参数的服务器证书，也就是说，公钥证书包含 Diffie-Hellman 公钥参数。客户端在证书中提供它的 Diffie-Hellman 公钥参数，或需要进行客户端认证时，在密钥交换消息中提供证书。
- 瞬时 Diffie-Hellman：此技术用于创建瞬时（临时、一次性）的密钥。在这种情况下，Diffie-Hellman 公钥在交换时使用发送者的 RSA 或 DSS 私钥签名。接收者使用相应的公钥验证签名。由于它使用的是临时的认证密钥，因此在 3 种 Diffie-Hellman 选项中最安全。
- 匿名 Diffie-Hellman：使用基本的 Diffie-Hellman 算法，没有认证。即在向对方发送其 Diffie-Hellman 公钥参数时，不进行认证。这种方法容易受到中间人攻击，攻击者可以使用匿名 Diffie-Hellman 与双方进行通话。
- Fortezza：为 Fortezza 模式定义的技术。

密钥交换方法定义之后的是 CipherSpec，其中包含以下域：

- 密码算法：前面提及的算法，包括 RC4、RC2、DES、3DES、DES40、IDEA、Fortezza。

- MAC 算法：MD5 或 SHA-1。
- 密码类型：流或块。
- IsExportable：真或假。
- 散列长度：0、16(MD5)或 20(SHA-1)个字节。
- 密钥材料：字节序列，包含生成写密钥所使用的数据。
- IV 大小：密码分组链接 CBC 加密使用的初始矢量的大小。

2. 阶段 2：服务器认证和密钥交换

如果需要进行认证，则服务器发送其数字证书(certificate)来启动此阶段。除匿名 Diffie-Hellman 方法外，其他密钥交换方法均需要证书消息。接下来，如果需要，可以发送服务器密钥交换消息(server_key_exchange)。如果服务器是一个非匿名服务器(服务器不使用匿名 Diffie-Hellman)，则它需要请求验证客户端的证书(certificate_request)；此时客户端必须发送自己的证书。最后，服务器发送服务器 hello 完成消息(server_hello_done)，此消息不带参数，表明服务器的 hello 和相关消息结束。在此消息发送之后，服务器将等待客户端应答。

服务器证书消息(certificate)通常包含一个或多个 X.509 证书，它必须包含一个与密钥交换方法相匹配的密钥。

服务器密钥交换消息(server_key_exchange)只在需要的时候由服务器发送。如果服务器发送了带有固定 Diffie-Hellman 参数的证书或者使用 RSA 密钥交换，则不需要发送 server_key_exchange 消息。

server_key_exchange 消息包含以下内容：

- Params：服务器的密钥交换参数。
- Signed params：对于非匿名密钥交换，对 params 的散列值的签名。

通常情况下，通过对消息使用散列函数并使用发送者私钥加密获得签名。在此，散列函数定义如下：

```
hash(ClientHello.random ‖ ServerHello.random ‖ ServerParams)
```

散列不仅包含 Diffie-Hellman 或 RSA 参数，还包含初始 hello 消息中的两个 nonce，可以防止重放攻击和伪装。对 DSS 签名而言，散列函数使用 SHA-1 算法；对 RSA 签名而言，将要计算 MDS 和 SHA-1，再将两个散列结果串接(36 字节)后，用服务器私钥加密。

证书请求消息(certificate_request)包含两个参数：证书类型和认证机构。证书类型是一个请求证书类型列表，按照服务器的喜好排序。认证中心则列出了一个可接受的认证机构名字表。

服务器完成消息(server_hello_done)通常是需要的。此消息由服务器发送，指示服务器的 hello 和相关消息结束。这个消息意味着服务器已经完成了发送支持密钥交换的消息，客户端可以处理自己的密钥交换阶段。在接收到服务器完成消息之后，如果服务器请求了证书，客户端需要验证服务器是否提供了合法证书，并且检查 server_hello 参数是否可接受。如果所有的条件均满足，则客户端向服务器发回一个或多个消息。

3. 阶段 3：客户端认证和密钥交换

如果服务器请求了证书，则在此阶段客户端开始发送一条证书消息(certificate)。如果不能提供合适的证书，则客户端将发送一个“无证书报警”。接下来是此阶段必须要发送的客户端密钥交换消息(client_key_exchange)，消息的内容依赖于密钥交换的类型：

- RSA：客户端生成48字节的次密钥，并使用服务器证书中的公钥或服务器密钥交换消息中的临时RSA密钥加密。次密钥用于主密钥的计算。
- 瞬时或匿名Diffie-Hellman：发送客户端的Diffie-Hellman公钥参数。
- 固定Diffie-Hellman：由于证书消息中包括Diffie-Hellman公钥参数，因此此消息内容为空。
- Fortezza：发送客户端的Fortezza参数。

在此阶段的最后，客户端可以发送一个证书验证消息(certificate_verify message)来提供对客户端证书的精确认证。此消息只有在客户端证书具有签名能力时发送(如除带有固定Diffie-Hellman参数外的所有证书)。此消息对一个基于前述消息的散列编码的签名，其定义如下：

```
CertificateVerify. signature. md5_hash
    MD5(master_secret ‖ pad_2 ‖ MD5 (handshake_messages ‖ master_sercet ‖ pad_1));
Certificate. signature. sha_hash
    SHA(master_secret ‖ pad_2 ‖ SHA (handshake_messages ‖ master_secret ‖ pad_1));
```

其中：pad_1和pad_2是前面MAC定义的值，握手消息(handshahake_messages)指的是从client_hello开始但不包括这条消息以及发送或接收的所有握手协议消息。如果用户私钥是DSS，则被用于加密SHA-1散列；如果用户私钥是RSA，则被用于加密MD5和SHA-1散列连接。

4. 阶段4：完成

此阶段完成安全连接的设置。客户端发送修改密码规范消息(change_cipher_spec)并将挂起CipherSpec复制到当前CipherSpec中。之后客户端立即使用新的算法、密钥和密码发送新的完成消息(finish)。完成消息对密钥交换和认证过程的正确性进行验证。完成消息是两个散列值的拼接：

```
MD5(master_secret ‖ pad_2 ‖ MD5(handshake_messages ‖ sender ‖ master_secret ‖ pad_1))
SHA(master_secret ‖ pad_2 ‖ SHA(handshake_messages ‖ sender ‖ master_secret ‖ pad_1))
```

在应答这两个消息时，服务器发送自己的修改密码规范消息(change_cipher_spec)，并向当前的CipherSpec中复制挂起CipherSpec，发送完成消息(finish)。一旦一方发送了自己的完成消息，并验证了对方的完成消息，则可以在这个连接上发送和接收应用数据。应用数据被透明处理，由记录层携带，并基于当前连接状态被分段、压缩、加密。

8.2.6 密码计算

密钥交换、认证、加密和MAC算法由服务器在server_hello消息中选择的密码套件决定。压缩算法和随机数也在hello消息中交换。

1. 主密钥的创建

共享主密钥是利用安全密钥交换某个会话建立的一个一次性的数值，为客户端和服务器所共享。主密钥的生成分为两个阶段：首先，交换次密钥(pre_master_secret)；然后，双方共同计算主密钥(master_secret)。主密钥长度是48个字节，而次密钥的长度不固定，随着密钥交换方法而变化。

有两种交换次密钥的方法：

(1) RSA。当 RSA 用于服务器认证和密钥交换式，由客户端生成 48 字节的次密钥，用服务器的 RSA 公钥加密后，发送给服务器。服务器用其私钥解密密文，得到次密钥。

(2) Diffie-Hellman。客户端和服务器执行常规的 Diffie-Hellman 计算，同时生成 Diffie-Hellman 公钥。密钥交换后，各方执行 Diffie-Hellman 计算，创建共享次密钥。

在共享了次密钥后，客户端和服务器按如下方法计算主密钥：

```
Master_secret = MD5 (pre_master_secret ‖ SHA('A' ‖
                        Pre_master_secret ‖ ClientHello.random ‖
                        ServerHello.random)) ‖
                MD5 (pre_master_secret ‖ SHA('BB' ‖
                        Pre_master_secret ‖ ClientHello.random ‖
                        ServerHello.random)) ‖
                MD5 (pre_master_secret ‖ SHA('CCC' ‖
                        Pre_master_secret ‖ ClientHello.random ‖
                        ServerHello.random)) ‖
```

其中，ClientHello.random 和 ServerHello.random 是在初始 hello 消息中交换的两个 nonce。

2. 生成密码参数

CipherSpecs 需要的客户端写 MAC 密钥、服务器写 MAC 密钥、客户端写密钥、服务器写密钥、客户端写初始矢量和服务器写初始矢量，均是通过主密钥生成的。主密钥通过散列函数把所有参数映射为足够长的安全字节序列。

从主密钥生成各主要参数的方法与从次密钥中生成主密钥的方法相同：

```
Key_block = MD5 (master_secret ‖ SHA('A' ‖ master_secret ‖
                    ServerHello.random ‖ ClientHello.random)) ‖
            MD5 (master_secret ‖ SHA('BB' ‖ master_secret ‖
                    ServerHello.random ‖ ClientHello.random)) ‖
            MD5 (master_secret ‖ SHA('CCC' ‖ master_secret ‖
                    ServerHello.random ‖ ClientHello.random)) ‖ …
```

直到生成足够的输出。此算法结构的结果是一个伪随机函数，可以将主密钥看成是该函数的伪随机种子值(seed value)；客户端和服务器随机数则可看成是复杂密码分析方法的敏感值。

8.2.7　传输层安全

传输层安全(TLS)是 IETF 标准的初衷，其目标是成为 SSL 的互联网标准。TLS v1 协议本身基于 SSL v3，很多与算法相关的数据结构和规则十分相似。因此，TLS v1 与 SSL v3 的差别并不是非常大，但也存在些许区别。

1. 版本号

TLS 记录格式与 SSL 记录格式相同，头中各域的含义也相同。其区别在于版本值。在 TLS 当前版本中，其主版本号为 3，从版本号为 1。

2. MAC 算法

SSL v3 和 TLS 的 MAC 方案有两点不同：实际算法和 MAC 计算的范围。TLS 使用 RFC 2104 中定义的 HMAC 算法，其定义为：

HMAC_hash(MAC_write_secret, seq_num ‖ TLSCompressed. type ‖
TLSCompressed. version ‖ TLSCompressed. length ‖ TLSCompressed. fragment)

MAC 计算不仅覆盖了 SSL v3 中 MAC 计算的所有域，还增加了一个体现协议版本号的域 TLSCompressed。

3. 伪随机函数

TLS 使用伪随机函数(Pseudo-Random Function，PRF)将一个秘密值扩展成为用于密钥生成的数据分组。PRF 使用一个相对较小的共享秘密值、一个种子和一个标志标签作为输入，生成较长的数据分组，防止对散列函数和 MAC 的攻击。伪随机函数基于下述数据扩展函数：

P_hash(secret, seed) = HMAC_hash(secret, A(1) ‖ seed) ‖
HMAC_hash(secret, A(2) ‖ seed) ‖
HMAC_hash(secret, A(3) ‖ seed) ‖ …

其中，A()定义为：

A(0) = seed
A(i) = HMAC_hash(secret, A($i-1$))

数据扩展函数使用以 MD5 或 SHA-1 为基本散列函数的 HMAC 算法。P_hash 可以迭代任意次，产生所需的数据。例如，如果使用 P_SHA-1 生成 64 个字节的数据，就需要迭代 4 次，产生 80 个字节的数据，略去最后的 16 个字节。如果使用 P_MD5 则也需要迭代 4 次，恰好产生 64 个字节的数据。注意，每次迭代执行两次 HMAC，每次 HMAC 执行两次基本散列函数。

为了使 PRF 足够安全，PRF 同时使用两种散列函数。只要有一种算法是安全的，则 PRF 就是安全的。PRF 定义如下：

PRF(secret, label, seed) = P_MD5(S1, label ‖ seed) ⊕ P_SHA-1(S2, label ‖ seed)

PRF 以秘密值(secret)、标识标签(label)和种子值(seed)为输入，产生任意长度的输出。通过将 secret 分成两半(S1 和 S2)，对一半应用 P_MD5 生成数据，另一半则应用 P_SHA-1 生成数据，再将两部分的结果异或得到输出。因此，为了使异或操作产生相同数据量，P_MD5 就应该比 P_SHA-1 迭代的次数多。

4. 报警代码

TLS 支持除无证书以外的 SSL v3 中定义的所有报警代码，并且还定义了许多附加的代码，以下列举出了其中的主要部分：

- 解密失效(decryption_failed)：使用不正确的方法解密 TLS 密文，或者长度不是分组长度的整数倍，或填充值不正确。
- 记录溢出(record_overflow)：接收的 TLS 记录中的载荷(密文)长度超过 $2^{14}+2048$

个字节，或者密文解密后长度超过 $2^{14}+1024$。

- 未知的认证机构(unknown_ca)：接收到一个有效的证书链或部分链，但证书不可接受，原因是证书不能定位或不能与可信任的认证机构相匹配。
- 拒绝访问(access_denied)：接收到合法证书，但发送者拒绝进行协商访问。
- 解码出错(decode_error)：由于域超出了指定范围或消息长度不正确使消息不能解码。
- 输出限制(export_restriction)：密钥长度的输出限制不能达成一致。
- 协议版本(protocol_version)：客户端试图协商的协议版本可以识别但不能支持。
- 安全不足(insufficient_security)：服务器需要的安全级别客户端无法支持时协商失败的返回值，代替握手失败。
- 中间出错(internal_error)：与对方或协议正确性无关的中间环节出错，使得无法继续操作。
- 解密出错(decypt_error)：握手密码访问失败，包括无法验证签名、解密密钥交换或校验完成的消息。
- 用户取消(user_canceled)：握手由于某些与协议错误的无关原因而被取消。
- 不再重新协商(no_renegotiation)：由客户端响应 hello 请求或服务器在初始握手后响应客户端的 hello。通常应答消息都会导致重新协商，但此报警表明发送者不能重新协商。此消息通常是警告消息。

5. 密码组

SSL v3 和 TLS 提供的密码组有一些小的差别：

- 密钥交换：TLS 支持除 Fortezza 外的所有 SSL v3 的密钥交换技术。
- 对称加密算法：TLS 包括除 Fortezza 外的所有 SSL v3 的对称加密算法。

6. 客户端证书类型

TLS 定义了以下证书请求消息中需要的证书类型：rsa_sign，dss_sign，rsa_fixed_dh 和 dss_fixed_dh，这些都是 SSL v3 中定义了的类型。另外，SSL v3 中还包括 rsa_ephemeral_dh，dsa_ephemeral_dh 和 fortezza_kea。瞬时 Diffie-Hellman 使用 RSA 或 DSS 对 Diffie-Hellman 参数加密。对 TLS 而言，不包括 Fortezaa 模式，仅使用 rsa_sign 和 dss_sign 类型对 Diffie-Hellman 参数加密。

7. 证书验证

SSL v3 中散列值的计算还包括主密钥、握手消息和填充域，但这些额外的域不能增加它的安全性。在 TLS 证书验证消息中，MD5 和 SHA-1 的散列值只根据握手消息计算，定义如下：

```
CertificateVerify. signature. md5_hash
    MD5(handshake_messages)
CertificateVerify. signature. sha_hash
    SHA(handshake_messages)
```

8. 完成消息

和 SSL v3 中的完成消息一样，TLS 中的完成消息也是基于共享主密钥、先前的握手消息和标识服务器或客户端的标签的散列数据，但某些计算不同。在 TLS 中，计算方法如下：

PRF(master_secret, finished_label, MD5(handshake_message) ‖ SHA-1(handshake_message))

其中，finished_label 或为客户端的字符串 client finished，或为服务器端的字符串 server finished。

9. 密码计算

TLS 中次密钥的计算方法与 SSL v3 中的相同。与 SSL v3 一样，TLS 的主密钥是对次密钥和两个随机 hello 值进行散列计算得到，但计算方法如下：

```
Master_secret = PRF(pre_master_secret, "master secret",
                ClientHello.random ‖ ServerHello.random)
```

算法执行直到产生 48 个字节的伪随机数。密钥分组元素(MAC 密钥、会话加密密钥和初始向量)的计算方法如下：

```
Key_block = PRF(master_secret, "key expansion",
            SecurityParameters.server_random ‖ SecurityParameters.clinet_random)
```

算法执行直到产生足够多的输出。在 SSL v3 中，key_block 是一个关于 master_secret，客户端和服务器随机数的函数，而与 TLS 中实际使用的算法不同。

10. 填充

在 SSL 加密之前，使用填充域使得用户数据为加密所需的分组长度的最小整数倍。而在 TLS 中，填充域长度不超过 255 个字节，使用户数据为加密所需的分组长度的任意整数倍的值。例如，如果明文(或压缩明文)加上 MAC 和填充长度域共为 79 个字节，则填充域可以是 1，9，17，25，…，249 位。可变的填充可以防止基于交换消息长度分析的攻击。

8.3 安全电子交易

安全电子交易协议(Secure Electronic Transaction，SET)是设计用于保护基于信用卡在线支付的电子商务的安全协议，它是由 VISA 和 MasterCard 两大信用卡公司于 1997 年 5 月联合推出的规范。SET 通过制定标准和采用各种密码技术手段，解决了当时困扰电子商务发展的安全问题。目前它已经获得 IETF 标准的认可，已经成为事实上的工业标准。

SET 主要是为了解决用户、商家和银行之间通过信用卡支付的交易而设计的，以保证支付信息的机密、支付过程的完整、商户及持卡人的合法身份以及可操作性。SET 中的核心技术主要有公匙加密、数字签名、电子信封、电子安全证书等。

目前公布的 SET 正式文本涵盖了信用卡在电子商务交易中的交易协定、信息保密、资料完整及数字认证、数字签名等。这一标准被公认为全球网际网络的标准，其交易形态将成为未来“电子商务”的规范。

从本质上说，SET 提供三种服务：

(1) 为交易各方提供安全的信道。

(2) 通过使用 X.509 v3 数字证书提供信任。

(3) 由于信息只在需要的时间和地方提供,因而要确保私密性。

SET 规范相当复杂,共有 971 页,本节仅总体介绍该协议。

8.3.1　SET 的需求

SET 规范列举了在互联网或其他网络上用信用卡进行安全支付的商业需求:

(1) 提供支付和订购信息的保密性。持卡人账户和支付信息应该在通过网络传输过程中保持机密性,且信息只能被指定的接收方访问。持卡人的信用卡号码仅仅为发卡银行所致,不能为商家所获得。保密性减少了一方被另一方或被怀有恶意的第三方欺诈的危险。

(2) 确保传送数据的完整性。确保在 SET 消息的传送过程中消息内容不被改变。SET 通过在所有时刻保持信息的加密来对抗消息在传送过程中被篡改的风险。数字签名用以提供支付信息的完整性。

(3) 持卡人账号认证。商家需要一种机制确保持卡人是有效账户号码的合法用户。将持卡人和特定账号相联系的机制减少了欺诈的发生和支付处理的总开销。使用数字签名和证书来验证持卡人是否为合法账号的合法用户。

(4) 为商家提供认证。持卡人需要能够识别他们将要进行安全交易的商家,能够验证商家与金融机构(清算行)具有允许其接受支付卡的关系。仍然使用数字签名和商家证书来确保商家的认证。

(5) 安全技术。确保使用最好的安全模式和系统设计技术保护电子交易中所有合法方的利益。SET 是基于高度安全的密码算法和协议的、经过严格测试的规范。

(6) 创建一个不依赖于传输安全机制也不妨碍其使用的协议。SET 可以在原始的 TCP/IP 栈上实现安全访问,提供点到点的安全。SET 不妨碍其他安全机制(如 IPSec 和 SSL/TLS)的使用。它们都提供安全服务,但工作方式不同。SET 专门设计用于安全支付交易。

(7) 在软件和网络提供者之间提供功能设施和互操作性。SET 协议和格式与硬件平台、操作系统和 Web 软件无关。SET 规范可应用于各种软硬件平台,任何拥有兼容软件的持卡人都能够与满足定义标准的任何商家通信。

为了达到上述要求,SET 具有下述特性:

- 信息保密性:持卡人账号和支付信息在网络传输过程中是安全的。SET 的一个有趣而重要的特性是它提供了一种防止获知持卡人信用卡号的机制,只将其提供给发行银行。SET 使用传统加密方法 DES 来提供保密性。
- 数据完整性:持卡人发往商家的支付信息包括订购信息、个人数据和支付指令。SET 保证这些消息内容在传送过程中不被改动。RSA 数字签名使用 SHA-1 散列编码提供消息完整性。某些消息也使用 SHA-1 的 HMAC 保护。
- 持卡人账号认证:SET 使得商家能够验证持卡人是否为合法卡账号的合法用户。为此,SET 使用带有 RSA 签名的 X.509 v3 数字证书。
- 商家认证:SET 使得持卡人能验证商家是否与允许接收支付卡的金融机构建立了联系。为此,SET 使用带有 RSA 签名的 X.509 v3 数字证书。

SET 要达到的最主要目标是:

(1) 信息在公共因特网上安全传输。

(2) 订单信息和个人账号信息隔离。

(3) 持卡人和商家相互认证。

8.3.2 SET 系统构成

SET 系统的参与方如图 8-8 所示。

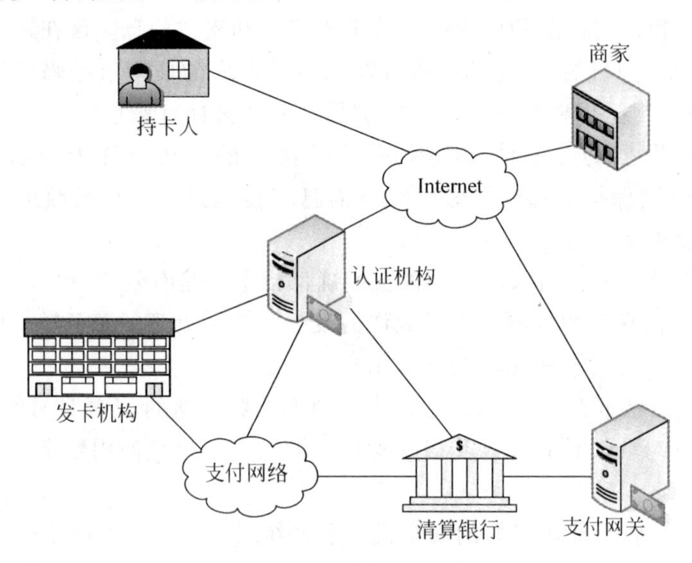

图 8-8 SET 的组成

(1) 持卡人(Cardholder)。在电子商务环境中,消费者和企业采购员使用个人计算机与商家通过互联网进行交互。持卡人是由发行机构发行的、经过授权的支付卡(如 MasterCard,Visa)的持有者。

(2) 商家(Merchant)。商家是拥有持卡人所需商品或服务的个人或组织。一般地,这些商品和服务是通过 Web 站点或电子邮件提供的。能接受支付卡的商家必须与清算银行有联系。

(3) 发卡机构(Issuer)。是一个向持卡人建立账户并发放支付卡的金融机构,如银行。一般地,通过邮件或个人申请账号。最终,由发卡机构为持卡人的支付账务负责。

(4) 清算银行(Acquirer)。为商家建立账号、处理支付卡认证和支付的金融机构。商家通常可以接受多种品牌的信用卡,但并不想与所有发卡机构打交道。清算银行向商家提供认证,提供给定卡号是否合法和信用卡的消费限额等信息。清算银行还将支付信息传送到商家的账户中。随后,发卡机构还要为支付网络中的电子资金流动向清算银行提供补偿。

(5) 支付网关(Payment Gateway)。由清算银行或指定的第三方提供的功能,处理商家支付信息。它完成众多卡品牌的支付授权服务,并完成清算服务和数据捕获。支付网关是 SET 和现存的银行卡支付网络的接口,提供认证和支付功能。商家通过互联网使用支付网关交换 SET 信息,而支付网关与清算银行的金融处理系统具有某种直接的连接或网络连接。支付网关以如下方式工作:加密消息,认证交易中的所有参与者,将 SET 消息转换为与商家销售系统兼容的格式。

(6) 认证机构(Certification Authority,CA)。被信任的,为持卡人、商家和支付网关发行X.509 v3公钥证书的实体。SET的成功依赖于为此目的服务的CA基础设施的存在。如前所述,使用层次CA,使得各方不需要直接被根CA认证。

基于SET的交易流程包括以下几个步骤:

① 顾客开通账号。顾客从一个支持电子支付和SET的银行获得一个信用卡账号,如MasterCard或Visa。

② 顾客申请证书。在通过适当的身份验证后,顾客收到一个银行签发的X.509 v3数字证书。证书验证了顾客的RSA公钥和有效期限,并建立了一个由银行担保的用户密钥对和信用卡之间的联系。

③ 商家申请证书。商家在能够接收持卡人的SET支付指令之前必须向某个CA注册并申请证书。接收某品牌信用卡的商家必须拥有两种公钥证书:一种用于签名消息,另一种用于密钥交换。商家还需要一个支付网关公钥证书的备份。

④ 顾客进行订购。用户首先浏览商家的Web站点,选择商品。然后,顾客向商家发送一份购买清单,商家发回一个带有各种商品、单价、总金额和订购号的订购单。

⑤ 商家被验证。除了订购单,商家还发给客户一份他自己的证书,使得用户可以验证他正在和一个合法的商店进行交易。

⑥ 发送订购和支付信息。顾客发送带有其证书的订购和支付信息给商家。其订购信息确认了订购单中要购买的项目。支付信息包括信用卡细节,并用商家无法解密的方法加密。顾客的证书可以使商家验证顾客。

⑦ 商家请求支付认证。商家将付款信息发给支付网关,请求认证顾客提供的信用卡可以支付此次购买。

⑧ 商家确认订购。商家向客户发送订购确认消息。

⑨ 商家提供商品或服务。商家向顾客提供商品或服务。

⑩ 商家请求付款。此请求发给支付网关,由支付网关处理所有的支付操作。

8.3.3 双向签名

SET中引进了双向签名机制。双向签名的目的在于将两个接收者不同的消息连接起来。客户想给商家发送订购信息(OI),给银行发送支付信息(PI)。商家不需要知道客户的信用卡号,银行不需要知道客户订购的细节,这为客户提供了分离这两者的额外保护。然而,必须将这两个部分连接在一起以解决一些可能发生的纠纷,因此,将订购信息和支付信息连接起来,可以使客户证明这笔支付是为了这次订购,而不是为其他商品或服务的支付。

考虑此消息连接的需求。假设客户向商家发送了两个消息:一个签名的OI和一个签名的PI,然后由商家将PI传送给银行。如果商家从此客户获得了另一个OI,则商家可以说这个OI是与PI配套的,而不是原来的那个OI。消息连接即可防止此类事件的发生。

图8-9说明使用双向签名满足了上述要求。客户使用SHA-1分别计算PI和OI的散列值。将两个散列值连接后,再对结果使用散列。最后,客户使用其签名私钥加密最后的散列值,创建双向签名。这些操作可以总结如下:

$$DS = E(PR_C, [H(H(PI) \| H(OI))])$$

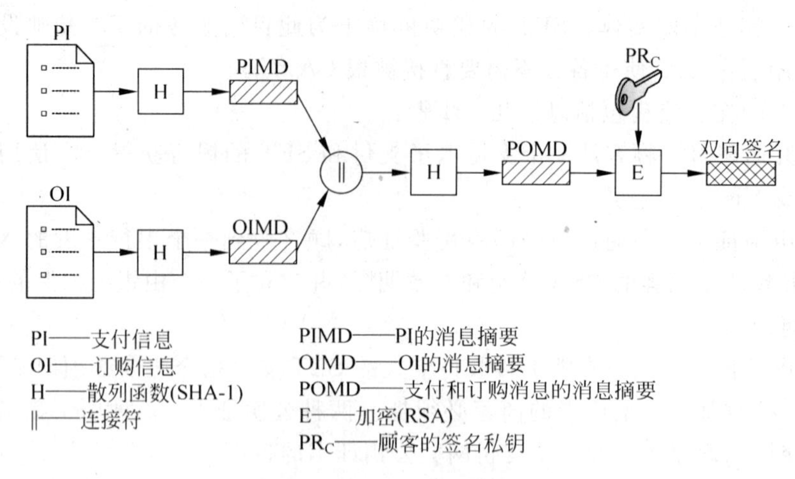

图 8-9 SET 双向签名

式中，PR_C 是用户的签名私钥。现在，假设商家得到了双签名（DS），OI 和 PI 的数字摘要（PIMD）。由于商家拥有从客户证书得到的客户公钥，使得商家可以计算如下两个值：

$$H(PIMS \parallel H[OI]);\ D(PU_C, DS)$$

其中 PU_C 是用户的签名公钥。如果这两个值相等，商家即验证了签名。同样，如果银行拥有 DS、PI 和 OI 的数字摘要（OIMD）、用户公钥，则银行可以计算：

$$H(H[OI] \parallel OIMD);\ D(PU_C, DS)$$

如果两个值相等，银行即验证了签名。总之：

（1）商家接收 OI 并验证签名。

（2）银行接收 PI 并验证签名。

（3）客户链接 OI 和 PI，可以证明此连接。

例如，假设商家为了自身的利益想用另一个 OI 替换交易中的 OI，他就必须找到与现存散列值 OIMD 相同的 OI。对 SHA-1 而言，这是不可行的。因此，商家不能将那个 OI 与此 PI 相连。

8.3.4 支付处理

表 8-4 列举了 SET 支持的交易类型。

表 8-4 SET 交易类型

交易类型	说明
持卡人注册	持卡人在向商家发送 SET 消息之前必须到 CA 注册
商家注册	商家在与顾客和支付网关交换 SET 消息之前必须到 CA 注册
支付请求	顾客发给商家的消息，包括给商家的 OI 和给银行的 PI
支付认可	商家和支付网关间交换的消息，验证给定信用卡账号能够支持一次购买
支付获取	允许商家向支付网关申请支付
证书询问状态	如果 CA 无法快速地完成证书请求处理，它将给持卡人或商家发送一个应答，说明将在以后核对。持卡人或商家发送证书询问消息查询证书请求的状态，如果请求被通过，则收到证书

续表

交易类型	说　明
购买询问	允许持卡人在收到购买应答后查询订购处理的状态。注意，此消息不包含如退货等状态，但能表明认证、获取和信用处理等状态
撤销认可	允许商家更正以前的认可请求。如果订购未成，则商家退回所有的认可，如果部分订购未完成（如退货），则商家退回部分认可
撤销获取	允许商家更正获取请求中的错误，如店员输入了不正确的交易数据
信用	允许商家在退货或商品在运输过程中损坏时向持卡人账号中发布退还。注意，SET 的信用消息通常是由商家而不是持卡人发送的，商家和持卡人之间的通信使得在 SET 外处理退还
撤销信用	允许商家修正前一个退还请求
支付网关证书请求	允许商家询问网关，得到它的密钥交换和签名证书
批管理	允许商家根据批命令与支付网关交换信息
出错消息	表明由于格式或内容验证问题，接收者拒绝消息

1. 购买请求

在开始购买请求之前，持卡人必须完成浏览、选择和订购，接着商家才发给顾客一份完整的订购单。以上所有这些操作都不需要使用 SET。

购买请求交换由 4 条消息组成：初始请求、初始应答、购买请求和购买应答。

为了给商家发送 SET 消息，持卡人必须拥有一份商家和支付网关的证书。因此，持卡人在给商家的初始请求消息中申请得到这些证书，该消息包括顾客使用的信用卡品牌、代表此请求/应答对的标识以及与时间相关的 nonce。

商家生成应答消息，并用签名私钥签名。应答消息包括从顾客请求中得到的 nonce，并将在下一条消息中返回的新产生的 nonce 和此次购买交易的交易标识。除对此应答签名外，初始应答消息还包括商家的签名证书和支付网关的密钥交换证书。

持卡人通过他们信任的 CA 验证商家和网关的证书，并生成 OI 和 PI。商家设置的交易标识放入 OI 和 PI 中，OI 不包含具体的订购数据，如商品的数量和单价。OI 还包含在第一个 SET 消息发送前的选购活动中为商家和顾客之间交换信息的订购索引。接着，持卡人准备购买请求消息（见图 8-10）。为此，持卡人生成一次性的对称加密密钥 K_s。消息包括：

（1）与购买相关的信息。此信息将由商家转发给支付网关，组成有 PI、OI 消息摘要（OIMD）和数字信封以及根据 PI 和 OI 计算得到的双向签名，并使用顾客的签名私钥签名。

支付网关需要 OIMD 验证双向签名，所有这些项都使用了密钥 K_s 加密。

数字信封用支付网关的公开交换密钥 K_s 加密，由于在得到前述各项之前必须先解密此项，因此将之称为数字信封。

商家无法知道 K_s 的值，因此，商家无法知道任何与该支付相关的信息。

（2）与订购相关的信息。此信息是商家需要的，组成有 OI 和 PI 消息摘要以及根据 PI 和 OI 计算得到的双向签名，并使用顾客的签名私钥签名。

商家需要 PIMD 验证双向签名，注意 OI 是以明文传送的。

（3）持卡人证书。包含持卡人的公开签名密钥，商家和支付网关都需要。

当商家接收到购买请求消息后，它执行如下步骤（见图 8-11）：

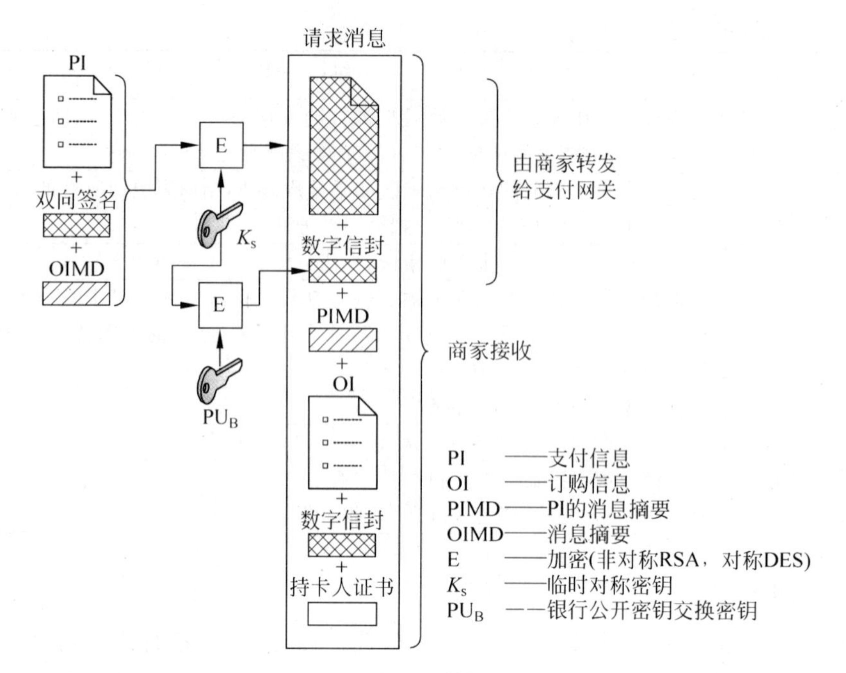

图 8-10 购买请求

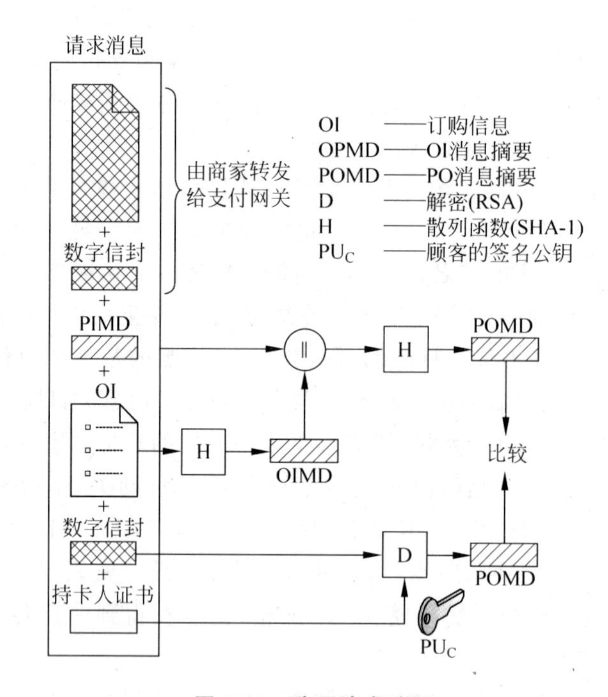

图 8-11 购买请求验证

① 通过它的 CA 签名验证持卡人证书。

② 使用顾客的签名公钥验证双向签名，确保在传输过程中订购未被篡改，用持卡人的签名私钥签名。

③ 处理订购并将支付信息转发给支付网关进行验证。

④ 向持卡人发送购买应答。

购买应答消息包括承认订购的应答分组和相应的交易号索引，使用商家的签名私钥签名，并将数据分组、签名和商家签名证书一起发给顾客。

当持卡人软件收到购买应答消息后，使用商家证书验证应答分组上的签名。最后，基于应答进行某些操作，如给用户一个消息或更新订购库的状态。

2. 支付认可

在持卡人订购消息的处理中，商家与支付网关一起认可交易。支付认可使得发卡机构对交易进行担保。认证能确保商家收到支付，而使商家能向顾客提供服务或商品。支付授权交换由两个消息组成：认可请求和认可应答。

商家向支付网关发送的认可请求消息包括：

(1) 与购买相关的信息。从客户获得的信息，包括PI、DI消息摘要(OIMD)和数字信封以及根据PI和OI计算得到的双向签名，并使用顾客的签名私钥签名。

(2) 与认可相关的信息。由商家生成的信息，包括：

- 认证分组：使用商家签名私钥签名的交易标识，并使用商家生成的一次性对称密钥加密。
- 数字信封：使用支付网关的公开交换密钥加密一次性密钥形成数字信封。

(3) 证书。商家包括持卡人签名密钥证书(用于验证双向签名)、商家签名密钥证书(用于验证商家签名)以及商家密钥交换证书(在支付网关的应答中需要)。

支付网关执行如下任务：

① 验证所有的证书。

② 解密认证分组的数字信封，获得对称密钥，解密认证分组。

③ 验证认证分组的商家签名。

④ 解密支付分组的数字信封，获得对称密钥，解密支付分组。

⑤ 验证支付分组的双向签名。

⑥ 验证从商家接收到的交易标识，与从客户端接收(间接)的PI的交易标识比较。

⑦ 请求和接收来自于发卡机构的认证。

获得发卡机构的认可后，支付网关返回认证应答消息给商家，包含如下元素：

- 与认证相关的信息：包含用网关签名私钥签名的认证分组，并用网关生成的一次性对称密钥加密。同时还包含用商家交换密钥的公钥加密的一次性密钥组成的数字信封。
- 获取标记信息：此信息用于以后的支付。此分组包含签名、加密的获取标记和数字信封。此标记不由商家处理，而必须在支付请求中返回。
- 证书：网关的签名密钥证书。

有了网关的认证，商家即可向顾客提供商品或服务。

3. 支付获取

为了获得支付款，商家向支付网关请求支付款获取交易，由获取请求和获取应答两个消息组成。

对获取请求消息而言，商家对获取请求分组(包括付款金额、交易标识)签名、加密。消息还包括在认可应答消息中收到的被加密的获取令牌、商家的签名密钥和交换密钥的密钥证书。

当支付网关接收到获取请求消息时，解密和验证获取请求分组和获取标记。然后验证获取请求与获取令牌的一致性。接着，创建一个通过专用支付网络传送的请求消息，使得资金能够转到商家的账号。

然后，网关在获取应答消息中通知商家已支付。消息包括由网关签名和加密的获取应答分组，还包括网关的签名密钥证书。商家软件存储获取应答，便于和从清算银行获得的支付进行验证。

第9章 电子邮件安全

随着Internet的迅速发展和普及，电子邮件已经成为网络中最为广泛、最受欢迎的应用之一。电子邮件系统以其方便、快捷的优势而成为人们进行信息交流的重要工具，并被越来越多地应用于日常生活和工作，特别是有关日常信息交流、企业商务信息交流和政府网上公文流转等商务活动和管理决策的信息沟通，为提高社会经济运行效率起到了巨大的带动作用，已经成为企业信息化和电子政务的基础。

电子邮件的发展也面临着机密泄露、信息欺骗、病毒侵扰、垃圾邮件等诸多安全问题的困扰。人们对电子邮件服务的要求日渐提高，其认证和保密性的需求也日益增长。电子签名法、反垃圾邮件等与电子邮件安全相关的法律法规正是在这样的背景下提出来的。

为了保证电子邮件在Internet上安全的运行，在理想状态下，应该共用一个Internet上电子邮件的安全标准，所有的邮件开发者和厂商都应该严格执行它。目前Internet上有许多电子邮件的安全标准，如Moss（MIME Object Security Services），PEM（Privacy Enhanced Mail），PGP（Pretty Good Privacy），S/MIME（Secure/Multipurpose Internet Mail Extensions）等。MIME对象安全服务（Moss）和保密增强邮件（PEM）是没有被广泛实现的标准。S/MIME是一种已被广泛接受的标准，并被集成到主要电子邮件软件中。S/MIME是在PEM的基础上建立起来的，它使用RSA的PKCS#7标准，同MIME一起使用来保密所有的Internet邮件信息，主要针对Internet或企业网。S/MIME已得到了许多机构的支持，并且被认为是商业环境下首选的安全电子邮件协议。PGP既是一个特定的安全电子邮件应用，又是一个安全电子邮件，已经成为全球范围内流行的安全邮件系统之一。

本章首先介绍电子邮件系统的基本构成及其面临的安全问题，接下来讨论三种安全电子邮件系统：PEM、PGP和S/MIME。

9.1 电子邮件的安全问题

9.1.1 电子邮件系统概述

电子邮件是一种用电子手段提供信息交换的通信方式。它不是一种“端到端”的服务，而是“存储转发式”的服务，属异步通信方式。信件发送者可随时随地发送邮件，不要求接收者同时在场，即使对方当时不在，仍可将邮件立刻送到对方的信箱内，且存储在对方的电子邮箱中。接收者可在他认为方便的时候读取信件，不受时空限制。在这里，“发送”邮件意味着将邮件放到收件人的信箱中，而“接收”邮件则意味着从自己的信箱中读取信件。所谓信箱，实际上是一个名为“邮件服务器”的计算机为每位用户分配的一定大小的存储空间，该存储空间包含存放所收信件、编辑信件以及信件存档三个基本的子空间。用户使用口令开启自己的信箱，并进行发信、读信、编辑、转发、存档等各种操作。电子邮件是通过邮件服务器来传递文件的。

1. 系统结构

一个典型的电子邮件系统如图 9-1 所示。

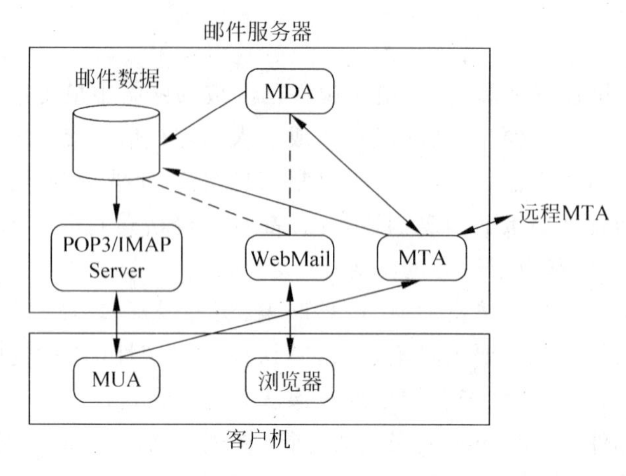

图 9-1 电子邮件系统框架

在通常的情况下，一个电子邮件系统主要分为邮件用户代理（Mail User Agent，MUA）、邮件传输代理（Mail Transfer Agent，MTA）和邮件投递代理（Mail Delivery Agent，MDA）三个模块。用户代理是一个用户端发信和收信的程序，负责将邮件按一定的标准封装，并送至邮件服务器或将信件从邮件服务器取回。传输代理和投递代理则位于邮件服务器上，传输代理负责信件的交换和传输，将信件转发至适当的邮件服务器；投递代理将信件发至不同的信箱。WebMail 模块是一系列 CGI 程序，提供邮件系统的管理和用户邮箱的操作，不需要专门的客户端软件，只要有浏览器，管理员就可以远程对邮件系统进行管理，用户可以登录自己的邮箱，进行信件的阅读、收取和发送操作。

当用户发送一封电子邮件时，并不能直接将信件发送到接收方邮件地址指定的目的服务器上，而是必须首先去寻找一个邮件服务器，把邮件提交给该服务器。服务器的传输代理得到了邮件后，将它保存在自身的缓冲队列中，并分析邮件的目标地址，如果目的服务器不是自己，则通过网络将邮件传送给目的服务器或离目的地最近的服务器。因此，邮件在 Internet 上传送时可能会经过许多站点，在多个邮件服务器上作短暂停留，每一个邮件服务器的处理流程都是相同的，直至到达目的服务器。目的服务器的传输代理接收到邮件之后，将其缓冲存储在本地，而投递代理则从传输代理取得信件，并传送至最终用户的邮箱。邮件传送的整个过程如图 9-2 所示。

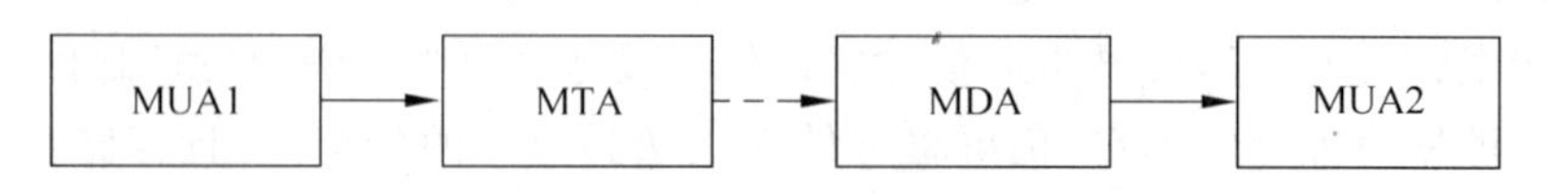

图 9-2 电子邮件传送过程

在图 9-2 中，箭头方向表示邮件数据的传递方向，虚箭头表示通信双方可能直接连接，也可能中间还要经历其他传输代理。

2. 电子邮件协议

邮件协议主要描述电子邮件发送端和接收端之间的传输过程以及定义邮件报文格式。与电子邮件有关的协议和标准主要有：

(1) SMTP(Simple Mail Transfer Protocol，简单邮件传输协议)。SMTP 是 Internet 上传输电子邮件的标准协议，用于提交和传送电子邮件，规定了主机之间传输电子邮件的标准交换格式和邮件在链路层上的传输机制。SMTP 通常用于把电子邮件从客户端传输到邮件服务器，以及从某一邮件服务器传输到另一个邮件服务器。

(2) POP3(Post Office Protocol，邮局协议)。目前是第 3 版。POP3 是一个离线协议，提供信息存储功能，负责为用户保存收到的电子邮件，并且从邮件服务器下载取回这些邮件。

(3) IMAP(Interactive Mail Access Protocol，交互式邮件访问协议)。目前是第 4 版。当邮件客户端软件在笔记本上运行时(特别是通过慢速的电话线访问 Internet 和电子邮件时)，IMAP4 比 POP3 更为适用。使用 IMAP，用户可以有选择地下载电子邮件，甚至是只下载部分邮件。因此，IMAP 比 POP 更加复杂。

(4) MIME(多用途的网际邮件扩展)。SMTP 传输机制是以 7 位二进制编码的 ASCII 码为基础的，适合传送文本邮件。而声音、图像、中文等使用 8 位二进制编码的电子邮件需要进行 ASCII 转换(编码)才能够在 Internet 上正确传输。MIME 增强了电子邮件报文的能力，允许传输二进制数据。MIME 编码技术用于将数据从 8 位的编码格式转换成 7 位的 ASCII 码格式。

9.1.2 电子邮件安全服务

电子邮件作为 Internet 上最重要的服务的同时，也是安全漏洞最多的服务之一。电子邮件系统服务之所以是一种最脆弱的服务，是因为它可以接收来自于 Internet 上任何主机的任何数据，缺乏安全机制的电子邮件会给人们的隐私和安全带来严重的威胁，甚至严重影响人与人之间的交流。下面将介绍电子邮件几种常见的攻击。

1. 邮件窃听

窃听一直是网络安全所面临的一个严重的问题，攻击者通过窃听，能够在通信双方不知情的情况下获得大量的传输信息。电子邮件的传送方式是"存储转发式"的，一份邮件的传输中间要经过很多个站点，而且现在的邮件一般都是以明文的形式在网上传输，攻击者可以很容易窃听数据包或者截取正在传输的信息。

可以通过使用匿名邮件转发器来降低邮件窃听对用户造成的影响。该转发器作为一个服务器运行，用于伪装发送方或者接收方的身份。但是，这个方法只用于对身份进行简单的伪装，而不能够真正解决邮件窃听的问题。防止窃听的一个比较有效的方法是采用密码技术，在网络上发送数据前加密机器之间的通信链路或者加密传送的数据。

2. 邮件伪造

攻击者有可能会假冒某一个用户的身份给其他用户发送邮件。在电子邮件系统中，因为 SMTP 不提供任何验证，所以很容易伪造电子邮件，只要给 SMTP 服务器提供合适的信封信息，并使用想要的数据产生有关的信件即可。

防止假冒身份最直接的方法就是身份认证。

3. 邮件病毒

邮件病毒就是通过电子邮件进行传播的计算机病毒。带有病毒的邮件附件会感染计算机,它们可能会明显地破坏计算机的正常运行。

为了防止病毒的传播,应该在计算机上安装防毒和杀毒的软件,并且保证及时更新病毒库。

4. 垃圾邮件和邮件炸弹

垃圾邮件就是未经用户请求强行发到用户信箱中的任何广告、宣传资料、病毒等内容的电子邮件,一般具有批量发送的特征。邮件炸弹是指发信者利用邮箱空间的有限容量来攻击用户邮箱,以匿名的电子邮件地址,不断重复地将电子邮件寄给同一个收件人,将收件人信箱塞满,使有用的信件无法被接收;或者在很短时间内向邮件服务器发送大量无用的邮件,从而使邮件服务器不堪重负而出现瘫痪。

对于垃圾邮件和邮件炸弹比较有效的防范措施是在电子邮件系统中安装一个过滤器,在接收任何电子邮件之前预先检查发件人的资料,如果觉得有可疑之处,可以将之删除。

为了实现电子邮件安全,人们希望邮件系统应该提供以下服务:

- 保密性:对电子邮件加密,确保只有预期的接收者才能阅读邮件消息,邮件内容不暴露给非授权的第三方。更进一步,攻击者不仅无法知道某邮件的内容,甚至不能确定发送者向接收者是否发送了邮件。
- 身份认证:接收者具有某种途径确定发送者身份的真实性,而不是他人冒充的。
- 完整性:向接收者保证邮件消息在传送过程中未被非法篡改。
- 不可否认性:接受者向第三方证明发送者的确发送过某邮件的能力,该服务也叫做第三方认证。因此,发送者不能否认曾经发送过某个消息。
- 邮件提交证据:给发送者的证据,证明其发送的邮件消息已经被提交给了邮件投递系统。不仅证明用户在某个时间的确提交了邮件,而且可以对邮件内容的散列进行数字签名以校验邮件消息内容是否可以接受。
- 邮件投递证据:证明接收者已经接收到邮件消息的证明。不仅可以证明邮件在某个时间确实投递给了接收者,而且能够证实邮件的内容。
- 匿名性:向邮件接收者隐藏发送者的身份信息。
- 防泄露:网络能够保证具有某种安全级别的信息不会泄露到特定的区域。
- 审计:网络能够记录相关的安全事件。
- 自毁:发送者可以规定邮件被投递到接收方后应当被销毁。
- 消息序列完整性:保证一系列消息按照顺序到达,而不会乱序或丢失。

但是,现有的大多数电子邮件系统都不难提供这些安全服务,一些专门设计的安全电子邮件系统也只提供其中的若干种。

9.2 PEM

保密增强邮件(Privacy Enhanced Mail, PEM)是基于 X.509 v1 而提出的一个专用于安全 E-mail 通信的正式 Internet 标准。PEM 目的是为了增强个人的隐私功能,它在电子邮件的标准格式上增加了加密、鉴别和密钥管理的功能，允许使用公开密钥和专用密钥的加密方式，并能够支持多种加密工具。4个和PEM相关的RFC：RFC 1421、RFC 1422、RFC 1423和RFC 1424，其中RFC 1421介绍了消息加密和验证过程，RFC 1422给出了基于证书的密钥管理，RFC 1423讲述了算法、模式和身份认证，RFC 1424讲述了密钥证书和相关服务。

在制定PEM的时候，由于MIME标准在当时还并不完善，所以使用了在RFC 934中定义的较老的基于文本的邮件格式。因此，PEM是一个只能够保密文本信息的非常简单的系统，不适合处理当前多种形式的邮件内容实体。虽然PEM现在已经基本上失去了生命力，但是，PEM是第一个安全邮件的标准，并对当前广泛使用的S/MIME有着深远影响。只要理解了PEM，理解S/MIME就很容易了。

PEM的设计允许用户采用基于对称密码算法或公钥密码算法的用户密钥。但是，在实际应用中，基于对称密码算法的密钥没有得到广泛应用。

9.2.1 PEM密钥

无论对邮件消息进行完整性保护还是进行加密处理，PEM都需要得到合适的密钥。PEM使用两级密钥：数据加密密钥(DEK)和交换密钥(IK)。DEK用来加密消息正文和计算消息集成校验(MIC)，同时用来加密MIC的签名表示；一般对每个消息都要生成一个随机数作为DEK，从而达到一次性密钥的效果。而IK是长期密钥，用来加密DEK，以便在每次会话的初始阶段对DEK进行加密交换。在基于公钥密码的PEM中，加密DEK的IK就是收方的公钥，对MIC签名的IK就是发方私钥。

在采用公钥密码技术的PEM中，公钥是通过证书来分发的。如果存在功能完善的证书目录服务，则PEM用户能够在需要PEM协助的情况下获得证书。但PEM的设计目标之一是在一个可用的目录服务出现之前也能保证PEM的运作。因此，PEM定义了在消息头中包含发送者证书的机制。这样，消息接收者就可以再不需要访问目录服务的情况下校验发送者的签名。而且，用户还可以采用这种方法把自己的公钥证书发送给想要给自己发送加密消息的人。采用这种机制，发送者只需要使用PEM生成一个邮件消息，并把所有证书放在消息头中即可。第一个消息是不加密的，否则双方无法获知对方的公钥。

9.2.2 PEM证书分层结构

PEM的证书分层结构比较复杂。它确定了一个简单而又严格的全球认证分级的严格信任模型，需要所有参与认证的个人必须相互认识并予以对方信任，这样的标准对于那些大规模的企业或组织来说难以接受。这个分层的结构太严格，因而缺乏足够的灵活性，现在基本上已经不再使用。

RFC 1422定义了一种CA的组织方式。首先，有一个单一的根CA，称为Internet策略注册中心(Internet Policy Registration Authority，IPRA)。IPRA认证的CA称为策略认证中心(Policy Certification Authority，PCA)，每个PCA都有一份书面的、签发证书时执行的策略。PCA的设计预想了至少3种类型的策略：

(1) 高可靠性(High Assurance，HA)。HA CA意味着超高的安全性，应当实现在特殊方法设计的、抗干扰的硬件设备上。即使整个硬件设备丢失,也无法从中提取 HA CA 的公钥。如果某个机构在 CA 管理和证书发放方面不具有与 HA CA 相同的严格规则,则 HA CA 拒绝为其签发证书。

(2) 受限(Discretionary Assurance,DA)。DA CA 是指自身具有严格的管理措施,但是不能把相同的规则强加给那些由其签发 CA 证书的机构。从技术的角度,IPRA 属于 DA CA 的范畴。

(3) 无约束(No Assurance,NA)。NA 类型的 CA 几乎不受约束,除了不允许为一个名字签发两张证书以外。

RFC 1422 定义的 CA 结构如图 9-3 所示。

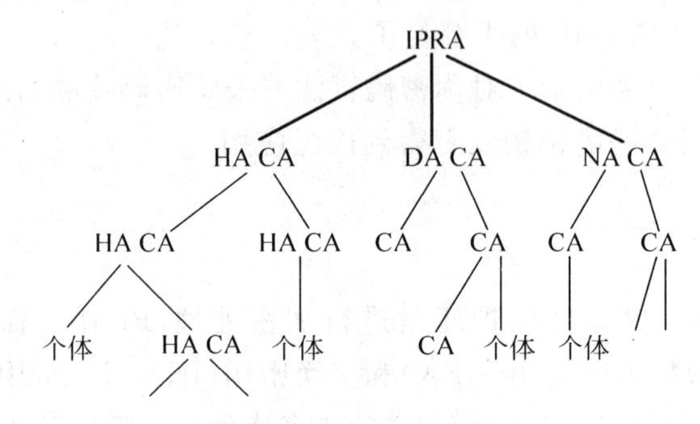

图 9-3 PEM CA 分层结构

CA 分层结构可以看作一棵树。CA 分层结构中的任何人只能有一条认证路径。如果某个机构决定让某 DA CA 对其进行认证,则该机构就不能再被某个 HA CA 认证,即不允许交叉证书。这种方式使得人们很容易得到正确的证书链。人们所需的包含最多证书的证书链是从 IPRA 开始的。

PEM 设计目标是即使不存在目录服务,PEM 也是可用的。因此,PEM 定义了在邮件消息头中包含相关证书的机制。PEM 消息头中没有为 CRL 保留位置,而是定义了一种 CRL 服务,用户向该服务发送邮件消息来请求 CRL。一旦接收到请求,CRL 服务就把最新的 CRL 以邮件消息的方式发送个请求者。

9.2.3 PEM 消息

PEM 消息通常只是普通文本邮件消息的一部分。一个邮件消息可以包含由 PEM 以不同方式处理的多个部分。例如,消息的一部分经过加密,而另一部分经过完整性保护处理。PEM 在不同的部分开始和结束的地方做上标记,以便接收方对消息的处理。例如,对加密的数据块,PEM 会在数据开始出插入文本串

-----BEGIN PRIVACY-ENHANCED MESSAGE-----

并在数据块结束处插入

-----END PRIVACY-ENHANCED MESSAGE-----

和 PEM 消息一起发送的还有另外一些信息,例如加密密钥、消息完整性校验码(Message Integrity Check,MIC,即通常所说的 MAC)等。

PEM 消息中可以包含的数据类型如下:

（1）普通数据。未经任何安全措施处理的数据。

（2）完整性保护的未经修改数据。邮件消息中插入了 MIC，但原始消息未经修改。PEM 定义的 MIC 生成算法为 MD2 和 MD5。这种类型数据在 PEM 术语中称为 MIC-CLEAR。如果该种类型数据在传输过程中被某些邮件网关进行了诸如换行符转换之类的处理，则 MIC 将失效。

（3）完整性保护的编码数据。PEM 首先对消息进行编码处理，以保证消息能不被修改地穿越所有网关，然后再插入 MIC。这种消息称为 MIC-ONLY。

（4）完整性保护、加密的编码数据。PEM 首先计算邮件消息的 MIC，然后使用随机选择的密钥 DEK 对消息和 MIC 进行加密处理。加密使用 DEK 和初始向量 **IV**，采用 CBC 模式。对每个进行加密的消息都要进行填充，使得消息长度为 8 字节的整数倍。然后，加密的消息、加密的 MIC、DEK（已使用 IK 加密）被编码成为能不被修改地穿越所有网关的普通文本。PEM 称这种类型的消息为 ENCRYPTED。ENCRYPTED 消息发送和接收的大致流程如图 9-4 所示。

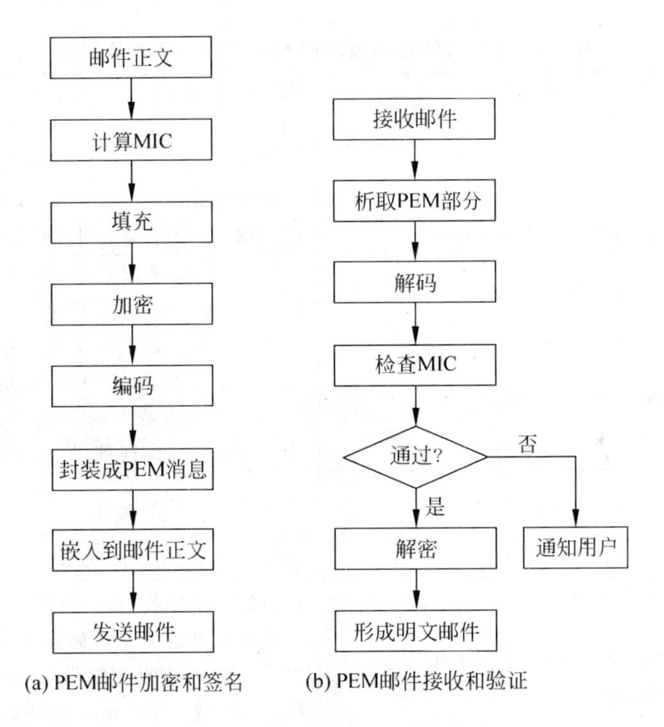

图 9-4　PEM ENCRYPTED 消息处理

PEM 消息通常只是普通文本邮件消息的一部分。如果采用基于公钥密码技术的 PEM，邮件消息中的 PEM 部分的大致结构如表 9-1 所示。

消息中包含多少张证书是可选的。证书也可以不显式地出现，这种情况下，证书域包含发送者证书的序列号和发行者名称。

一个基于公钥密码技术的 ENCRYPTED 消息格式如表 9-2 所示。

表 9-1 PEM 消息结构

标记：指示消息中由 PEM 处理过的部分 -----BEGIN PRIVACY-ENHANCED MESSAGE-----
报文头：指示所使用的模式（MIC-CLEAR，MIC-ONLY，ENCRYPTED）
DES-CBC 初始向量：初始向量 **IV**，只在加密的消息中出现
发送方证书：由发送方的 CA 签发的证书
发送方的 CA 的证书：为发送方签发证书的 CA 的证书
⋮
IPRA 签发的证书
MIC：如果消息加密，则 MIC 也是加密的
DEK：用接收方的公钥加密
空行
消息：或者是 ENCRYPTED 的，或者是 MIC-ONLY 的，或者是 MIC-CLEAR
标记：指示消息中由 PEM 处理过的部分结束 ----- END PRIVACY-ENHANCED MESSAGE-----

表 9-2 基于公钥密码技术的 ENCRYPTED 消息格式

-----BEGIN PRIVACY-ENHANCED MESSAGE-----	PEM 开始标记
Proc-Type：4，ENCRYPTED	PEM 版本号：4，消息类型 ENCRYPTED
Content-Domain：RFC 822	消息的形式：RFC 822 定义的文本消息
DEK-Info：DES-CBC，16hex digits	消息加密算法：DES-CBC，十六进制 **IV**
Originator-certificate：cybercrud，number	经过编码的发送者证书（可选）
Originator-ID Asymmetric：cybercrud，number	发送者 ID（如果没有证书），包含签发证书的 CA 的 X. 500 名称和证书序列号
Key-Info：RSA，cybercrud	抄送给发送者的密钥信息。在发送者抄送消息给自己时才会出现，以使得发送者可以解密消息。第一个子域指明加密 DEK 的算法为 RSA，第二个子域是经过编码的、发送者公钥加密的 DEK
Issuer-Certificate：cybercrud …	一个或多个 CA 证书
MIC-Info：RSA-MDX，RSA，cybercrud	MIC 算法，MIC 加密算法，MIC
Recipient-ID-Asymmetric：cybercrud，number Key-Info：RSA，cybercrud …	针对每一个接收者，指明接收者证书识别符，包含签发该证书的 CA 名称和证书序列号，使得拥有多个公钥的接收者知道应该用哪个公钥去解密 Key info 域。Key info 域则提供了 DEK，第一个子域指明加密 DEK 的算法为 RSA，第二个子域是编码的、用接收者公钥加密的 DEK
	空行
Message：cybercrud	经过编码的、用 DEK、以 DES-CBC 模式加密并编码的消息
-----END PRIVACY-ENHANCED MESSAGE-----	PEM 结束标记

MIC-ONLY 和 MIC-CLEAR 消息格式与此相类似，不再赘述。

9.3　PGP

PGP(Pretty Good Privacy)是 Phillip Zimmerman 在 1991 年提出来的，它可以在电子邮件和文件存储应用中提供保密和认证服务，已经成为全球范围内流行的安全邮件系统之一。

PGP 综合使用了对称加密算法、非对称加密算法、单向散列算法以及随机数产生器。PGP 通过运用诸如 3DES、IDEA、CAST-128 等对称加密算法对邮件消息或存储在本地的数据文件进行加密来保证机密性，通过使用散列函数和公钥签名算法提供数字签名服务，以提供邮件消息和数据文件的完整性和不可否认。通信双方的公钥发布在公开的地方，而公钥本身的权威性则可由第三方(特别是接收方信任的第三方)进行签名认证。

PGP 的迅速普及，原因可大致归纳如下几点：

(1) PGP 由完全自愿者开发团体在 Phillip Zimmerman 的指导下开发后继版本。PGP 提供各种免费的版本，可运行于各种平台，包括 Windows、UNIX、Macintosh 等。

(2) PGP 使用经过充分的公众检验，且被认为是非常安全的算法，包括 RSA、DSS、Diffie-Hellman 等公钥加密算法，CAST-128、IDEA 和 3DES 等对称加密算法，以及散列算法 SHA-1。

(3) PGP 应用范围较为广泛，既可作为公司、团体中加密文件时所选择的标准模式，也可以对 Internet 或其他网络上个人间的消息通信加密。

(4) PGP 不受任何政府或标准制定机构控制。

9.3.1　PGP 操作

PGP 的实际操作与密钥管理紧密相关，提供了 5 种服务：认证、保密、压缩、电子邮件兼容性和分段，参见表 9-3。

表 9-3　PGP 服务

功能	使用的算法	描　　述
数字签名	DSS/SHA 或 RSA/SHA	利用 SHA-1 算法计算消息的散列值，并将此消息摘要用发送方的私钥按 DSS 或 RSA 加密，和消息串接在一起发送
消息加密	CAST 或 IDEA 或使用 Diffie-Hellman 的 3DES 或 RSA	发送方生成一个随机数作为一次性会话密钥，用此会话密钥将消息按 CAST-128 或 IDEA 或 3DES 算法加密；然后用接收方公钥按 Diffie-Hellman 或 RSA 算法加密会话密钥，并与消息一起加密
压缩	ZIP	消息在应用签名之后、加密之前可用 ZIP 压缩
电子邮件兼容性	基数 64 转换	为了对电子邮件应用提供透明性，一个加密消息可以用基数 64 转换为 ASCII 串
分段	—	为了符合最大消息尺寸限制，PGP 执行分段和重新组装

1. 认证

PGP 使用散列函数和公钥签名算法提供了数字签名服务，如图 9-5 所示。

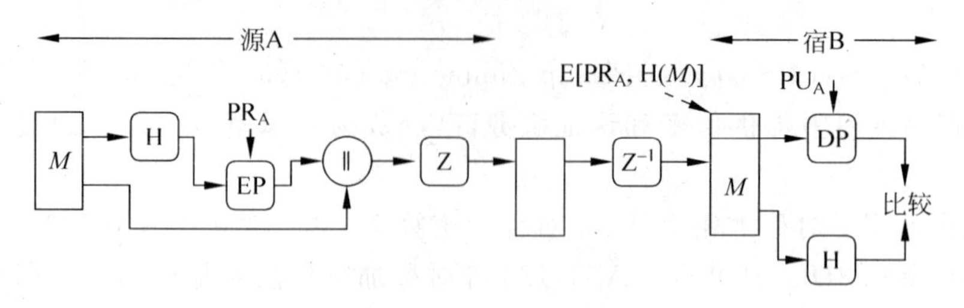

图 9-5 PGP 认证服务

图中：PR_A 为用户 A 的私钥，用于公钥加密体制中；PU_A 为用户 A 的公钥，用于公钥加密体制中；EP 为公钥加密；DP 为公钥解密；EC 为对称加密；DC 为对称解密；H 为散列函数；‖ 为串接；Z 为用 ZIP 算法压缩；Z^{-1}为解压缩。

图 9-5 所示签名过程如下：

① 发送方创建消息。

② 发送方使用 SHA-1 计算消息的 160 位散列码。

③ 发送方使用自己的私钥，采用 RSA 算法对散列码加密，得到数字签名，并将签名结果串接在消息前面。

④ 接收方使用发送方的公钥按 RSA 算法解密，恢复散列码。

⑤ 接收方使用 SHA-1 计算新的散列码，并与解密得到的散列码比较。如果匹配，则证明接收到的消息是完整的，并且来自于真实的发送方。

SHA-1 和 RSA 的组合提供了一种有效的数字签名模式。由于 RSA 的安全强度，接收方可以确信只有相应私钥的拥有者才能生成签名；由于 SHA-1 的安全强度，接收方可以确信其他方都不可能生成一个与该散列编码相匹配的消息，从而确保是原始消息的签名。

作为一种替代方案，可以基于 DSS/SHA-1 生成数字签名。

2. 保密

PGP 通过运用诸如 3DES、IDEA、CAST-128 等对称加密算法，使用 64 位密码反馈模式(CFB)对待发送的邮件消息或存储在本地的数据文件进行加密来保证机密性服务。由于电子邮件具有“存储转发”的属性，使用安全握手协议来协商双方拥有相同的会话密钥是不实际的。因此，PGP 中的会话密钥是一次性密钥，只使用一次，即对每一个消息都要生成一个 128 位的随机数作为新的会话密钥。由于会话密钥仅仅使用一次，发送方必须将此会话密钥与消息绑定在一起，随消息一块传送。为了保护此会话密钥，发送方使用接收方的公钥对其加密。实现保密性的过程如图 9-6 所示。

(1) 发送方创建消息，并生成一个 128 位随机数作为会话密钥。

(2) 发送方对消息进行压缩，然后用会话密钥按 CAST-128(或 IDEA、3DES)加密压缩后的消息。

(3) 发送方用接收方的公钥按 RSA 加密会话密钥，并和消息密文串接在一起。

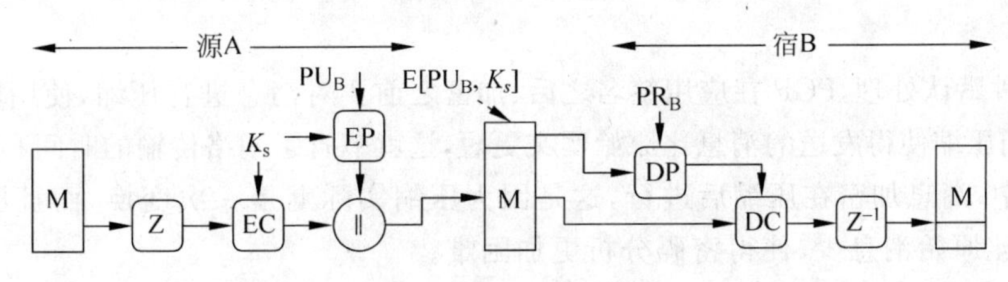

图 9-6 PGP 保密服务

(4) 接收方使用其私钥按 RSA 解密,恢复出会话密钥。

(5) 接收方使用会话密钥解密消息。如果消息被压缩,则执行解压缩。

PGP 也可以使用 ElGamal 代替 RSA 进行密钥加密。

为了减少加密时间,PGP 通常使用对称加密和公钥加密的组合方式,而不是直接使用 RSA 或 ElGamal 加密消息。CAST-128 和其他传统算法比 RSA 或 ElGamal 算法快得多。在 PGP 中,使用公钥算法的目的是解决一次性会话密钥的分配问题,因为只有接收方能恢复绑定在消息中的会话密钥。使用一次性的对称密钥加强了已经是强加密算法的安全性。每个密钥仅仅只加密少量原文,并且密钥之间没有联系。在这种程度下,公钥算法是安全的,从而整个模式是安全的。

3. 保密和认证

PGP 中,可以将保密和认证两种服务同时应用于一个消息,如图 9-7 所示。

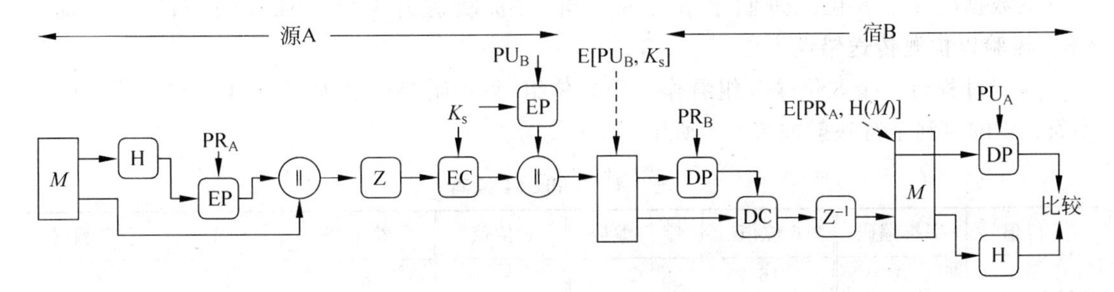

图 9-7 PGP 保密和认证

操作过程如下:

① 发送方创建消息,生成原始消息的签名,并与消息串接。

② 发送方用会话密钥、基于 CAST-128(或 IDEA,3DES)加密压缩后的、带签名的明文消息,并用 RSA(或 ElGamal)加密会话密钥。两次加密的结果被串接在一起,发送给接收方。

③ 接收方使用自己的私钥、按照 RSA(或 ElGamal)解密会话密钥,并使用会话密钥解密,恢复压缩的带签名的明文消息。

④ 接收方执行解压缩,得到签名和原始消息。

⑤ 接收方解密签名,并计算消息的散列值,通过比较两个结果,实现了认证。

简单地说,当需要同时提供保密和认证时,发送方首先用自己的私钥对消息签名,然后用会话密钥加密消息和签名,再用接收方的公钥加密会话密钥。

4. 压缩

作为一种默认处理,PGP在应用签名之后、加密之前要对消息进行压缩,使用的压缩算法是ZIP。使用压缩使得发送的消息比原始明文更短,这就节省了网络传输的时间和存储空间。

图9-6中,消息加密在压缩后进行,这是因为压缩实际上是一次变换,而且压缩后消息的冗余信息比原始消息少,使得密码分析更加困难。

图9-7的操作过程中,在压缩前生成签名,主要是基于如下考虑:对未压缩的消息签名可以将未压缩的消息和签名一起存放,以在将来验证时直接使用。而如果对一个压缩的文档签名,则将来要么将消息的压缩版本存放下来用于验证,要么在需要验证时再对消息进行压缩。

PGP使用称之为ZIP的压缩包。ZIP算法可能是应用最广泛的跨平台压缩技术。

5. Radix-64变换

使用PGP时,通常至少有部分加密块将要被加密传输。如果仅仅使用了签名服务,就必须用发送方的私钥对消息摘要进行加密。如果还使用了保密服务,就需要将消息和签名(如果有)用一次性的会话密钥、按对称密码算法进行加密,因此,得到的部分或全部数据块由任意的8比特流组成。然而,许多电子邮件系统仅仅允许使用由ASCII文本组成的数据块通过。为了适应这个限制,PGP提供了将原始8位二进制流转换为可打印的ASCII码字符的服务。为此目的服务的模式称为基数64转换(Radix-64转换)或者ASCII封装。原始二进制数据的3个8位二进制字节组成一组,并被映射为4个ASCII码字符,同时加上CRC校验以检测传送错误。

编码过程将3个8位输入组看作4个6位组,每一组变换成Radix-64字母表中的一个字符。6位组到字符映射如表9-4所示。

表9-4 Radix-64编码

6位值	字符编码	6位值	字符编码	6位值	字符编码	6位值	字符编码
0	A	16	Q	32	g	48	w
1	B	17	R	33	h	49	x
2	C	18	S	34	i	50	y
3	D	19	T	35	j	51	z
4	E	20	U	36	k	52	0
5	F	21	V	37	l	53	1
6	G	22	W	38	m	54	2
7	H	23	X	39	n	55	3
8	I	24	Y	40	o	56	4
9	J	25	Z	41	p	57	5
10	K	26	a	42	q	58	6
11	L	27	b	43	r	59	7
12	M	28	c	44	s	60	8
13	N	29	d	45	t	61	9
14	O	30	e	46	u	62	+
15	P	31	f	47	v	63	/
						Pad	=

一个基数 64 转换算法盲目地将输入串转化为基数 64 格式而与上下文无关，即使在输入是 ASCII 文本时也是如此。因此，如果一个消息被签名但未加密，且转换作用于整个块，则输出对窃听者不可读，从而提供了一定程度的保密性。PGP 也可以选择只对消息的签名部分进行基数 64 转换，使得接收方可以不使用 PGP 直接阅读消息。PGP 也可用于验证签名。

图 9-8 描述了 PGP 的消息发送和接收过程。在发送端，如果需要签名，可用明文的散列码生成签名，再将签名和明文一起压缩。接着，如果需要保密，可对由压缩的明文或压缩的签名加原文构成的块加密，与用公钥加密的会话密钥一起转换为基数 64 格式。

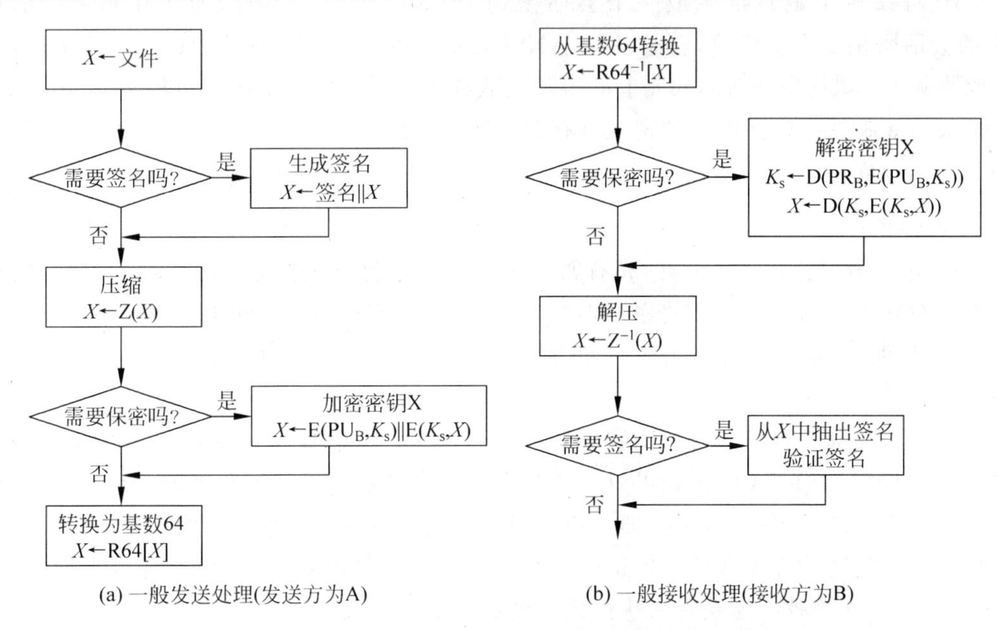

图 9-8　PGP 消息发送与接收

在接收端，将收到的块首先从基数 64 转换为二进制，然后如果消息加密过，则接收方恢复会话密钥，解密消息，再将得到的块解压。如果消息被签名，则接收方恢复传送过来的散列码，并与原散列码比较。

6. 分段和组装

电子邮件工具通常限制消息的最大长度，任何大于该长度的消息必须分成若干小段，单独发送。

为了适应这个限制，PGP 自动将长消息分段使之可以通过电子邮件发送。分段在所有其他操作之后进行，包括基数 64 转换。因此，会话密钥和签名部分仅在第一段的段首出现。在接收方，PGP 必须剥掉所有的电子邮件头，并组装得到原始邮件。

9.3.2　PGP 密钥

PGP 使用四种类型的密钥：一次性会话对称密钥、公钥、私钥、基于对称密钥的口令。这些密钥需要满足三种需求：

（1）一次性会话密钥是不可预测的。

(2) 允许用户拥有多个公钥/私钥对。因为用户可能希望能经常更换他的密钥对。而当更换时,许多流水线中的消息往往仍使用已过时的密钥。另外,接收方在更新到达之前只知道旧的公钥,为了能改变密钥,用户希望在某一时刻拥有多对密钥与不同的人进行应答或限制用一个密钥加密消息的数量以增强安全性。所有这些情况导致了用户与公钥之间的应答关系不是一对一的,因此,需要能鉴别不同的密钥。

(3) 每个PGP实体必须管理一个自己的公钥/私钥对的文件和一个其他用户公钥的文件。

1. 会话密钥的产生

PGP对每一个消息都生成一个会话密钥,与此消息对应,用以加密和解密该消息。PGP的会话密钥是个随机数,它是基于ANSIX.917的算法由随机数生成器产生的。随机数生成器从用户敲键盘的时间间隔上取得随机数种子。对于磁盘上的随机种子randseed.bin文件是采用和邮件同样强度的加密。这有效地防止了他人从randseed.bin文件中分析出实际加密密钥的规律。

2. 密钥标识

PGP允许用户拥有多个公开/私有密钥对。用户可能经常改变密钥对;而且同一时刻,多个密钥对在不同的通信组中使用。因此,用户和他们的密钥对之间不存在一一对应关系。比如A给B发信,如果没有密钥标识方法,B可能就不知道A使用自己的哪个公钥加密的会话密钥。

一个简单的解决方案是将公钥和消息一起传送。这种方式可以工作,但却浪费了不必要的空间,因为一个RSA的公钥可以长达几百个十进制数。另一种解决方案是每个用户的不同公钥与唯一的标识一一对应,即用户标识和密钥标识组合来唯一标识一个密钥。这时,只需传送较短的密钥标识即可。但这个方案产生了管理和开销问题:密钥标识必须确定并存储,使发送方和接收方能获得密钥标识和公钥间的映射关系。

因此,PGP给每个用户公钥指定一个密钥ID,在很大程度上与用户标识一一对应。它由公钥的最低64位组成,这个长度足以使密钥ID的重复概率变得非常小。

PGP的数字签名也需要使用密钥标识。因为发送方需要使用一个私钥加密消息摘要,接收方必须知道应使用发送方的哪个公钥解密。相应地,消息的数字签名部分必须包括公钥对应的64位密钥标识。当接收到消息后,接收方用密钥标识指示的公钥验证签名。

如图9-9所示,PGP消息由3个部分组成:消息部分、签名(可选)和会话密钥(可选)。

消息部分包括将要存储或传输的数据如文件名、消息产生的时间戳等。

签名部分包括如下内容:

(1) 时间戳。签名产生的时间戳。

(2) 消息摘要。160位的SHA-1摘要,用发送方的私钥加密摘要。摘要是计算签名时间戳和消息的数据部分得到的。摘要中包含的时间戳可以防止重播攻击。不包括消息部分的文件名和时间戳保证了分离后的签名与分离前的签名一致。基于单独的文件计算分离的签名,不包含消息头。

(3) 消息摘要的头两个字节。为使接收方能够判断是否使用了正确的公钥解密消息摘要,可以通过比较原文中的头两个字节和解密后摘要中的头两个字节。这两个字节作为消息的16位校验序列。

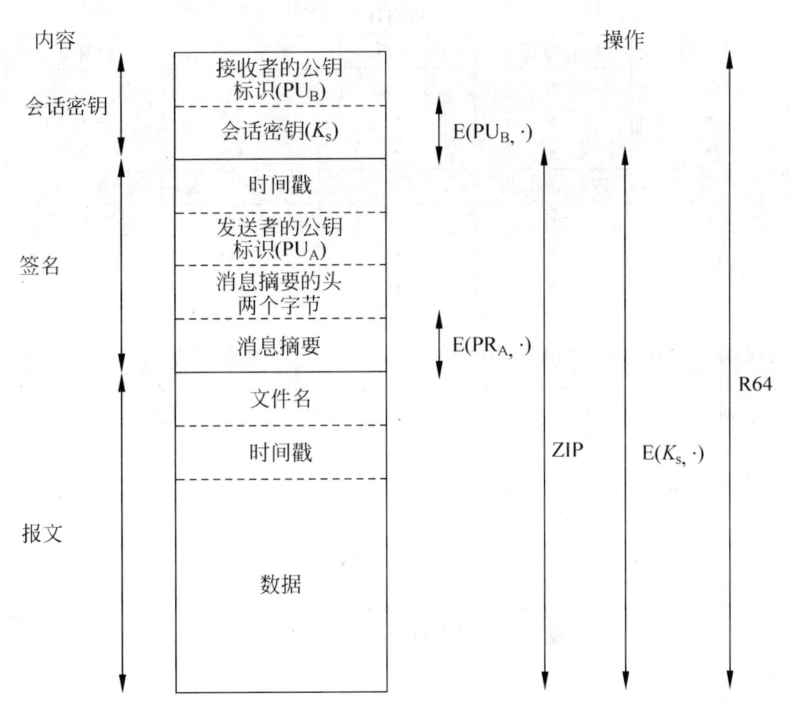

图 9-9　PGP 消息格式

图中，$E(PU_B, \cdot)$表示用用户 B 的公钥加密，$E(PU_A, \cdot)$表示用用户 A 的公钥加密，$E(K_s, \cdot)$表示用会话密钥加密，ZIP 表示 Zip 压缩函数，R64 表示基数 64 的转换函数。

(4) 发送方公钥的密钥标识。标识解密所应使用的公钥，从而标识加密消息摘要的私钥。消息和可选的签名可以使用 ZIP 压缩后再用会话密钥加密。会话密钥包括会话密钥和标识发送方加密会话密钥时所使用的接收方公钥标识。整个块使用基数 64 转换编码。

3. 密钥环

密钥标识对 PGP 操作是关键的，任何 PGP 消息中包含的两个密钥标识可以提供保密性和认证功能。这些密钥必须采用有效的、系统的方式存储、组织以供各方使用。PGP 为每个结点提供一对数据结构，一个用于存放本结点自身的公钥/私钥对，另一个用于存放本结点知道的其他用户的公钥。这两种数据结构被称为私钥环和公钥环。

图 9-10 列出了公钥环和私钥环的一般结构。可以认为，环是一个表结构，其中每一行表示用户拥有的一对公/私密钥。私钥环表中，每一行包含如下表项：

- 时间戳：密钥对生成的日期/时间。
- 密钥标识：至少 64 位的公钥标识。
- 公钥：密钥对的公钥部分。
- 私钥：密钥对的私钥部分，此域被加密。
- 用户标识：一般使用用户的电子邮件地址。但用户可以为不同密钥对选择不同的用户标识，也可以多次重复使用同一个用户标识。

私钥环

时间戳	密钥标识 *	公钥	加密的私钥	用户标识 *
• • •	• • •	• • •	• • •	• • •
T_i	$PU_i \bmod 2^{64}$	PU_i	$E(H(P_i), PR_i)$	用户 i
• • •	• • •	• • •	• • •	• • •

公钥环

时间戳	密钥标识 *	公钥	信任度	用户标识 *	合法密钥	签名	签名信任度
• • •	• • •	• • •	• • •	• • •	• • •	• • •	• • •
T_i	$PU_i \bmod 2^{64}$	PU_i	$trust\_flag_i$	用户 i	$trust\_flag_i$		
• • •	• • •	• • •	• • •	• • •	• • •	• • •	• • •

图 9-10 公钥环和私钥环的结构

私钥环可用用户标识或密钥标识索引。

虽然私钥环只在用户创建和拥有密钥对的机器上存储并只能被该用户存取，但私钥的存储应尽可能地安全。因此，私钥并不直接存储在密钥环中，而是用 CAST-128（或 IDEA，3DES）加密后存储。处理过程如下：

① 用户选择加密私钥的口令。

② 当系统使用 RSA 生成新的公钥/私钥对后，向用户询问口令。应用 SHA-1 为口令生成 160 位的散列编码，并废弃口令。

③ 系统用 CAST-128 和作为密钥的 128 位散列编码加密私钥，并废弃该散列编码，将加密后的私钥存于私钥环。

接着，当用户从私钥环中重新取得私钥时，必须提供口令。PGP 将生成口令的散列编码，并用 CAST-128 和散列编码一起解密私钥。

公钥环用来存储该用户知道的其他用户的公钥。公钥环表中每一行主要包含以下信息：

- 时间戳：该表项生成的日期/时间。
- 密钥标识：至少 64 位的公钥标识。
- 公钥：表项的公钥部分。
- 用户标识：公钥的拥有者。多个用户标识可与一个公钥相关。

图 9-11 描述了消息传递中密钥环的使用方式。假设应对消息进行签名和加密，则发送的 PGP 实体执行下列步骤：

① 签名消息。

- PGP 以用户标识作为索引从发送方的私钥环中取出选定的私钥，如果在命令中不提供用户标识，则取出私钥环中的第一个私钥。
- PGP 提示用户输入口令恢复私钥。

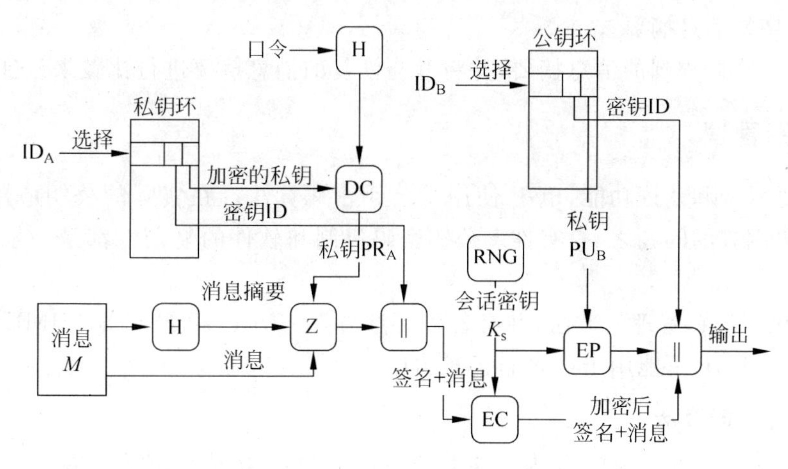

图 9-11　PGP 消息生成

- 创建消息的签名。

② 加密消息。

- PGP 生成会话密钥并加密消息。
- PGP 用接收方的用户标识作为索引从公钥环中获得接收方的公钥。
- 创建消息的会话密钥。

接收方 PGP 实体执行的步骤参见图 9-12，主要包括以下几个步骤：

① 解密消息。

- PGP 用消息的会话密钥的密钥标识域作为索引从私钥环中获取接收方的私钥。
- PGP 提示用户输入口令以恢复私钥。
- PGP 恢复会话密钥，解密消息。

② 认证消息。

- PGP 用消息的签名密钥中包含的密钥标识从公钥环中获取发送方的公钥。

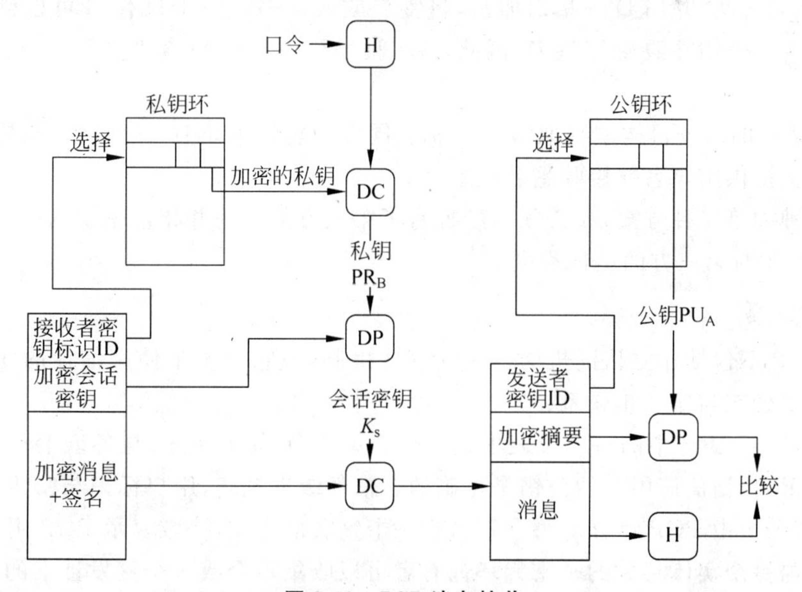

图 9-12　PGP 消息接收

- PGP 恢复消息摘要。
- PGP 计算接收到的消息摘要,并将其与恢复的消息摘要进行比较来认证。

9.3.3 公钥管理

为了提供保密和认证功能,PGP 使用了公钥密码算法。在实际的公钥应用中,防止公钥的篡改是最困难的问题之一,有许多公钥密码机制和软件的复杂性都是为了解决这一问题而引入的。

PGP 提供了公钥管理的方法,并有各种可选方案。但 PGP 没有 S/MIME 的严格公钥管理模式,因为 PGP 可能用于许多非正式的场合。

1. 公钥管理的方法

公钥管理的实质是:用户 A 为了与其他用户用 PGP 互操作,必须建立一个拥有其他用户公钥的公钥环。假设 A 的公钥环中包含一个属于 B 的公钥,但该公钥实际上是 C 的公钥。这样,就存在如下两种威胁:其一,C 向 A 发送消息且伪造 B 的签名,这样 A 就会以为该消息来源于 B。其二,任何 A 发往 B 的加密消息 C 均可以阅读。

有许多方法可以减少用户公钥环中包含错误公钥的可能性。假设 A 想获得 B 的可靠的公钥,可使用如下方法:

(1) 物理上从 B 获得密钥。B 可以将自己的公钥(PU_B)存放于一张软盘上,并将其交给 A,A 再从软盘上将该密钥复制到系统中,这种方法虽然非常安全,但也有明显的局限性。

(2) 利用电话验证密钥。如果 A 可以通过电话与 B 联系,A 可以直接通过电话向 B 询问基数 64 格式的密钥。或者,B 可以通过电子邮件传递密钥给 A,A 再用 PGP 为该密钥用 SHA-1 生成 160 位的摘要,并用十六进制表示作为密钥的指纹。于是 A 通过电话向 B 询问密钥的指纹,如果相符,则密钥得到了校验。

(3) 从共同信任的个体 D 处获得 B 的公钥。引进 D 创建签名证书。证书包括 B 的公钥、密钥的创建时间,并用 D 的私钥加密,将签名放入证书。由于只有 D 可以创建签名,其他人不可能伪造公钥并假装 D 签名,因此,签名证书可由 B 或 D 直接送往 A,或发布在公告牌上。

(4) 从信任的认证机构中获取 B 的公钥。同样创建公钥证书,并由认证机构签名,A 可以向认证机构提供用户名并接收签名证书。

对第 3 种和第 4 种方案,A 必须已经拥有了第三方的公钥并相信密钥的合法性,从根本上说,取决于 A 对第三方的信任程度。

2. 信任关系

虽然 PGP 不包括建立认证机构或建立信任机制,但它提供了使用信任的便利手段,利用信任信息将公钥与信任相联系。

基本结构:公钥环中的每一个表项是一个公钥证书,如上所述,与各证书相关的密钥合法性域使得 PGP 相信该用户的公钥是正确的。信任级别越高,用户标识与密钥间的绑定关系越强,此域的值由 PGP 计算。每个签名有一个签名信任域,该域表示 PGP 用户信任该签名的程度。与每个实体相关的是密钥环拥有者可以收集零个或多个签发证书的签名。密钥合法性域来源于该表项中的签名信任域。最后,每个表项定义一个与特定所有者相关的公钥,所有者信任域包含对本公钥签名的其他公钥证书的信任程度,此信任级别由用户设定。我们可以认为签名信任域是所有者信任域的一个备份。

密钥合法性域、签名信任域和所有者信任域各包含一个信任标志字节,标志的内容如表 9-5 所示。

表 9-5 信任标志字节的内容

赋给公钥所有者的信任值(在密钥包后由用户定义)	赋给公钥/用户标识的信任值(在用户标识后由 PGP 计算)	赋给签名的信任值(在签名包后为此签名者缓存 OWNERTRUST 的备份)
OWNERTRUST 域 • 未定义信任 • 未知用户 • 通常不信任对其他密钥的签名 • 通常信任对其他密钥的签名 • 一直信任对其他密钥的签名 • 该密钥出现在秘密密钥环中(绝对信任) BUCKSTOP 位 • 若密钥出现在秘密密钥环则置位	KEYLEGIT 域 • 未知或未定义信任 • 密钥所有者身份不被信任 • 密钥所有者身份一般信任 • 密钥所有者身份绝对信任 WARNONLY 位 • 当用户想在使用的加密密钥不完全合法时提出警告,则置位	SIGTRUST 位 • 未定义信任 • 未知用户 • 通常不信任对其他密钥的签名 • 通常信任对其他密钥的签名 • 一直信任对其他密钥的签名 • 密钥出现在秘密密钥环中(绝对信任) CONTIG 位 • 如果签名在信任证书链中被证实则置位

假设处理的是用户 A 的公钥环,则信任操作的处理流程如下:

① 当 A 向公钥环中插入一个新的公钥时,PGP 必须为该公钥的所有者设定一个信任标志。如果所有者为 A,则该公钥必然也出现于私钥环中,因此信任域中的值自动设为 ultimate trust。否则,PGP 询问 A 应为该标志置何值,A 必须键入相应的信任级别:如对该公钥的所有者 unknown、untrusted、marginally trusted 或 completely trusted。

② 当新的公钥进入环中,必须与一个或多个签名相联系,多个签名可逐个加入。当插入一个签名时,PGP 将搜索公钥环,看该签名的作者是否是已知公钥的所有者,如果是,则该所有者信任域值为 SIGTRUST;否则,值为 unknown user。

③ 根据表项中签名信任域的值计算密钥合法性域。如果至少有一个签名的签名信任值为 ultimate,则将密钥合法性域设置为 complete。否则,PGP 计算加权的信任值:A 将 always trusted 的签名权值设置为 $1/X$,将 usually trusted 的签名权值设置为 $1/Y$,X 和 Y 是用户设置的参数。当第三方的密钥/用户标识组合的权值达到 1 时,则认为该绑定是值得信任的,并将密钥合法性域设置为 complete。因此在没 ultimate trust 时,至少需要 X 签名的 always trusted 或 Y 签名的 usually trusted 或其他组合消息。

PGP 周期性地处理公钥环来获得一致性。本质上,这是一个自顶向下的过程。对每个 OWNERTRUST 域,PGP 扫描整个环得到该所有者的全部签名,并根据 OWNERTRUST 更新 SIGTRUST 域。此过程起始于具有 ultimate trust 值的密钥。接着计算与签名相关的所有 KEYLEGIT 域。

图 9-13 提供了一个签名信任和密钥合法性相关的例子。图中描述了一个公钥环的结构,用户从它们的所有者或作为密钥服务器的第三方获得了若干公钥。

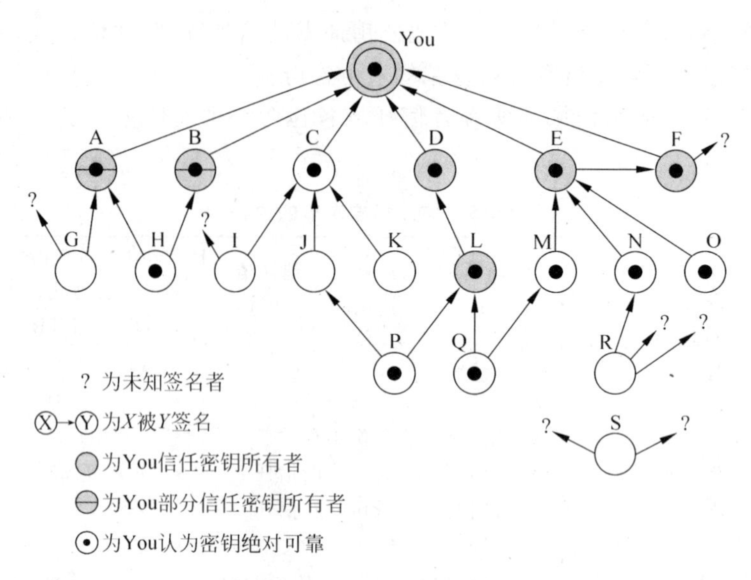

图 9-13 PGP 信任模型举例

标识为 You 的结点表示公钥环中该项所属的用户，该密钥是合法的，且其域 OWNERTRUST 的值为 ultimate trust。公钥环中的其他结点在用户没有赋值前的域 OWNERTRUST 的值为 undefined。此例中，该用户通常相信用户 D、E、F、L 签名的密钥，并部分相信用户 A、B 签名的密钥。

从图 9-13 也可以看出该用户的信任级别。树结构表示出其他用户签名的密钥，如果一个对密钥进行签名的用户，其密钥也在这个密钥环中，则用箭头连接签名密钥和签名者。如果一个对密钥进行签名的用户，其密钥不在这个密钥环中，则用箭头连接签名密钥和问号"?"，表示该用户不知道签名者是谁。

图 9-13 说明了如下几点：

(1) 除了结点 L 外，该用户全部信任和部分信任的密钥所有者的所有密钥均被签名。这种用户签名并不总是必要的(如结点 L)，但实际上，大多数用户都会为其信任的所有者签名。因此，即使 E 的密钥是被信任的引进者 F 签名的，用户仍会选择直接对 E 的密钥进行签名。

(2) 假设可以用双方信任的签名验证一个密钥，则当 A 和 B 同时部分信任对 H 的密钥签名时，则 PGP 认为此密钥合法。

(3) 如果一个密钥被一方完全信任的签名者或被两方部分信任的签名者签名，则认为该密钥合法，但可能在签名其他密钥时不被信任。例如，由于该用户信任的 E 签名 N 的密钥，使得 N 的密钥合法。但由于该用户并没有赋信任值给 N，该用户不相信 N 对其他密钥签名。因此，虽然 R 的密钥由 N 签名，PGP 认为 R 的密钥是不合法的。这种情况产生了很好的效果。如果你想向某人发送私人消息，你并不需要在任何方面都信任他，而只需要确信你拥有他的公钥。

(4) 图 9-13 也说明了一个拥有两个 unknown 标识的孤立结点 S。这种密钥可能来自域密钥服务器。PGP 并不会因为它来源于有信誉的服务器就简单地认为它合法，用户必须对它签名或告知 PGP 它希望信任该公钥的签名者来使该密钥合法。

最后要说明的是，前面提到可以用多个用户标识与公钥环中的一个公钥相关的问题。由于一个人可以改变名字，或使用不同的名字签名，或使用不同的电子邮件地址，可能出现上述情况。因此，可以用公钥作为树的根，此树拥有多个用户标识，每个用户标识又拥有多个签名的公钥。公钥与特定用户标识的绑定关系可用依赖于公钥和用户标识的签名来区分，该密钥的信任级别将依赖于所有相关的签名。

3. 撤销公钥

用户可能因为防止攻击或在某一特定时期不想使用原来的密钥而希望撤销当前使用的公钥。当攻击者获得了用户未加密的私钥或获得了私钥环中的私钥和口令时，用户必须撤销该公钥。

通常，撤销一个公钥需要所有者签发一个密钥撤销证书。该证书与一般的签名证书相同，并包括一个表明该证书的目的是用来撤销该公钥的指示信息，且必须用相应的私钥来签名该公钥撤销证书，然后所有者快速而广泛地散发该证书，使得相关用户可以更新他们的公钥环。

同样一个获得所有者私钥的攻击者也可以发布一个这样的证书，但这会使得攻击者和合法所有者一样无法再使用该公钥，因此，这种恶意窃取私钥的威胁性不大。

9.4　S/MIME

S/MIME(Secure/Multipurpose Internet Mail Extension)在 RSA 数据安全性的基础上，加强了互联网电子邮件格式标准 MIME 的安全性。虽然 PGP 和 S/MIME 都是 IETF 工作组推出的标准，但 S/MIME 侧重于作为商业和团体使用的工业标准，而 PGP 则倾向于为许多用户提供个人电子邮件的安全性。

9.4.1　传统电子邮件格式

RFC 822 定义了一种用电子邮件传输的文本消息格式，是基于 Internet 传递的文本邮件消息标准，并被广泛使用。在 RFC 822 标准中，消息包括信封和内容两部分，信封包含用于传递和发送的任何信息，内容是指要发给接收方的对象。RFC 822 标准仅应用在内容上，而内容标准包括一组用于邮件系统创建信封的报头域，以及简化程序获取该信息的步骤。

RFC 822 描述的消息结构非常简单。一个消息包含若干行的报头和无限制的正文。报头与正文之间用一个空行隔开，消息是 ASCII 码的文本，而从第一行到第一个空行的内容由邮件系统的用户代理使用。

报头通常由关键字、冒号“：”和该关键字的参数组成，并允许一个长行被分割为若干短行，最常用的关键字为 From、To、Subject 和 Date。例如：

```
Date: Tue, 01 Dec 2009 11: 25: 17 (EST)
FROM: "Raymond Yao" <raymond@nuist.edu.cn>
Subject: Welcome
To: mary@nuist.edu.cn
Cc: Jones@163.com
```

Hello. This section begins the actual message body, which is delimited from the message heading by a blank line.

RFC 822 报头包含的另一个域是消息标识 Message-ID。该域包含与该消息相关的一个唯一标识。

9.4.2 MIME

MIME 是对 RFC 822 框架的一个扩展,解决了使用 SMTP 或其他邮件传输协议、RFC 822 电子邮件存在的一些问题和限制:

(1) SMTP 不能传输可执行文件或其他二进制对象。为了使用 SMTP 邮件系统,可以采用许多方式将二进制文件转化为文本格式,如流行的 UNIX UUencode/UUdecode 模式,但没有一个作为标准或事实上的标准。

(2) SMTP 不能传递包括国际语言字符的文本数据,因为该字符集用 8 位描述,其值为 128 或更大,而 SMTP 限于 7 位 ASCII 码。

(3) SMTP 服务器可以拒绝超过一定大小的邮件消息。

(4) SMTP 网关在 ASCII 码和 EBCDIC 码之间转换时没有使用一致的映射。

(5) 到 X. 400 电子邮件网络的 SMTP 网关不能处理包含在 X. 400 消息中的非文本数据。

(6) 一些 SMTP 的实现与定义在 RFC 821 中的 SMTP 标准不完全一致。

MIME 期望以 RFC 822 实现兼容的方式解决以上问题。

1. 概述

MIME 说明书包含如下要素:

(1) 定义了 5 个新的报头域,这些域提供正文信息(可能在 RFC 822 报头中有定义)。

(2) 定义了若干内容格式,标准化支持多媒体的电子邮件。

(3) 定义了编码转换方式,使得任何内容格式均可转化为邮件系统认可的格式。

MIME 中定义的 5 个报头域如下:

- MIME-Version(MIME 版本):其值必须为 1.0,表明该消息符合 RFC 2045 和 RFC 2046。
- Content-Type(内容类型):描述正文中包含的数据类型,使得接收方代理可以选择合适的代理或机制表示数据或正确处理数据。
- Content-Transfer-Encoding(内容转换编码):描述将消息正文转换为可以传输的类型转换方式。
- Content-ID(内容标识):在多重上下文中唯一标识 MIME 实体的标识。
- Content-Description(内容描述):正文对象的文本描述,在该对象不可读时使用(如音频数据)。

RFC 822 报头可以出现一个或多个域。在实现中必须支持 MIME-Version,Content-Type 和 Content-Transfer-Encoding 域,可以选择支持 Content-ID 和 Content-Description 域,并且接收方可以忽略这两个域。

2. MIME 内容类型

MIME 中有大量关于内容类型定义的说明,体现了在多媒体环境下需要提供多种信息表示方法的需求。

表 9-6 列出了 RFC 2046 中说明的内容类型，主要有 7 种不同的类型和 8 种子类型。一般来说，用内容类型描述数据的通用类型，用子类型描述该数据类型的特殊格式。

表 9-6　MIME 内容类型

类型	子类型	描　述
Text	Plain	无格式文本，为 ASCII 码或 ISO 8859 码
	Enriched	提供丰富的文档信息
Multipart	Mixed	各部分相互独立但一起传送接收方看到的形式与邮件消息中的形式相同
	Parallel	除在传送时各部分无序外，其余与 Mixed 相同
	Alternative	不同部分是同一消息的不同表现形式，按增序排列，接收方系统将按照最佳方式显示
	Digest	与 Mixed 相似，但每部分默认的类型/子类型为 message/rfc822
Message	rfc822	封装消息的正文与 RFC 822 一致
	Partial	允许按接收方透明的方式对大邮件分段
	External-body	包含一个对存在于别处的对象的指针
Image	jpeg	JFIF 编码的 JPEG 图像
	gif	图像为 GIF 格式
Video	mpeg	MPEG 格式
Audio	Basic	单通道 8 位 ISDN，8kHz 编码
Application	PostScript	Adobe PostScript
	octet-stream	一般的 8 位二进制数据

正文为文本类型(text type)时，除了要支持指定字符集外不需要特殊的软件来获取文本的全部含义，因此主要的子类型为纯文本(plain text)，即由简单的 ASCII 码或 ISO 8859 字符组成的字符串。子类型 enriched 则允许拥有更多的格式信息。

类型为多部分类型(multipart type)时，表示正文中包含多个相互独立的部分。域 Content-Type 中包含一个称为分界符的参数。该分界符定义了正文中各部分的分隔符。此分界符不能随意出现，而必须从一个新行开始，并在两个连字符后跟分界符值，最后一个分界符表示最后一个部分的结尾，并有两个连字符做后缀。在各个部分，可以有一个通常的 MIME 报头。

以下是一个多正文消息的简单例子，包含由简单文本组成的两个部分：

```
From: Nathaniel Borenstein <nsb@bellcore.com>
To: Ned Freed <ned@innosoft.com>
Subject: Sample message
MIME-Version: 1.0
Content-type: multipart/mixed; boundary="simple boundary"
This is the preamble. It is to be ignored, though it is a handy place for mail composers to include an
explanatory note to non-MIME conformant readers.
-simple boundary
This is implicitly typed plain ASCII text. It does NOT end with a linebreak.
-simple boundary
Content-type: text/plain; charset=us-ascii
This is explicitly typed plain ASCII text. It DOES end with a linebreak.
```

```
-simple boundary-
This is the epilogue. It is also to be ignored.
```

(1) multipart 类型有 4 种子类型，其语法相同。

① 子类型 multipart/mixed 用于将相互独立的各部分按一定的顺序绑定。

② 子类型 multipart/parallel 表示各部分的顺序无关紧要。如果接收系统合适，则各部分可并行接收。例如，在图片或文本显示时，可同时播放音频。

③ 子类型 multipart/alternative 表示这若干个部分是同一个信息的不同表示。例如：

```
From: Nathaniel Borenstein <nsb@bellcore. com>
To: Ned Freed <ned@innosoft. com>
Subject: Formatted text mail
MIME-Version: 1. 0
Content-type: multipart/alternative; boundary=boundary42
--boundary42
Content-Type: text/plain; charset=us-ascii
   …plain text version of message goes here…
--boundary42
Content-Type: text/enriched
   …RFC 1896 text/enriched version of same message goes here…
-boundary42-
```

在此子类型中，各部分按优先级递增的方式排序。例如，如果接收方可以处理 text/enriched 格式的信息，则按此格式处理，否则就使用纯文本方式。

④ 子类型 multipart/digest 用于将正文的每个部分作为一个带有头的 RFC 822 消息，从而使得一个消息中可以包含多个独立的消息。例如，可以用一个组缓冲器收集组中各成员的电子邮件消息并将其封装到一个 MIME 消息中发送。

(2) 类型 message 提供了许多 MIME 的重要特性。

① 子类型 message/rfc822 表明该正文是一个完整的消息，包括了头和正文。除子类型的名字外，封装的消息既可以是 RFC 822 消息，也可以是任何 MIME 消息。

② 子类型 message/partial 使得可以将一个大消息分段为若干部分，并可在目的地重新组装。对这个子类型而言，Content-Type: Message/Partial 域需要说明三个参数：

第一个是对同一个消息所有分片一致的标识 id，第二个是每段唯一的序列号 sequence number，第三个是总的段数 total。

③ 子类型 message/external-body 表示消息中需要转换但不包含在正文中的实际数据，而正文中包含了存取该数据所需的信息。与其他消息类型一样，此子类型有一个外部报头和封装在消息内的报头。外部头仅需要 Content-Type 域，该域表示消息/外部头的此子类型。内部头是该封装消息的消息头。域 Content-Type 中必须包含一个描述存取方式的类型参数，如 FTP。

(3) 类型 application 指的是其他类型的数据，如不能解释的二进制数据或由邮件应用程序处理的信息。

3. MIME 转换编码

MIME 说明书中另一个主要部分是定义消息正文的转换编码。其目的是在庞大的网络环境中提供可靠的投递方式。

MIME 标准定义了两种编码方式，但域 Content-Transfer-Encoding 可以取 6 个值，如表 9-7 所示。其中当值为 7 位、8 位和 binary 时，并不进行编码，而是提供一些与数据属性相关的信息。对 SMTP 传输而言，用 7 位较安全，而在其他邮件传输协议中可以使用 8 位和 binary。Content-Transfer-Encoding 域也可取值 x-token，用来表示其他编码方式，并提供该方式的名字。这种方式可以是销售商定义的或应用程序自定义的方式。目前，有两种方式：quoted-printable 和 base 64，它们都是为了提供一种将所有数据类型的紧凑表示转换为便于人类阅读形式而设计的。

（1）quoted-printable 转换编码在数据由大量可打印的 ASCII 字符组成时使用。其本质上是一种不安全的十六进制字符表示方法，并引入软回车来解决每行不得超过 76 个字符的限制。

（2）base 64 转换编码是一种基数 64 的编码方法，是一种对二进制数据进行编码的通用方法，在邮件传输程序中无懈可击。

表 9-7 MIME 转换编码

7 位	所有数据都用短行的 ASCII 码字符表示
8 位	短行，但可以有非 ASCII 码字符
binary	不仅可以有非 ASCII 码字符，且可以存在 SMTP 无法传送的长行
quoted-printable	如果被编码的数据大多是 ASCII 码字符，则数据编码后的形式大部分仍是能被人识别的一种数据编码方式
base 64	将 6 位输入转为 8 位输出的方式，转换后的数据均为可打印的 ASCII 码字符
x-token	非标准编码方式的名称

4. 规范格式

MIME 和 S/MIME 有一个规范格式的重要概念。规范格式指的是一种与内容类型相对应的格式，可在系统中作为标准使用，表 9-8 可阐明此问题。

表 9-8 本地格式和规范格式

本地格式	被传送的正文部分是按系统的本地格式创建的，使用本地字符集和行结束标记。正文可以是 UNIX 风格的文本文件、Sun 光栅图片或 VMS 索引文件或依赖于系统的仅存储在内存中的声音文件等任何信息。从根本上说，数据依据媒体类型按照本地格式创建
规范格式	整个正文部分包括外部信息，如记录长度和可能的文件属性信息均转化为一致的规范格式。正文中特定媒体类型和其属性将按本地格式使用。将其转换为合适的本地格式将涉及到字符集的转换、声音数据的转换、压缩或其他与媒体类型相关的操作。如果涉及到字符集的转换则应注意理解与字符集密切相关的媒体类型的语义（如 text 子类型中的 plain 和其他含义丰富的字符集）

9.4.3 S/MIME 的功能

S/MIME 是从 PEM 和 MIME 发展而来的。同 PGP 一样，S/MIME 也利用单向散列算法和公钥与私钥的加密体系。但它与 PGP 主要有两点不同：它的认证机制依赖于层次结构的证书认证机构,所有下一级的组织和个人的证书由上一级的组织负责认证,而最上一级的组织(根证书)之间相互认证,整个信任关系基本是树状的,这就是所谓的 Tree of Trust。还有,S/MIME 将信件内容加密签名后作为特殊的附件传送,它的证书格式采用 X.509 v3 相符的公钥证书。

1. S/MIME 功能

S/MIME 提供如下功能:

(1) 封装数据。由任何类型的加密内容和加密该内容所用的加密密钥组成,密钥可以是与一个或多个接收方对应的多个密钥。

(2) 签名数据。数字签名通过提取待签名内容的数字摘要,并用签名者的私钥加密得到。然后,用 base 64 编码方法重新对内容和签名编码。因此,一个签名了的数据消息只能被具有 S/MIME 能力的接收方处理。

(3) 透明签名数据。签名的数据形成了内容的数字签名。但在这种情况下,只有数字签名采用了 base 64 编码。因此,没有 S/MIME 功能的接收方虽然无法验证签名,但却可以看到消息内容。

(4) 签名并封装数据。仅签名实体和仅封装实体可以嵌套,能对加密后的数据进行签名和对签名数据或透明签名数据进行加密。

2. 密码算法

表 9-9 总结了在 S/MIME 中使用的密码算法。S/MIME 中使用了如下术语:

(1) Must。在规格说明书中表示一定要满足的需求,其实现必须与规格说明中功能一致。

(2) Should。如果在特定条件下有合理的理由可以忽略,但推荐其实现包含该功能。

表 9-9 S/MIME 中使用的密码算法

功　能	要　求
创建用于数字签名的数字摘要	必须支持 SHA-1,接收方应该支持 MD5,以便向后兼容
加密数字摘要形成数字签名	发送代理和接收代理必须支持 DSS 发送代理应该支持 RSA 加密 接收代理应该支持验证密钥大小在 512～1024 位的 RSA 签名
为传送消息加密会话密钥	发送代理和接收代理必须支持 Diffie-Hellman 发送代理应该支持密钥大小在 512～1024 位的 RSA 加密
接收代理应该支持 RSA 解密	用一次性会话密钥加密消息 发送代理和接收代理必须支持 3DES 发送代理必须支持 AES 加密,应该支持 RC2/40 解密
创建一个消息鉴定代码	接收代理必须支持 SHA-1 HMAC 接收代理应当支持 SHA-1 HMAC

S/MIME 组合三种公钥算法。DSS(Digital Signature Standard)是其推荐的数字签名算法,Diffie-Hellman 是其推荐的密钥交换算法,实际上,在 S/MIME 中使用的是其能加密解密的变体 ElGamal。RSA 既可以用做签名,也可以加密会话密钥。这些算法与 PGP 中使用的算法相同,从高层提供了其安全性。规格说明推荐使用 160 位的 SHA-1 算法作为数字签名的散列函数,但要求接收方能支持 128 位的 MD5 算法。

对消息加密而言,推荐使用3DES。但实现时也应支持40位的RC2,后者是一种弱加密算法,美国允许出口该算法。

S/MIME规格说明包括如何决定采用何种加密算法。从本质上说,一个发送方代理需要进行如下两个抉择:一是发送方代理必须确定接收方代理是否能够解密该加密算法;二是如果接收方代理只能接收弱加密的内容,发送方代理必须确定弱加密方式是否可以接受的。为了能达到上述要求,发送方代理可以在它发送消息之前先宣布它的解密能力,由接收方代理将该消息存储,留给将来使用。

发送方代理必须按照如下顺序遵守如下规则:

(1) 如果发送方代理有一个接收方解密性能表,则它应该选择表中的第一个(即优先级最高的)性能。

(2) 如果发送方代理没有接收方的解密性能表,但曾经接收到一个或多个来自于接收方的消息,则应该使用与最近接收到的消息一样的加密算法,加密将要发送给接收方的消息。

(3) 如果发送方代理没有接收方的任何解密性能方面的知识,并且想冒险一试(接收方可能无法解密消息),则应该选择3DES。

(4) 如果发送方代理没有接收方的任何解密性能方面的知识,并且不想冒险,则发送方代理必须使用RC2/40。

如果消息需要发给多个接收方,并且它们没有一个可以接受的、共同的加密算法,则发送方代理需要发送两条消息。此时,该消息的安全性将由于安全性低的一份拷贝而易受到攻击。

9.4.4 S/MIME消息

S/MIME使用了一系列新的MIME内容类型,如表9-10所示。所有的新类型都使用PKCS(Public-Key Cryptography Specifications)指示,PKCS是纪念为S/MIME做出贡献的RSA实验室发布的一组公钥密码规格说明。

表9-10 S/MIME内容类型

类型	子类型	smime参数	描 述
Multipart	Signed		两部分的透明签名消息:一部分是消息,另一部分是签名
Application	Pkcs7-mime	签名数据	签名的S/MIME实体
	Pkcs7-mime	封装数据	加密的S/MIME实体
	Pkcs7-mime	退化的签名数据	仅包含公钥证书的实体
	Pkcs7-mime	压缩数据	一个压缩的S/MIME实体
	Pkcs7-signature	签名数据	签名子部分的内容类型为multipart/signed的消息

下面逐一介绍S/MIME消息处理过程。

1. 保护MIME实体

S/MIME用签名和/或加密保护MIME实体。一个MIME实体可以是一个整体消息(除RFC 822报头外),或当MIME内容类型为multipart时,MIME实体是一个或多个消息的子部分。MIME 实体将按照 MIME 消息准备规则进行准备工作，然后将 MIME 实体和一些与安全相关的数据（如算法标识符、证书）一起用 S/MIME 处理，得到所谓的 PKCS 对象。最后，将 PKCS 对象作为消息内容封装到 MIME 中（提供合适的 MIME 头）。后面将举例说明。

总之，将要发送的消息需要转换为规范形式。特别地，对给定的类型和子类型面言，相应的规范形式将作为消息内容。对一个多部分的消息而言，合适的规范形式被用于每个子部分。

使用编码转换时应注意，在大多数情况下，使用安全算法后将产生部分或全部用二进制数据表示的对象，将该对象放入外部 MIME 消息后，一般用 base 64 转换编码对其进行转换。而对一个多部分签名的消息，安全处理过程并不改变子部分的消息内容，除了内容用 7 位表示的以外，其他代码转换应使用 base 64 或 quoted printable，使得应用签名的内容不会被改变。下面逐个讨论 S/MIME 内容类型。

2. 封装数据

子类型 application/pkcs7-mime 拥有一个 smime-type 参数。其结果（对象）采用 ITU-T 推荐的 X.209 中定义的 BER（Basic Encoding Rules）表示法。BER 格式由 8 位字符串组成，即为二进制数据，因此，此对象可在外部 MIME 消息中用 base 64 转换算法编码。首先，看看封装的数据。

MIME 实体准备封装数据的步骤如下：

① 为特定的对称加密算法（RC2/40 或 3DES）生成伪随机的会话密钥。

② 用每个接收方的 RSA 公钥分别加密会话密钥。

③ 为每个接收方准备一个接收方信息块（RecipientInfo），其中包含接收方的公钥证书标识，加密会话密钥的算法标识和加密后的会话密钥。

④ 用会话密钥加密消息内容。

接收方信息块（RecipientInfo）后面紧跟着构成封装数据的加密内容，然后用 base 64 编码，例如（不包括 RFC 822 头）：

```
Content-Type：application/pkcs7-mime；smime-type=enveloped-date；
        name=smime.p7m
Content-Transfer-Encoding：base 64
Content-Disposition：attachment；filename=smime.p7m
rfvbnj75.6tbBghyHhHUujhJhjH77n8HHGT9HG4VQpfyF467GhIGfHfYT67n8HHGghyHhHUujh
Jh4VQpfyF467GhIGfHfYGTrfvbnjT6jH7756tbB9Hf8HHGTrfvhJhjH776tbB9HG4VQbnj7567GhI
GfHfYT6ghyHhHUujpfyF40GhIGfHfQbnj756YT64V
```

为了恢复加密的消息，接收方首先去掉 base 64 编码，然后用其私钥恢复会话密钥，最后用会话密钥解密得到消息内容。

3. 签名数据

smime-type 的签名数据可以被一个或多个签名者使用。为了简单起见，我们将讨论范围限定在单个数字签名内。MIME 实体准备签名数据的步骤如下：

① 选择消息摘要算法（SHA 或 MD5）。

② 计算待签名内容的消息摘要或散列函数。

③ 用签名者的私钥加密数字摘要。

④ 准备一个签名者信息块(SignerInfo),其中包含签名者的公钥证书,消息摘要算法的标识符,加密消息摘要的算法标识符和加密的消息摘要。

签名数据实体包含一系列块,包括一个消息摘要算法标识符,被签名的消息和签名者信息块(SignerInfo)。签名数据实体可以包含一组公钥证书,该证书可以构成一个从上级认证机构或更高级的认证机构证明该签名者的一条链路。最后将这些数据用 base 64 转换编码。例如(不包括 RFC 822 头):

```
Content-Type: application/pkcs7-mime; smime-type=signed-date;
        name=smime. p7m
Content-Transfer-Encoding: base 64
Content-Disposition: attachment; filename=smime. p7m
567GhIGfHfYT6ghyHhHUujpfyF4f8HHGTrfvhJhjH776tbB9HG4VQbnj777n8HHGT9HG4VQpfy
F467GhIGfHfYT6rfvbnj756tbBghyHhHUujhJhjHHUujhJh4VQpfyF467GhIGfHfYGTrfvbnjT6Jh
7756tbB9H7n8HHGghyHh6YT64V0GhIGfHfQbnj75
```

为了恢复签名消息并验证签名,接收方首先去掉 base 64 编码,然后用签名者的公钥解密消息摘要,接收方独立计算消息摘要,并将其与解密得到的消息摘要进行比较,从而验证签名。

4. 透明签名

透明签名(clear-signing)在对多部分内容类型的子类型签名时使用。签名过程并不涉及对签名消息的转换,因此该消息发送时是明文。因此,具有 MIME 能力而不具备 S/MIME 能力的接收方也能阅读输入的消息。

一个 multipart/signed 消息由两部分组成。第一部分可以是任何 MIME 类型但必须做好准备,使之在从源端到目的端的传送过程中不被改变,这意味着第一部分不能是 7 位,需要用 bese 64 或 quoted-printable 编码。而后,其处理过程与签名数据相同,但签名数据格式的对象中消息内容域为空,该对象与签名相分离,再将它用 base 64 编码,作为 multipart/signed 消息的第二部分。第二部分的 MIME 内容类型为 application,子类型为 pkcs7-signature。例如:

```
Content-Type: multipart/signed;
   Protocol="application/pkcs7-signature";
   micalg=sha1; boundary=boundary42
-boundary42
Content-Type: text/plain
This is a clear-signed message.
-boundary42
Content-Type: application/pkcs7-signature; name=smime. p7s
Content-Transfer-Encoding: base 64
Content-Disposition: attachment; filename=smime. p7s
ghyHhHUujhJhjH77n8HHGTrfvbnj756tbB9HG4VQpfyF467GhIGfHfYT64VQpfyF467GhIGfHfY
T6jH77n8HHGghyHhHUujhJh756tbB9HGTrfvbnjn8HHGTrfvhJhjH776tbB9HG4VQbnj7567GhI
GfHfYT6ghyHhHUujpfyF47GhIGfHfYT64VQbnj756
-boundary42-
```

协议的参数表明它是一个由两部分组成的透明签名实体。参数 micalg 表明使用的是消息摘要类型。接收方可以从第一部分获得消息摘要,并同第二部分中恢复得到的消息摘要进行比较来进行认证。

5. 注册请求

典型地,一个应用或用户向认证中心申请公钥证书。S/MIME 的实体 application/pkcsl0 用于传递证书请求。证书请求包括证书请求信息块,公钥加密算法标识符,用发送方私钥对证书请求信息块签名。证书请求信息块包含证书主体的名字(拥有待证实的公钥的实体)和该用户公钥的标识位串。

6. 仅含证书消息

仅包含证书或 CRL 的消息在应答注册请求时发送。该消息的类型/子类型为 application/pkcs7-mime,并带一个退化的 smime-type 参数。其步骤除没有消息内容和签名者信息块为空以外,其他过程与创建签名数据消息相同。

9.4.5 S/MIME 证书处理过程

S/MIME 使用公钥证书的方式与 X.509 的版本 3 一致。S/MIME 使用的密钥管理模式是严格的 X.509 证书层次和 PGP 的基于 Web 信任方式的一种混合方式。按照 PGP 模式,S/MIME 的管理者和(或)用户必须配置每个客户端的信任密钥表和 CRL。也就是说,验证接收到的签名和对输出消息的签名工作都是通过本地维护证书实现的。另一方面,证书由认证机构颁发。

1. 用户代理职责

一个 S/MIME 用户需要执行若干密钥管理职能:

(1) 密钥生成。与一些行政管理机构相关的用户(如与局域网管理相关)必须能生成单独的 Diffie-Hellman 和 DSS 密钥对,并且应该能生成 RSA 密钥对。每个密钥对必须是利用非确定的随机输入生成,并以安全的方式保护。用户代理应该能生成长度在 768 位到 1024 位的 RSA 密钥对,且禁止生成长度小于 512 位的 RSA 密钥对。

(2) 注册。为了获得 X.509 公钥证书,用户的公钥必须到认证机构注册。

(3) 证书存储和检索。为了验证接收到的签名和加密输出消息,用户需要存取本地的证书列表。该列表必须由本地维护。

2. VeriSign 证书

有不少公司都可以提供证书认证授权服务。例如,Nortel 设计了一种企业认证授权解决方案,能够在组织内部提供 S/MIME 支持。还有一些基于 Internet 的认证机构,包括 VeriSign,GTE 和 U.S. Postal Service。其中使用最广泛的是 VeriSign 认证服务。

VeriSign 提供与 S/MIME 和其他一系列应用兼容的一种认证服务,颁发称为 VeriSign 数字证书(VeriSign Digital ID)的 X.509 证书。到 1998 年初,已有 35000 家商业 Web 站点使用 VeriSign 数字证书,一百多万使用 Netscape 和 Microsoft 浏览器的用户拥有 VeriSign 数字证书。

VeriSign 数字证书包含的内容依赖于数字证书的类型和它的用途。但每个数字证书至少包含如下内容:

- 用户公钥;

- 用户名或别名；
- 数字证书的有效期；
- 数字证书的序列号；
- 颁发数字证书的认证机构名；
- 颁发数字证书的认证机构的数字签名。

数字证书还可以包含其他用户提供的信息：

- 地址；
- 电子邮件地址；
- 基本注册信息(国家、邮政编码、年龄和性别)。

VeriSign 提供了公钥证书的三种安全级别，如表 9-11 所示。用户以在线方式向 VeriSign 的 Web 站点或其他相关站点申请证书。第 1 类和第 2 类请求可以在线处理，而且大多数只需要几秒钟就可以完成。下面将简述所使用的处理过程：

表 9-11 VeriSign 公钥证书类型

	证书确认	IA 私钥保护	证书申请者的私钥保护	用户实现或期望的应用
第 1 类	姓名和电子邮件地址的自动搜索	PCA：信任的硬件 CA：信任的硬件或软件	推荐使用加密软件(PIN 保护)	Web 浏览和使用电子邮件
第 2 类	第 1 类检查登记信息检查和自动地址检查	PCA 和 CA：信任的硬件	要求使用加密软件(PIN 保护)	个人、公司内或公司间的电子邮件、在线定购、更换密码和软件确认
第 3 类	第 1 类检查、本人出席、ID 文档、第 2 类自动身份检查组织、团体的业务记录	PCA 和 CA：信任的硬件	要求使用加密软件(PIN 保护) 推荐使用硬件令牌	电子银行、公司数据存取、个人银行、基于会员的在线服务、内容集成服务、电子贸易服务、软件确认。LRAA 的认证、对服务的强加密

注：IA—Issuing Authority(签发认证)；PIN—Personal Identification Number(个人身份号码)；CA—Certification Authority(认证机构)；LRAA—Local Registration Authority Administrator(本地认证管理机构)；PCA—Verisign Public Primary Certification Authority(Verisign 公钥认证机构)。

(1) 对第 1 类数字证书而言，VeriSign 通过发送一个 PIN 命令和从应用中提取电子邮件地址确认用户的电子邮件地址。

(2) 对第 2 类数字证书而言，VeriSign 除了进行与第 1 类数字证书相同的检查外，还使用一个用户数据库自动比较应用中提供的信息。最后，向给定的邮件地址发送一个确认信息，告诉该用户已经按其名字颁发了一个数字证书。

(3) 对第 3 类数字证书而言，VeriSign 需要更高级的身份证实。个人必须提供有效证明来证实其身份。

9.4.6 增强安全性服务

互联网草案还提出了三种增强安全性服务，其细节可能会发生变动，也可能增加一些新的服务。这三种服务分别是：

(1) 签收。对签名数据对象要求进行签收。返回一条签收消息可以告知消息的发送方,已经收到消息,并通知第三方接收方已收到消息。本质上说,接收方将对整个原始消息和发送方的原始签名进行签名,并将此签名与消息一起形成一个新的S/MIME消息。

(2) 安全标签。在签名数据对象的认证属性中可以包括安全标签。安全标签是一个描述被S/MIME封装的信息的敏感度的安全信息集合。该标签既可用于存取控制,描述该对象能被哪些用户存取,还可描述优先级(秘密、机密、受限等)或角色(哪种人可以查看信息,如患者的病历等)。

(3) 安全邮寄列表。当用户向多个接收方发消息时,需要进行一些与每个接收方相关的处理,包括使用各接收方的公钥。用户可以通过使用S/MIME提供的邮件列表代理(Mail List Agent)来完成这一工作。邮件列表代理可以对一个输入消息为各接收方进行相应的加密处理,而后自动发送消息。消息的发送方只需将用MLA的公钥加密过的消息发给MLA即可。

第10章 系统安全

计算机系统面临多个严重的安全问题：非授权的使用、计算机病毒、木马等。这些攻击都与网络安全有关，因为攻击是通过网络实现的。本章将介绍计算机病毒、入侵检测和防火墙。

10.1 计算机病毒

计算机病毒一直是计算机用户和安全专家的心腹大患。虽然计算机反病毒技术不断更新和发展，但是仍然不能改变被动滞后的局面，计算机用户必须不断应付计算机病毒的出现。Internet 的普及，更加剧了计算机病毒的泛滥。

随着网络的日益普及，计算机病毒具有如下的发展趋势：

(1) 病毒传播方式不再以存储介质为主要的传播载体，网络成为计算机病毒传播的主要载体。

(2) 传统病毒日益减少，网络蠕虫成为最主要和破坏力最大的病毒类型。

(3) 病毒与木马技术相结合，出现带有明显病毒特征的木马或者带木马特征的病毒。

可以看出，网络的发展在一定程度上促使病毒的发展，而日新月异的技术，给病毒提供了更大的存在空间。计算机病毒的传播和攻击方式的变化，也促使我们不断调整防范计算机病毒的策略，提升和完善计算机反病毒技术，以对抗计算机病毒的危害。

10.1.1 病毒及其特征

1. 病毒的概念

计算机病毒是一种人为编制的、能够对计算机正常程序的执行或数据文件造成破坏，并且能够自我复制的一组指令程序代码。计算机病毒具有以下特征：

(1) 传染性。病毒通过各种渠道从已被感染的计算机扩散到未被感染的计算机。病毒程序一旦进入计算机并得以执行，就会寻找符合感染条件的目标，将其感染，达到自我繁殖的目的。所谓“感染”，就是病毒将自身嵌入到合法程序的指令序列中，致使执行合法程序的操作会招致病毒程序的共同执行或以病毒程序的执行取而代之。因此，只要一台计算机染上病毒，如不及时处理，那么病毒会在这台机子上迅速扩散，其中的大量文件(一般是可执行文件)就会被感染。而被感染的文件又成了新的传染源，再与其他机器进行数据交换或通过网络接触，病毒会继续传染。病毒通过各种可能的渠道，如可移动存储介质(如 U 盘)、计算机网络去传染其他计算机。往往曾在一台染毒的计算机上用过的 U 盘已感染上了病毒，与这台机器联网的其他计算机也许也被染上病毒了。传染性是病毒的基本特征。

(2) 隐蔽性。病毒一般是具有很高编程技巧的、短小精悍的一段代码，躲在合法程序当中。如果不经过代码分析，病毒程序与正常程序是不容易区别开来的。这是病毒程序的隐蔽性。在没有防护措施的情况下，病毒程序取得系统控制权后，可以在很短的时间里传染大量其他程序，而且计算机系统通常仍能正常运行，用户不会感到任何异常，好像计算机内不曾发生过什么。这是病毒传染的隐蔽性。

(3) 潜伏性。病毒进入系统之后一般不会马上发作，可以在几周或者几个月甚至几年内隐藏在合法程序中，默默地进行传染扩散而不被人发现，潜伏性越好，在系统中的存在时间就会越长，传染范围也就会越大。病毒的内部有一种触发机制，不满足触发条件时，病毒除了传染外不做什么破坏。一旦触发条件得到满足，病毒便开始表现，有的只是在屏幕上显示信息、图形或特殊标志，有的则执行破坏系统的操作，如格式化磁盘、删除文件、加密数据、封锁键盘、毁坏系统等。触发条件可能是预定时间或日期、特定数据出现、特定事件发生等。

(4) 多态性。病毒试图在每一次感染时改变它的形态，使对它的检测变得更困难。一个多态病毒还是原来的病毒，但不能通过扫描特征字符串来发现。病毒代码的主要部分相同，但表达方式发生了变化，也就是同一程序由不同的字节序列表示。

(5) 破坏性。病毒一旦被触发而发作就会造成系统或数据的损伤甚至毁灭。病毒都是可执行程序，而且又必然要运行，因此所有的病毒都会降低计算机系统的工作效率，占用系统资源，其侵占程度取决于病毒程序自身。病毒的破坏程度主要取决于病毒设计者的目的，如果病毒设计者的目的在于彻底破坏系统及其数据，那么这种病毒对于计算机系统进行攻击造成的后果是难以想象的，它可以毁掉系统的部分或全部数据并使之无法恢复。虽然不是所有的病毒都对系统产生及其恶劣的破坏作用，但有时几种本没有多大破坏作用的病毒交叉感染，也会导致系统崩溃等重大恶果。

和生物病毒一样，计算机病毒执行使自身能完美复制的程序代码。通过寄居在宿主程序上，计算机病毒可以暂时控制该计算机的操作系统盘。没有感染病毒的软件一经在受染机器上使用，就会在新程序中产生病毒的新拷贝。因此，通过可信任用户在不同计算机间使用磁盘或借助于网络向他人发送文件，病毒是可能从一台计算机传到另一台计算机的。在网络环境下，访问其他计算机的某个应用或系统服务的功能，给病毒的传播提供了一个完美的条件。

病毒程序可以执行其他程序所能执行的一切功能，唯一不同的是它必须将自身附着在其他程序(宿主程序)上，当运行该宿主程序时，病毒也跟着悄悄地执行了。

在其生命周期中，病毒一般会经历如下 4 个阶段：

(1) 潜伏阶段。这一阶段的病毒处于休眠状态，这些病毒最终会被某些条件(如日期、某特定程序或特定文件的出现或内存的容量超过一定范围)所激活。并不是所有的病毒都会经历此阶段。

(2) 传染阶段。病毒程序将自身复制到其他程序或磁盘的某个区域上，每个被感染的程序又因此包含了病毒的复制品，从而也就进入了传染阶段。

(3) 触发阶段。病毒在被激活后，会执行某一特定功能从而达到某种既定的目的。和处于潜伏期的病毒一样，触发阶段病毒的触发条件是一些系统事件，包括病毒复制自身的次数。

(4) 发作阶段。病毒在触发条件成熟时，即可在系统中发作。由病毒发作体现出来的破坏程度是不同的：有些是无害的，如在屏幕上显示一些干扰信息；有些则会给系统带来巨大的危害，如破坏程序以及文件中的数据。

现有的比较典型的病毒可以分成下面几个类别：

(1) 寄生性病毒。这是一种比较传统但仍然常见的病毒。寄生性病毒将自身附着在可执行文件上并对自身进行复制。当受染文件被执行后，它又会继续寻找其他的可执行文件并对其进行感染。

(2) 常驻存储器病毒。这种病毒以常驻系统的程序的形式寄居在主存储器上，从这点看，这类病毒会感染所有执行的程序。

(3) 攻击引导扇区病毒。此类型的病毒感染主引导记录或引导记录，在系统从含有病毒的磁盘上引导装入程序时进行传播。

(4) 隐蔽性病毒。设计这种病毒的目的就是为了躲避反病毒软件的检测。例如，将受染文件压缩，使其长度恰好等于未感染时的长度；或者在磁盘的输入/输出例行程序上放置中途拦截逻辑，一旦用户通过例程试图访问磁盘中的可疑部分，它就会将原始的未感染病毒的程序呈现到用户面前。

(5) 多态性病毒。这种病毒在每次感染时，放入宿主程序的代码互不相同，不断变化，因此采用特征代码法的检测工具是不能识别它们的。为了实现这种变化，必须在病毒程序中插入一些附加指令或改变程序代码的组合方式。一个很有效的方法就是对病毒程序进行加密。

(6) 变形病毒。就像多态性病毒一样，它在每次感染时都会发生变异，但不同之处在于，它在每次感染的时候会将自己的代码完全重写一遍，增加了检测的困难，并且其行为也可能发生变化。

2. 蠕虫病毒

蠕虫是一种结合黑客技术和计算机病毒技术，利用系统漏洞和应用软件的漏洞进行传播，通过复制自身将恶意病毒传播出去的程序代码。网络蠕虫病毒显示出类似于计算机病毒的一些特征，它同样也具有4个阶段，即潜伏阶段、传染阶段、触发阶段和发作阶段。但本质上蠕虫与普通病毒还是有许多不同之处，如表10-1所示。

表10-1　蠕虫与病毒的比较

比较对象	蠕　虫	普通病毒
存在形式	独立程序	寄生
触发机制	自动执行	用户激活
复制方式	复制自身	插入宿主程序
搜索机制	扫描网络IP	扫描本地文件系统
破坏对象	网络	本地文件系统
用户参与	不需要	需要

就存在形式而言，蠕虫不需要寄生到宿主文件中，它是一个独立的程序。而普通病毒需要宿主文件的介入，其主要目的就是破坏文件系统。

就触发机制而言，蠕虫代码不需要计算机用户的干预就能自动执行。一旦蠕虫程序成功入侵一台主机，它就会按预先设定好的程序自动执行。而普通病毒代码的运行，则需要用户的激活。只有用户进行了某个操作，才会触发病毒的执行。

就复制方式而言，蠕虫完全依靠自身来传播，它通过自身的复制将蠕虫代码传播给扫描到的目标对象。而普通病毒需要将自身嵌入到宿主程序中，等待用户的激活。

就搜索机制而言,蠕虫搜索的是网络中存在某种漏洞的主机。普通病毒则只会针对本地上的文件进行搜索并传染,其破坏力相当有限。也正是由于蠕虫的这种搜索机制导致了蠕虫的破坏范围远远大于普通病毒。

就破坏对象而言,蠕虫的破坏对象主要是整个网络。蠕虫造成的最显著破坏就是造成网络的拥塞。而普通病毒的攻击对象则是主机的文件系统,删除或修改攻击对象的文件信息,其破坏力是局部的、个体的。

任何蠕虫在传播过程中都要经历如下三个过程:首先,探测存在漏洞的主机;其次,攻击探测到的脆弱主机;最后,获取蠕虫副本,并在本机上激活它。因此,蠕虫代码的功能模块至少需包含扫描模块、攻击模块和复制模块三个部分。

蠕虫的扫描功能模块负责探测网络中存在漏洞的主机。当程序向某个主机发送探测漏洞的信息并收到成功的反馈信息后,就得到一个可传播的对象。对于不同的漏洞需要发送不同的探测包进行扫描探测。

攻击模块针对扫描到的目标主机的漏洞或缺陷,采取相应的技术攻击主机,直到获得主机的管理员权限。利用获得的权限在主机上安装后门、跳板、监视器、控制端等,最后清除日志。

攻击成功后,复制模块就负责将蠕虫代码自身复制并传输给目标主机。复制的过程实际上就是一个网络文件的传输过程。复制过程也有很多种方法,可以利用系统本身的程序实现,也可以用蠕虫自带的程序实现。从技术上看,由于蠕虫已经取得了目标主机的控制权限,所以很多蠕虫都倾向于利用系统本身提供的程序来完成自我复制,这样可以有效地减少蠕虫程序本身的大小。

蠕虫病毒具有如下的技术特性:

(1) 跨平台。蠕虫并不仅仅局限于 Windows 平台,它也攻击其他的一些平台,如流行的 UNIX 平台的各种版本。

(2) 多种攻击手段。新的蠕虫病毒有多种手段来渗入系统,例如利用 Web 服务器、浏览器、电子邮件、文件共享和其他基于网络的应用。

(3) 极快的传播速度。一种加快蠕虫传播速度的手段是,先对网络上有漏洞的主机进行扫描,并获得其 IP 地址。

(4) 多态性。为了躲避检测、过滤和实时分析,蠕虫采取了多态技术。每个蠕虫的病毒都可以产生新的功能相近的代码并使用密码技术。

(5) 可变形性。除了改变其表象,可变形性病毒在其复制的过程中通过其自身的一套行为模式指令系统,从而表现出不同的行为。

(6) 传输载体。由于蠕虫病毒可以再短时间内能感染大量的系统,因此它是传播分布式攻击工具的一个良好的载体,例如分布式拒绝服务攻击中的僵尸程序。

(7) 零时间探测利用。为了达到最大的突然性和分布性,蠕虫在其进入到网络上时就应立即探测仅由特定组织所掌握的漏洞。

10.1.2 计算机病毒防治

病毒的防治技术分为"防"和"治"两部分。"防"毒技术包括预防技术和免疫技术;"治"毒技术包括检查技术和消除技术。

1. 病毒预防技术

病毒预防是指在病毒尚未入侵或刚刚入侵还未发作时，就进行拦截阻击或立即报警。要做到这一点，首先要清楚病毒的传播途径和寄生场所，然后对可能的传播途径严加防守，对可能的寄生场所实时监控，达到封锁病毒入口杜绝病毒载体的目的。不管是传播途径的防守还是寄生场所的监控，都需要一定得检测技术手段来识别病毒。

病毒的传播途径和寄生场所都是实施病毒预防措施的对象。

1）病毒的传播途径及其预防措施

(1) 不可移动的计算机硬件设备，包括ROM芯片、专用ASIC芯片和硬盘等。目前的个人计算机主板上分离元器件和小芯片很少，主要靠几块大芯片，除CPU外其余的大芯片都是ASIC芯片。利用先进的集成电路工艺，在芯片内可制作大量的单元电路，集成各种复杂的电路。这种芯片带有加密功能，除了知道密码的设计者外，写在芯片中的指令代码没人能够知道。如果将隐藏有病毒代码的芯片安装在敌对方的计算机中，通过某种控制信号激活病毒，就可以对敌手实施出乎意料的、措手不及的打击。这种新一代的电子战、信息战的手段已经不是幻想。在1991年的海湾战争中，美军对伊拉克部队的计算机防御系统实施病毒攻击，成功地使该系统一半以上的计算机染上病毒，遭受破坏。这种病毒程序具有很强的隐蔽性、传染性和破坏性；在没有收到指令时会静静地隐藏在专用芯片中，极不容易发现；一旦接到指令，便会发作，不断扩散和破坏。这种传播途径的病毒很难遇到，目前尚没有较好的发现手段。

具体预防措施包括：

- 对于新购置的计算机系统用检测病毒软件或其他病毒检测手段（包括人工检测方法）检查已知病毒和未知病毒，并经过实验，证实没有病毒感染和破坏迹象后再实际使用。
- 对于新购置的硬盘可以进行病毒检测，更保险起见也可以进行低级格式化。注意，对硬盘只做DOS的格式化操作不能除去主引导区中的病毒。

(2) 可移动的存储介质设备，包括软盘、磁带、光盘以及可移动式硬盘。

具体预防措施包括以下几项：

- 在保证硬盘无病毒的情况下，尽量用硬盘启动计算机。注意，即使不是系统盘，染毒的数据磁盘也会将病毒带入系统。
- 尽量将程序文件和数据文件分开存放在不同的存储介质中。
- 建立封闭的使用环境，即做到专机、专人、专盘和专用。如果通过U盘等与外界交互，不管是自己的U盘在别人机器上用过，还是别人的U盘在自己的机器上使用，都要进行病毒检测。
- 任何情况下，保留一张系统启动光盘。一旦系统出现故障，不管是因为染毒或是其他原因，就可用于恢复系统。

(3) 计算机网络，包括局域网、城域网、广域网，特别是Internet。各种网络应用（如E-mail、FTP、Web等）使得网络途径更为多样和便捷。计算机网络是病毒目前传播最快、最广的途径，由此造成的危害蔓延最快、数量最大。从1988年的Morris蠕虫开始，席卷全球的网络蠕虫事件一浪接一浪，愈演愈烈。

具体预防措施包括以下几项：

① 采取各种措施保证网络服务器上的系统、应用程序和用户数据没有染毒，如坚持用硬盘引导启动系统，经常对服务器进行病毒检查等。

② 将网络服务器的整个文件系统划分成多卷文件系统，各卷分别为系统、应用程序和用户数据所独占，即划分为系统卷、应用程序卷和用户数据卷。这样各卷的损伤和恢复是相互独立的，十分有利于网络服务器的稳定运行和用户数据的安全保障。

③ 除网络系统管理员外，系统卷和应用程序卷对其他用户设置的权限不要大于只读，以防止一般用户的写操作带进病毒。

④ 系统管理员要对网络内的共享区域，如电子邮件系统、共享存储区和用户数据卷进行病毒扫描监控，发现异常及时处理，防止在网上扩散。

⑤ 在应用程序卷中提供最新的病毒防治软件，为用户下载使用。

⑥ 严格管理系统管理员的口令，为了防止泄露应定期或不定期地进行更换，以防非法入侵带来病毒感染。

⑦ 由于不能保证网络，特别是 Internet 上的在线计算机百分之百地不受病毒感染，所以，一旦某台计算机出现染毒迹象，应立即隔离并进行排毒处理，防止它通过网络传染给其他计算机。同时，密切观察网络及网络上的计算机状况，以确定是否已被病毒感染。如果网络已被感染，应马上采取进一步的隔离和排毒措施，尽可能地阻止传播。减小传播范围。

⑧ 网络是蠕虫传播的最重要途径，尤其通过电子邮件传播。为了预防和减少邮件蠕虫病毒的危害，可采取如下方法：

- 设定邮件的路径在 C 分区以外，因为 C 分区是病毒攻击频率最高的地方，这样既可减轻对 C 分区的病毒攻击，也可减少系统在受到病毒攻击时所造成的损失。
- 收到新邮件后，尽量使用“另存为”选项为邮件做备份，分类存储，避免在同一根目录下放全部邮件。这样做还方便管理和查阅。
- 在“通讯簿”尽量不要设置太多的名单，如果要发送新邮件，可以进入邮件的存储目录，打开客户发来的邮件，利用“回复”功能来发送新邮件(删除原有内容即可)；如果客户较多，可建立一个文本文件存放所有客户的邮件地址，要发新邮件时，利用“粘贴”功能把客户邮件地址复制到“收件人”栏中去。这样能够有效地防止邮件蠕虫病毒通过“通讯簿”的进一步传播。
- 遇到可执行文件(*.EXE、*.COM)或有宏功能文档(*.DOC 等)的附件，不要打开，先存储到到磁盘上，用病毒防治软件先进行检查和杀毒后再使用。

(4) 点对点通信系统，指两台计算机之间通过串行/并行接口，或者使用调制解调器经过电话网进行数据交换。

具体预防措施为，通信之前对两台计算机进行病毒检查，确保没有病毒感染。

(5) 无线通信网，作为未来网络的发展方向，无线通信网会越来越普及，同时也将会成为与计算机网络并驾齐驱的病毒传播途径。

具体预防措施可参照计算机网络的预防措施。

2) 病毒的寄生场所及其预防措施

(1) 引导扇区，即软盘的第一物理扇区或硬盘的第一逻辑扇区，是引导型病毒寄生的地方。

具体预防措施为，用 Bootsafe 等使用工具或 DEBUG 编程等方法对干净的引导扇区进行备份。备份即可用于监控，又可用于系统恢复。监控是比较当前引导扇区的内容和干净的备份，如果发现不同，则很可能是感染了病毒。

(2) 计算机文件，包括可执行的程序文件、含有宏命令的数据文件，是文件型病毒寄生的地方。

具体预防措施为包括以下几项：

- 检查.COM和.EXE可执行文件的内容、长度、属性等，判断是否感染了病毒。重点检查可执行文件的头部(前20个字节左右)，因为病毒主要改写文件的起始部分。病毒代码可能就在文件头部，即使在文件尾部或其他地方，文件头部中也必有一条跳转指令指向病毒代码。
- 对于新购置的计算机软件要进行病毒检测。
- 定期与不定期地进行文件的备份。备份既可通过比较发现病毒，又可用作灾难恢复。
- 为了预防宏病毒，将含有宏命令的模板文件，如常用Word模板文件改为只读属性，可预防Word系统被感染，DOS系统下的autoexec.bat和config.sys文件最好也都设为只读属性文件。将自动执行宏功能禁止掉，这样即使有宏病毒存在，但无法激活，能起到防止病毒发作的效果。

(3) 内存空间，病毒在传染或执行时，必然要占用一定得内存空间，并驻留在内存中，等待时机再进行传染或攻击。

具体预防措施为，采用PCTOOLS、DEBUG等软件工具，检查内存的大小和内存中的数据来判断是否有病毒进入。

病毒驻留内存后，为了防止被系统覆盖，通常要修改内存控制块中的数据。如果检查出来的内存可用空间为635KB，而真正配置的内存空间为640KB，则说明有5KB内存空间被病毒侵占。

系统一些重要的数据和程序放在内存的固定位置，如DOS系统启动后，BIOS、变量、设备驱动程序等放在内存的0:4000H～0:4FF0H区域内，可以首先检查这些地方是否有异常。

(4) 文件分配表(FAT)，病毒隐藏在磁盘上时，一般要对存放的位置做出"坏簇"标识反映在FAT表中。

具体预防措施为，检查FAT表有无意外坏簇来判断是否感染了病毒。

(5) 中断向量，病毒程序一般采用中断的方式来执行，即修改中断变量，使系统在适当的时候转向执行病毒程序，在病毒程序完成传染或破坏目的后，再转回执行原来的中断处理程序。

具体的预防措施为，检查中断向量有无变化来确定是否感染了病毒。

2. 病毒免疫技术

病毒具有传染性。一般情况下，病毒程序在传染完一个对象后，都要给被传染对象加上感染标记。传染条件的判断就是检测被攻击对象是否存在这种标记，若存在这种标记，则病毒程序不对该对象进行传染；若不存在这种标记，病毒程序就对该对象实施传染。

最初的病毒免疫技术就是利用病毒传染这一机理，给正常对象加上这种标记后，使之具有免疫力，从而不受病毒的传染。因此，当感染标记用作免疫时，也叫做免疫标记。例如，使用这种技术可有效地防御香港病毒、1575病毒等。

然而,有些病毒在传染时不判断是否存在感染标记,病毒只要找到一个可传染对象就进行一次传染。就像黑色星期五病毒那样,一个文件可能被该病毒反复传染多次,滚雪球一样越滚越大。其实,黑色星期五病毒的程序中具有判别感染标记的代码,由于程序设计错误,使判断失效,形成现在的情况,对文件会反复感染,感染标记形同虚设。

目前,常用的病毒免疫方法有两种。

1) 针对某一种病毒进行的免疫方法

例如,对小球病毒,在 DOS 引导扇区的 1FCH 处填上 1357H,小球病毒一检查到这个标记就不再对它进行传染了。又如,对于 1575 文件型病毒,免疫标记是文件尾的内容为 0CH 和 0AH 的两个字节,1575 病毒若发现文件尾含有这两个字节,则不进行传染。

这种方法对防止某一种特定病毒的传染行之有效,但也存在一些缺点,主要有以下几点:

(1) 对于不设有感染标记的病毒不能达到免疫的目的,这种病毒会无条件传染,而不论被传染对象是否已经被感染过或者是否具有感染标记。

(2) 当某种病毒的变种不再使用其感染标记时,或出现新病毒时,现有免疫标记就发挥不了作用。

(3) 一些病毒的感染标记不容易仿制,如非要加上这种标记不可,则对原来的文件要做大的改动。例如,对大麻病毒就不容易做免疫标记。

(4) 由于病毒的种类较多,又由于技术上的原因,不可能对一个对象加上各种病毒的免疫标记,这就使得该对象不能对所有的病毒具有免疫作用。

(5) 这种方法能阻止传染,却不能阻止病毒的破坏行为,仍然放任病毒驻留在内存中。

目前使用这种免疫方法的商品化防治病毒软件已不多见了。

2) 基于自我完整性检查的免疫方法

目前,这种方法只能用于文件而不能用于引导扇区。这种方法的工作原理是,为可执行程序增加一个免疫外壳,同时在免疫外壳中记录有关用于恢复自身的信息。免疫外壳占 1～3KB。执行具有这种免疫功能的程序时,免疫外壳首先得到运行,检查自身的程序大小、校验和、生成日期和时间等情况,没有发现异常后,再转去执行受保护的程序。若不论什么原因使这些程序本身的特性受到改变或破坏,免疫外壳都可以检查出来,并发生告警,由用户选择应采取的措施,包括自毁、重新引导启动计算机、自我恢复后继续运行。这种免疫方法是一种通用的自我完整性检验方法,它不只是针对病毒,由于其他原因造成的文件变化同样能够检查出来,在大多数情况下免疫外壳程序都能使文件自身得到复原。

但这种免疫方法也有其缺点和不足,归纳如下:

① 每个受到保护的文件都要增加 1～3KB,需要额外的存储空间。

② 现在使用的一些校验码算法不能满足检测病毒的需要,被某些种类的病毒感染的文件不能被检查出来。

③ 无法对付覆盖式的文件型病毒。

④ 有些类型的文件不能使用外加免疫外壳的防护方法,这样会使那些文件不能正常执行。

⑤当某些尚不能被病毒检测软件检查出来的病毒感染了一个文件,而该文件又被免疫外壳包在里面时,这个病毒就像穿了“保护盔甲”,使查毒软件查不到它,而它却能在得到运行机会时跑出来继续传染扩散。

尽管尚不存在完美和通用的病毒免疫方法，但它在病毒防御措施中仍占一席之地。

3. 病毒检测技术

病毒检测就是采用各种检测方法将病毒识别出来。识别病毒包括对已知病毒的识别和对未知病毒的识别。目前，对已知病毒的识别主要采用特征判定技术，即静态判定技术，对未知病毒的识别出了特征判定技术外，还有行为判定技术，即动态判定技术。

1）特征判定技术

特征判定技术是根据病毒程序的特征，如感染标记、特征程序段内容、文件长度变化、文件校验和变化等，对病毒进行分类处理，而后在程序运行中凡有类似的特征点出现，则认定是病毒。

特征判定技术主要有以下几种方法：

（1）比较法。比较法的工作原理是，将有可能的感染对象（引导扇区或计算机文件）与其原始备份进行比较，如果发现不一致则说明有染毒的可能性。这种比较法不需要专门的查毒程序，用常规的具有比较功能的（如 PCTOOLS 等）工具软件就可以进行。比较法不仅能够发现已知病毒，还能够发现未知病毒。保留好干净的原始备份对于比较法非常重要；否则比较就失去了意义，比较法也就不起作用了。

比较法的优点是简单易行，不需要专用查毒软件，但缺点是无法确认发现的异常是否真是病毒，即使是病毒也不能识别病毒的种类和名称。

（2）扫描法。也叫搜索法，其工作原理是，用每一种病毒代码中含有的特定字符或字符串对被检测的对象进行扫描，如果在被检测对象内部发现某一种特定字符或字符串，则表明发现了该字符或字符串是病毒。前面提到的感染标记就是一种识别病毒的特定字符。实现这种扫描的软件叫做特征扫描器。根据扫描法的工作原理，特征扫描器由病毒特征码库和扫描引擎两部分组成。病毒特征码库包含了经过特别选定的各种病毒的反映其特征的字符或字符串。扫描引擎利用病毒特征码库对检测对象进行匹配性扫描，一旦由匹配便发出告警。显然，病毒特征码库中的病毒特征码越多，扫描引擎能识别的病毒也就也多。病毒特征码的选择非常重要，一定要具有代表性，也就是说，在不同环境下，使用所选的特征码都能够正确地检查出它所代表的病毒。如果病毒特征码选择得不准确，就会带来误报（发现的不是病毒）或漏报（真正的病毒没有发现）。

特征扫描器的优点是能够准确地查出病毒并确定病毒的种类和名称，为消除病毒提供了确切的信息，但其缺点是只能查出载入病毒特征码库中的已知病毒。特征扫描器是目前最流行的病毒防治软件。随着新病毒的不断发现，病毒特征码库必须不断丰富和更新。现在绝大多数的商业病毒防治软件商，提供每周甚至每天一次的病毒特征码库的在线更新。

（3）校验和法。校验和法的工作原理是，计算机正常文件内容的校验和，将该校验和写入文件中或写入别的文件中保存。在文件使用过程中，定期地或每次使用文件前，检查文件当前内容算出的校验和与原来保存的校验和是否一致，如果不一致便发出染毒报警。

这种方法既能发现已知病毒，也能发现未知病毒，但是，它不能识别病毒种类，不能报出病毒名称。由于病毒感染并非文件内容改变的唯一的排他性原因，文件内容的改变有可能是正常程序引起的，如软件版本更新、变更口令以及修改运行参数等，所以，校验和法常常有虚假报警，而且此法也会影响文件的运行速度。另外，校验和法对某些隐蔽性极好的病毒无效。这种病毒进驻内存后，会自动剥去染毒程序中的病毒代码，使校验和法受骗，对一个有毒文件算出正常校验和。因此，校验和法的优点是方法简单、能发现未知病毒、被查文件的细微变化也能发现；其缺点是必须预先记录正常态的校验和、会有虚假报警、不能识别病毒名称、不能对付某些隐蔽性极好的病毒。

(4) 分析法。分析法是针对未知的新病毒采用的技术。工作过程如下：

- 确认被检查的磁盘引导扇区或计算机文件中是否含有病毒。
- 确认病毒的类型和种类，判断它是否是一种新病毒。
- 分析病毒程序的大致结构，提取识别用的特征字符或字符串，用于添加到病毒特征码库中。
- 分析病毒程序的详细结构，为制定相应的反病毒措施提供方案。

分析法对使用者的要求很高，不但要具有较全面的计算机及操作系统的知识，还要具备专业的病毒方面的知识。一般使用分析法的人不是普通用户，而是反病毒技术人员。使用分析法需要 DEBUG、Proview 等分析工具程序和专门的试验用计算机。即使是很熟练的反病毒技术人员，使用功能完善的分析软件，也不能保证在短时间内将病毒程序完全分析清楚，病毒有可能在分析阶段继续传染甚至发作，毁坏整个软盘或硬盘内的数据，因此，分析工作一定要在专用的试验机上进行。很多病毒采用了自加密和抗跟踪等技术，使得分析病毒的工作经常是冗长和枯燥的，特别是某些文件型病毒的程序代码长达 10KB 以上，并与系统牵扯的层次很深，使详细的剖析工作变得十分复杂。

2) 行为判定技术

识别病毒是以病毒的机理为基础，不仅识别现有病毒，而且以现有病毒的机理设计出对一类病毒(包括基于已知病毒机理的未来新病毒或变种病毒)的识别方法，其关键是对病毒行为的判断。行为判定技术就是要解决如何有效辨别病毒行为与正常程序行为，其难点在于如何快速、准确、有效地判断病毒行为。如果处理不当，就会带来虚假报警，就像"狼来了"的寓言一样，频频虚假报警的后果是报警不再引起用户的警惕。另外，防毒对于不按现有病毒机理设计得新病毒也可能无能为力，如在 DIR2 病毒出现之前推出的防病毒软件，几乎没有一个能控制该病毒，原因就在于该病毒的机理已经超出当时的防病毒软件所考虑的范围。如今，该病毒的机理已被人们认识，所以新推出的防病毒软件和防病毒卡，几乎没有一个不能控制该病毒及其变种病毒的。

行为监测法是常用的行为判定技术，其工作原理是利用病毒的特有行为特征进行检测，一旦发现病毒行为则立即警报。经过对病毒多年的观察和研究，人们发现病毒的一些行为是病毒的共同行为，而且比较特殊。在正常程序中，这些行为比较罕见。监测病毒的行为特征列举如下：

(1) 占用 INT 13H。引导型病毒攻击引导扇区后，一般都会占用 INT 13H 功能，在其中放置病毒所需的代码，因为其他系统功能还未设置好，无法利用。

(2) 修改 DOS 系统数据区的内存总量。病毒常驻内存后，为了防止 DOS 系统将其覆盖，必须修改内存总量。

(3) 向 .COM 和 .EXE 可执行文件做写入动作。写 .COM 和 .EXE 文件是文件型病毒的主要感染途径之一。

(4) 病毒程序与宿主程序的切换。染毒程序运行时，先运行病毒，而后执行宿主程序。在两者切换时，有许多特征行为。

行为监测法的长处在于可以相当准确地预报未知的多数病毒，但也有其短处，即可能虚假报警和不能识别病毒名称，而且实现起来有一定难度。

不管采用哪种判定技术，一旦病毒被识别出来，就可以采取相应措施，阻止病毒的下列行为：进入系统内存、对磁盘操作尤其是写操作、进行网络通信与外界交换信息。一方面防止外界病毒向机内传染，另一方面抑制机内病毒向外传播。

4. 病毒消除技术

病毒消除的目的是清除受害系统中的病毒，恢复系统的原始无毒状态。具体来讲，就是针对系统中的病毒寄生场所或感染对象进行清理。对于不同的病毒类型及其感染对象，采取不同的杀毒措施。

1）消除引导型病毒

引导型病毒的物理载体是磁盘，主要包括系统软盘、数据软盘和硬盘。

(1) 修复染毒的系统软盘。找一台同样操作系统的未染毒的计算机，把染毒的系统软盘插入软盘驱动器中，从硬盘执行可以对软盘重新写入系统的命令，如 DOS 系统情况下的 SYS A：命令。这样软盘上的系统文件就会被重新安装，并且覆盖引导扇区中染毒的内容，从而恢复成为干净的系统软盘。

(2) 修复染毒的数据软盘。把染毒的数据软盘插入一台未染毒的计算机中，把所有文件从软盘复制到硬盘的一个临时目录中，用系统磁盘格式化命令，如 DOS 系统情况下的 FORMAT A：/U 命令，无条件重新格式化软盘，这样软盘的引导扇区会被重写，从而清除其中的病毒。然后把所有文件备份复制回到软盘。

(3) 修复染毒的硬盘。硬盘中操作系统的引导扇区包括第一物理扇区和第一逻辑扇区。硬盘第一物理扇区存放的数据是主引导记录(MBR)，MBR 包含表明硬件类型和分区信息的数据。硬盘第一逻辑扇区存放的数据是分区引导记录。主引导记录和分区引导记录都有感染病毒的可能性。重新格式化硬盘可以清除分区引导记录中病毒，却不能清除主引导记录中的病毒。修复染毒的主引导记录的有效途径是使用 FDISK 这种低级格式化工具，输入 FDISK/MBR，便会重新写入主引导记录，覆盖掉其中的病毒。

以上均是采用人工方法清除引导型病毒。人工方法要求操作者对系统十分熟悉，且操作复杂，容易出错，有一定的危险性，一旦操作不慎就会导致意想不到的后果。这种方法常用于消除自动方法无法消除的新病毒。

另外一种是自动方法，针对某一种或多种病毒采用专门的病毒防治软件自动检测和消除病毒。这种方法不会被破坏系统数据，操作简单，运行速度快，是一种较为理想且目前较为通用的病毒防治方法。

大多数病毒防治软件能够检测和清除已知的引导型病毒。通过监测磁盘的引导扇区，包括硬盘的(MBR)，可以自动检测出病毒，并准确识别病毒，包括病毒的类型和名称；然后自动修复被感染的引导扇区。

2）消除文件型病毒

文件型病毒的载体是计算机文件，包括可执行的程序文件和含有宏命令的数据文件。

修复染毒的可执行文件最有效的方法是用干净的备份代替它。如果没有备份，就使用病毒防治软件进行检测、杀毒并修复。对于被非覆盖型病毒感染的文件，病毒防治软件有可能将其修复，但对于覆盖型病毒就无能为力了。

非覆盖型病毒感染可执行时，只是将自身附加到感染对象的头部或尾部或其他空白地方，并没有破坏文件的有效内容，而且必须存放有关宿主程序的特定信息，以便自己执行完后把控制权交还给原来的程序。因此，病毒防治软件可疑根据这一特定信息定位病毒，然后“顺藤摸瓜”，将病毒从文件中“切掉”。

3）消除宏病毒

宏病毒是一种文件型病毒，其载体是含有宏命令的和数据文件——文档或模版。

手工清除方法为：

（1）在空文档的情况下，打开宏菜单，在通用模板中删除被认为是病毒的宏。

（2）打开带有宏病毒的文档或模板，然后打开宏菜单，在通用模板和定制模板中删除认为是病毒的宏。

（3）保存清洁的文档或模板。

自动清除方法有：

（1）用 WordBasic 语言以 Word 模板方式编制杀毒工具，在 Word 环境中杀毒。这种方法杀毒准确，兼容性好。

Word-VRV 就是采用这种方法的典型杀毒工具。Word-VRV 由 WORDVRV. DOT（用于中文版 Word）、EWORD-VRV. DOT（用于英文版 Word）和 README. EXE 3 个文件组成。Word-VRV 是个可自升级的 Word 杀毒器，可自动检测并清除 Word 模板中的病毒。Word-VRV 允许用户通过编辑 WORDVRV. DAT 文件，自我扩充新的宏病毒特征，来杀除新的宏病毒。

（2）根据 WordBFF 格式，在 Word 环境外解剖病毒文档或模板，去掉病毒宏。由于各个版本的 WordBFF 格式都不完全兼容，每次 Word 升级它也必须跟着升级，兼容性不太好。

4）消除蠕虫病毒

蠕虫病毒式蠕虫和病毒的混合体，即具有病毒的传染机制，又具有蠕虫的自我复制和网络传播机制。消除蠕虫病毒从本机杀毒和网络封锁两个方面同时进行，才是万全之策。清除了本机病毒，就消灭了病毒源；截获了网络蠕虫，就切断了病毒的网络传播途径。

（1）清除本机病毒。根据病毒的感染对象，采取上述相应的人工或自动杀毒方法。

（2）截获网络蠕虫。在网络入出口处，特别是电子邮件的收发，采取人工的或自动的方法截获蠕虫。人工的方法是，网络管理员和电子邮件用户，根据蠕虫病毒的活动规律，主动识别收发信息中的蠕虫病毒，主要是病毒防治软件不能识别的可疑的或新的蠕虫病毒。自动的方法是，在网络入出口处，安装病毒防治软件，监控入出信息，一旦发现病毒，立即截获并消除。

10.2 入侵检测

网络系统面临的两大安全威胁，一是计算机病毒，二是非法入侵。

10.2.1 入侵

入侵是指攻击者通过非法手段取得超出合法范围的系统控制权和收集漏洞信息，造成拒绝服务访问等危害行为。入侵行为不仅可以来自网络外部，同时也可来自内部用户的未授权活动。

入侵者分为三类：

(1) 假冒者。指未经授权使用计算机的人和穿透系统的存取控制，冒用合法用户账号的用户。

(2) 非法者。指未经授权访问数据、程序和资源的合法用户；或者已经获得授权访问，但是错误使用权限的合法用户。

(3) 秘密用户。夺取系统超级控制，并使用这种控制权逃避审计和访问控制，或者抑制审计记录的个人。

入侵者的动机是获取系统访问权或是扩大在系统中的权限范围。通常，入侵者需要获得系统保护的信息。在大多情况下，这些信息以用户口令的形式存在。如果知道一些其他用户的口令，入侵者可以登录系统，使用合法用户的所有权限。

系统通常保存一份授权用户和授权用户口令的文件。如果这个文件没有采取保护措施，攻击者很容易访问文件，获取口令。口令文件可以采用以下的保护方法：

(1) 单向加密。系统只保存用户口令的密文。当用户提出验证口令请求时，系统加密此口令，并与保存的密文对比，判断真假。实际上，系统通常只进行单向变换(不可逆)，在这个单向变换过程中，用口令产生一个密钥用于加密，该函数的输出是一个固定长度的值。

(2) 访问控制。对口令文件的访问仅限于少数几个账号。

如果采取以上两种措施的一种或全部，入侵者要获取口令的难度就会相当大。根据对一些口令攻击者的采访调查，有如下获取口令的技术：

- 使用系统提供的标准账户和默认口令。许多管理员不愿意改变这些默认值。
- 穷尽所有的短口令(1～3个字符)。
- 尝试系统在线词典中的单词或看似口令的单词列表。后者可以很容易地在黑客的公告牌上获得。
- 收集用户的信息，如用户的全称、他们的配偶或孩子的名称、他们办公室中的图片和与他们兴趣的有关书籍。
- 尝试用户的电话号码、社会保障号码和房间号码。
- 尝试本国所有合法牌照号码。
- 使用特洛伊木马逃避访问限制。
- 窃听远程用户和主机系统之间的线路。

前6种方法是猜测口令的不同方法。如果入侵者是通过登录系统验证猜测口令的结果，那么这个过程对攻击者是乏味的，也比较容易防范。例如，三次口令验证失败，系统可断开本次登录连接，这使入侵者必须再次连接主机。这种情况下，入侵者不可能测试大量的口令。当然，入侵者不可能使用这种拙劣的方法。例如，如果入侵者在较低的权限下就可访问口令文件，则攻击策略变成了获得文件，然后从容地研究这个特定系统的加密机制，直至获得一个可以提供更高权限的有效口令。

在不考虑检测猜测进程的情况下，如果猜测进程可以自动尝试并检验大量口令时，则猜测攻击是可行的和高效的。本章后面部分将详细讨论如何挫败猜测攻击。

第7种方法是特洛伊木马，这种攻击比较难以防范的。低权限用户制作一个游戏程序，邀请系统操作员在其空闲时间用。这个程序的确是一个游戏，但是游戏程序中部分代码的作用是将没有加密但受访问控制的口令文件拷贝到用户文件。因为游戏运行于操作员的高权限模式下,所以程序能够访问口令文件。

第 8 种攻击是线路窃听。这是物理安全问题,可以使用线路加密技术加以防范。

10.2.2 入侵检测

入侵检测是指在计算机网络或计算机系统中的若干关键点收集信息并对收集到的信息进行分析,从而判断网络或系统中是否有违反安全策略的行为和被攻击的迹象。它是对入侵行为的发觉。

入侵检测的典型过程是:信息收集、信息(数据)预处理、数据的检测分析、根据安全策略做出响应。有的还包括检测效果的评估。信息收集是指从网络或系统的关键点得到原始数据,这里的数据包括原始的网络数据包、系统的审计日志、应用程序日志等原始信息;数据预处理是指对收集到的数据进行预处理,将其转化为检测器所需要的格式,也包括对冗余信息的去除即数据简约;数据的检测分析是指利用各种算法建立检测器模型,并对输入的数据进行分析以判断入侵行为的发生与否。入侵检测的效果如何将直接取决于检测算法的好坏。这里所说的响应是指产生检测报告,通知管理员,断开网络连接,或更改防火墙的配置等积极的防御措施。入侵检测被认为是防火墙之后的第二道防线,是动态安全技术的核心技术之一。

入侵检测的一个基本工具是审计记录。用户活动的记录应作为入侵检测系统的输入。一般采用下面两种方法:

(1) 原始审计记录:几乎所有的多用户操作系统都有收集用户活动信息的审计软件。使用这些信息的好处是不需要再额外使用收集软件。其缺点是审计记录可能没有包含所需的信息,或者信息没有以方便的形式保存。

(2) 检测专用的审计记录:使用的收集工具可以只记录入侵检测系统所需要的审计记录。此方法的优点在于提供商的软件可适用于不同的系统。缺点是一台机器要运行两个审计包管理软件,需要额外的开销。

一般地,每个审计记录包含如下几个域:

- 主体:行为的发起者。主体通常是终端用户,也可是充当用户或用户组的进程。所有活动来自主体发出的命令。主体分为不同的访问类别,类别之间可以重叠。
- 动作:主语对一个对象的操作或联合一个对象完成的操作,如登录、读、I/O 操作和执行。
- 客体:行为的接收者。客体包括文件、程序、消息、记录、终端、打印机、用户或程序创建的结构。当一个客体是一个活动的接收者时,则主体也可看成是客体,比如电子邮件。客体可根据类型分类。客体的粒度可根据客体类型和环境发生变化。例如,数据库行为的审计可以以数据库整体或以记录为粒度进行审计。
- 异常条件:若返回时有异常,则标识出该异常情况。
- 资源使用:指大量元素的列表。每个元素都给出某些资源使用的数量(例如,打印或显示的行数,读写记录的次数,处理器时钟,使用的 I/O 单元,会话占用的时间)。
- 时间戳:当动作发生时用来标识的唯一的时间日期戳。

入侵检测系统(Intrusion Detection System,IDS)是完成入侵检测功能的软件、硬件的组合。入侵检测系统是对敌对攻击在适当的时间内进行检测并做出响应的一种工具。它能在不影响网络性能的情况下能对网络进行监测，从而提供对内部攻击、外部攻击和误操作的实时保护，在计算机网络和系统受到危害之前进行报警、拦截和响应。入侵检测系统是网络安全防护体系的重要组成部分，是一种主动的网络安全防护措施。IDS 从系统内部和各种网络资源中主动采集信息，从中分析可能的网络入侵或攻击。一般说来，IDS 还应对入侵行为做出紧急响应。

IETF 定义了一个 IDS 的通用模型，如图 10-1 所示。

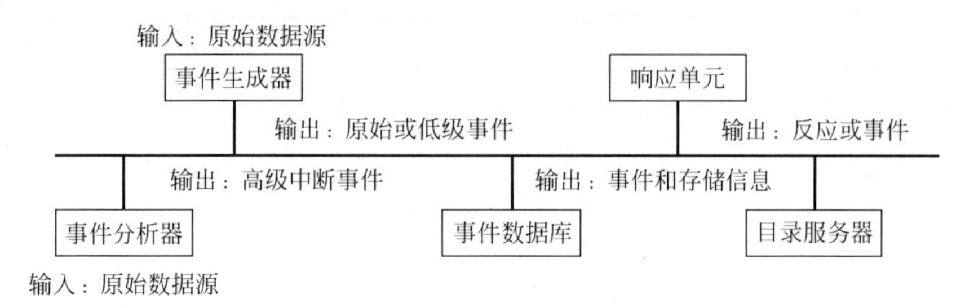

图 10-1　IDS 体系结构

IDS 包括下列几个实体。

(1) 事件生成器。它是采集和过滤事件数据的程序或模块。负责收集原始数据，它对数据流、日志文件等进行追踪，然后将搜集到的原始数据转换成事件，并向系统的其他部分提供此事件。

(2) 事件分析器。事件分析器是分析事件数据和任何 CIDF 组件传送给它的各种数据。例如将输入的事件进行分析，检测是否有入侵的迹象，或描述对入侵响应的响应数据，都可以发送给事件分析器进行分析。

(3) 事件数据库。负责存放各种原始数据或已加工过的数据。它从事件产生器或事件分析器接收数据并进行保存，它可以是复杂的数据库，也可以是简单的文本。

(4) 响应单元。响应单元是针对分析组件所产生的分析结果，根据响应策略采取相应的行为，发出命令响应攻击。

(5) 目录服务器。目录服务器用于各组件定位其他组件，以及控制其他组件传递的数据并认证其他组件的使用，以防止入侵检测系统本身受到攻击。目录服务器组件可以管理和发布密钥，提供组件信息和用户组件的功能接口。

在这一框架中，事件数据库是核心。事件数据库体现了 IDS 的检测能力。

入侵检测系统主要功能有：

- 监测并分析用户和系统的活动；
- 核查系统配置与漏洞；
- 识别已知的攻击行为并报警；
- 统计并分析异常行为；
- 对操作系统进行日志管理，并识别违反安全策略的用户活动。

10.2.3　入侵检测系统分类

入侵检测系统有多种分类标准。常见的分类是按照数据来源，可分为基于主机的入侵检测系统和基于网络的入侵检测系统。

1. 基于主机的入侵检测系统

基于主机的入侵检测系统(Host-based IDS,HIDS)开始并兴盛于20世纪80年代。其检测对象是主机系统和本地用户。检测原理是在每一个需要保护的主机上运行一个代理程序,根据主机的审计数据和系统的日志发现可疑事件,检测系统可以运行在被检测的主机,从而实现监控。基于主机的入侵检测系统如图10-2所示。

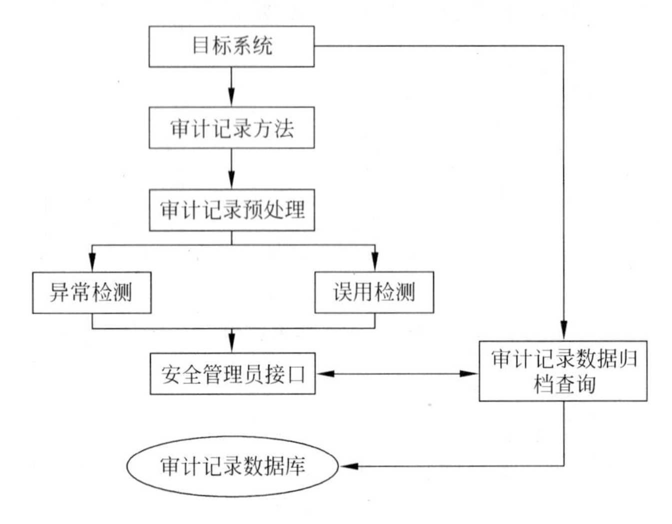

图10-2 基于主机的入侵检测系统

基于主机的入侵检测系统的优点:

(1) 能确定攻击是否成功。基于主机的IDS使用含有已发生的事件信息,根据该事件信息能准确判断攻击是否成功,因而基于主机的IDS误报率较小。

(2) 监控更为细致。基于主机的IDS监控目标明确。它可以很容易地监控一些在网络中无法发现的活动。如敏感文件、目录、程序或端口的存取。例如基于主机的IDS可以监测所有用户的登录及退出的情况,以及各用户联网后的行为。

(3) 配置灵活。用户可根据自己的实际情况对主机进行个性化的配置。

(4) 适应于加密和交换的环境。由于基于主机的IDS是安装在监控主机上,因而不会受加密和交换的影响。

(5) 对网络流量不敏感。基于主机的IDS不会因为网络流量的增加而放弃对网络的监控。

基于主机的入侵检测系统的缺点:

(1) 由于它通常作为用户进程运行,依赖于操作系统底层的支持,与系统的体系结构有关,所以它无法了解发生在下层协议的入侵活动。

(2) 由于HIDS要驻留在受控主机中,对整个网络的拓扑结构认识有限,根本监测不到网络上的情况,只能为单机提供安全防护。

(3) 基于主机的入侵检测系统必须配置在每一台需要保护的主机上,占用一定的主机资源,使服务器产生额外的开销。

(4) 缺乏对平台的支持,可移植性差。

2. 基于网络的入侵检测系统

基于网络的入侵检测系统(Network-based IDS,NIDS)通过监听网络中的分组数据包来获得分析攻击的数据源,分析可疑现象。它通常使用报文的模式匹配或模式匹配序列来定义规则,检测时将监听到的报文与规则进行比较,根据比较的结果来判断是否有非正常的网络行为。通常情况下是利用混杂模式的网卡来捕获网络数据包。基于网络的入侵检测系统如图 10-3 所示。

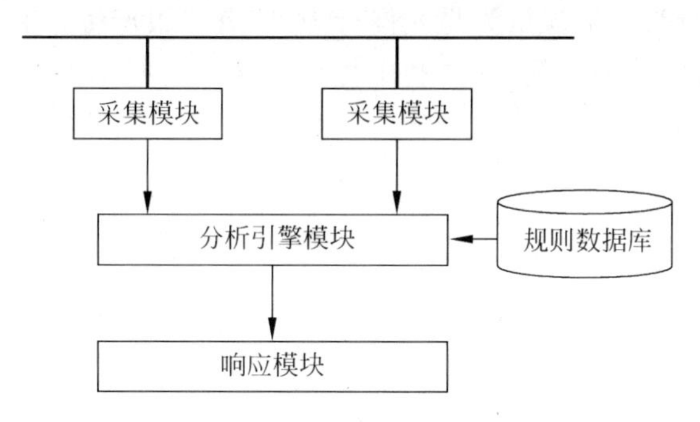

图 10-3　基于网络的入侵检测系统

基于网络的入侵检测系统的优点:

(1) 监测速度快。基于网络的 IDS 能在微秒或秒级发现问题。

(2) 能够检测到 HIDS 无法检测的入侵,例如 NIDS 能够检查数据包的头部而发现非法的攻击,NIDS 能够检测那些来自网络的攻击,它能够检测到非授权的非法访问。

(3) 入侵对象不容易销毁证据,被截取的数据不仅包括入侵的方法,还包括可以定位入侵对象的信息。

(4) 检测和响应的实时性强,一旦发现入侵行为就立即中止攻击。

(5) 与操作系统无关性。由于基于网络的 IDS 是配置在网络上对资源进行安全监控,它具有与操作系统无关的特性。

基于网络的入侵检测系统的缺点:

(1) NIDS 无法采集高速网络中的所有数据包。

(2) 缺乏终端系统对待定数据报的处理方法等信息,使得从原始的数据包中重构应用层信息很困难,因此,NIDS 难以检测发生在应用层的攻击。

(3) NIDS 对以加密传输方式进行的入侵无能为力。

(4) NIDS 只检查它直接连接网段的通信,并且精确度较差,在交换式网络环境下难以配置,防入侵欺骗的能力较差。

基于主机和基于网络的检测系统各有其自身的优点和缺陷,有些能力是不能互相替代的。在实际应用中通常是综合利用两种类型的数据源以取长补短。

10.2.4　入侵检测技术

现在应用最多的入侵检测技术可分为异常检测和误用检测两类。

1. 异常检测

异常检测也称之为基于行为的检测,来源于这样的思想:任何一种入侵行为都能由于其偏离正常或者所期望的系统和用户的活动规律而被检测出来。异常检测通常首先从用户的正常或者合法活动收集一组数据,这一组数据集被视为“正常调用”。若用户偏离了正常调用模式,则会认为是入侵而报警。就是说,任何不符合以往活动规律的行为都将被视为入侵行为。异常检测方法的优点是：第一,正常使用行为是被准确定义的,检测的准确率高;第二,能够发现任何企图发掘、试探系统最新和未知漏洞的行为,同时在某种程度上它较少依赖于特定的操作系统环境。异常检测的缺点是：必须枚举所有的正常使用规则,否则会导致有些正常使用的行为会被误认为是入侵行为,即有误报产生;在检测时,某个行为是否属于正常,通常不能做简单的匹配,而要利用统计方法进行模糊匹配,在实现上有一定的难度。异常检测的模型如图10-4所示。

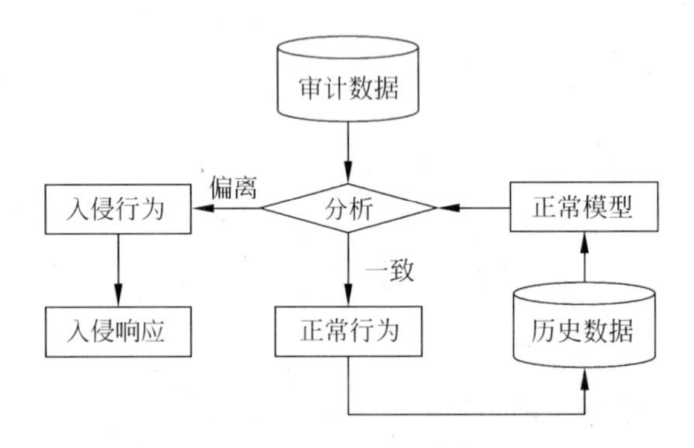

图10-4　异常检测的模型

目前基于异常检测的入侵检测方法主要有以下方法：

1）统计学方法

统计方法是一种较成熟的入侵检测方法,通过一段时间内收集的合法用户行为的相关数据来定义正常的或者期待的行为,然后对观测的数据进行统计测试来确定行为的合法性。

该方法由于以成熟的概率统计理论作为基础,所以在应用上很容易被采用,但是也存在着明显的不足：统计方法需要分析大量的审计数据,当入侵行为对审计记录的影响非常小时,即使该行为具有明显的特征,也不能被检测出来;检测的阀值难以确定,阀值过低则虚警率就会提高,这样会影响系统的正常工作,阀值过高则漏警率就会升高,不能有效检测到入侵行为,这样对系统的入侵行为就不能适时制止。

2）神经网络法

神经网络是发展比较成熟的理论,而且在很多领域都得到了广泛应用。这种方法对用户行为具有学习和自适应功能,能够根据实际检测到的信息有效地加以处理,并做出入侵可能性的判断。因此,在基于神经网络的入侵检测系统中,只要提供系统的审计数据,它就可以通过自学习从中提取正常的用户或系统活动的特征模式,而不必对大量的数据进行存取。利用神经网络所具有的识别分类和归纳能力,可以使入侵检测系统适应用户行为特征的可变性。从模式识别的角度来看,入侵检测系统可以使用神经网络来提取用户行为的模式特征,并以此创建用户的行为特征轮廓。总之,把神经网络引入入侵检测系统,能很好地解决用户行为的动态特征,以及搜索数据的不完整性、不确定性所造成的难以精确检测的问题。神经网络适用于不精确模型,但其描述的精确度很重要,不然会引起大量的误报。

3）数据挖掘法

基于数据挖掘的入侵检测系统基本构成有几个部分：数据收集、数据清理、数据选择和转换、发现模块以及结果显示。由于入侵检测的本质特点是分类，这样数据挖掘的技术优势在入侵检测领域也得到了充分的发挥。可用于入侵检测领域有关的算法有：关联规则、序列模式发现、粗糙集、聚类等算法，但是数据挖掘在入侵检测中的应用还不是很成熟，还需要进一步的研究。

4）免疫学

由于免疫系统的独特性能，使得采用免疫学方法的入侵检测系统同样拥有者很多的优势，主要表现在多样性、容错性、分布性、动态性、自管理性和自适应性等方面。采用免疫学的入侵检测系统其检测的虚警率会很低，但会有漏警现象发生。由于这种技术在实现上存在一定的难度，所以只是处在理论研究阶段，离真正的实用阶段还有相当大的差距。

2. 误用检测

误用检测又称之为特征检测，建立在对过去各种已知网络入侵方法和系统缺陷知识的积累之上，定义了一系列入侵行为的规则。当某个系统的调用与一个已知的入侵行为规则相匹配时，则认为是入侵行为。误用检测是直接对入侵行为进行特征化描述。其主要优点有：依据具体特征库进行判断，检测过程简单，检测效率高，检测精度高，一般不存在误检测，可以依据检测到的不同攻击类型，采取不同的措施。缺点有：对具体系统依赖性太强，可移植性较差，维护工作量大，同时无法检测到未知的攻击。误用检测的模型如图 10-5 所示。

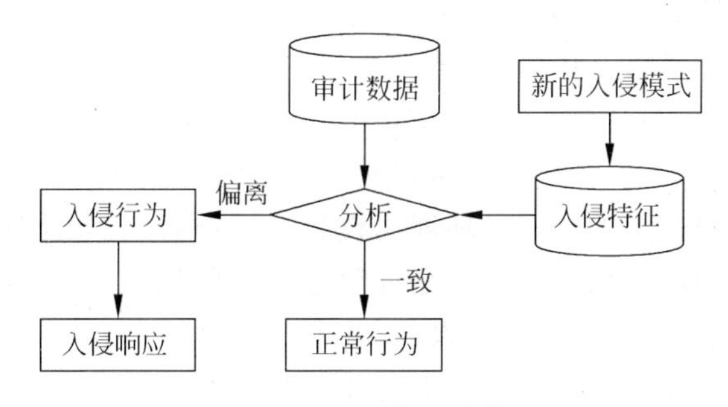

图 10-5　误用检测的模型

常用的误用检测方法包括以下几种：

1）专家系统

用专家系统对入侵进行检测，经常是针对有特征的入侵行为，是基于一套由专家经验事先定义规则的推理系统。所谓的规则，即是知识，专家系统的建立依赖于知识库的完备性，知识库的完备性又取决于审计记录的完备性与实时性。

由于专家系统的建立依赖于知识库，建立一个完善的知识库是很困难的，这是专家系统当前所面临的一大不足。另外，由于各种操作系统的审计机制也存在差异，针对不同操作系统的入侵检测专家系统之间的移植性问题也十分明显。系统的处理速度问题也使得基于专家系统的入侵检测只能作为一种研究原形，若要商业化则需要采用更有效的处理方法。

2）模式匹配

模式匹配检查对照一系列已有的攻击，比较用户活动，将收集到的信息与已知的网络入侵和系统特征库进行比较，从而发现违背安全策略的入侵行为。目前，模式匹配已经成为入侵检测领域中使用最广泛的检测手段和机制之一，这种想法的先进之处在于定义已知的问题模式，然后观察能与模式匹配的事件数据。独立的模式可以由独立事件、事件序列、事件临界值或者允许与、或操作的通用规则表达式组成。

3）状态迁移分析

状态迁移分析方法的前提是所有的入侵行为必须有这样的共性：

（1）入侵行为要求攻击者拥有对目标系统的某些最低限度的必要访问权限。

（2）所有的入侵行为将导致某些先前没有的功能的实现。

总之要有实际的系统状态发生。

在这种方法中，入侵者的行为可以用状态迁移图表示。在状态转换分析中，入侵被看作是由一些初始行为向目标有害行为转换的行为序列，状态转换分析表确定需求和渗透的危害，同时也列出了成功完成一个入侵必然发生的关键行为。

10.2.5 分布式入侵检测

最初的 IDS 采用的是集中式的检测方法，由中央控制台集中处理采集到的数据信息，分析判断网络安全状况。基于主机的和基于网络的都是集中式入侵检测系统。其弱点是检测中心被攻击会造成全局的破坏或瘫痪。为应对复杂多变的大型分布式网络，分布式入侵检测系统（Distributed IDS，DIDS）应运而生，它采用多个代理在网络各部分分别进行入侵检测，各检测单元协作完成检测任务，并还能在更高层次上进行结构扩展，以适应网络规模的扩大。通过网络入侵检测系统的共同合作，可获得更有效地防卫。

分布式入侵检测系统的各个模块分布在网络中不同的计算机设备上。一般来说分布性主要体现在数据收集模块上，如果网络环境比较复杂、数据量比较大，那么数据分析模块也会分布在网络的不同计算机设备上，通常是按照层次性的原则进行组织。分布式入侵检测系统根据各组件间的关系还可细分为层次式 DIDS 和协作式 DIDS。

在层次式 DIDS 中，定义了若干个分等级的监测区域，每一个区域有一个专门负责分析数据的 IDS，每一级 IDS 只负责所监测区域的数据分析，然后将结果传送给上一级 IDS。层次式 DIDSS 通过分层分析很好地解决了集中式 IDS 的不可扩展的问题，但同时也存在下列问题：当网络的拓扑结构改变，区域分析结果的汇总机制也需要做相应的调整；一旦位于最高层的 IDS 受到攻击后，其他那些从网络多路发起的协同攻击就容易逃过检测，造成漏检。

协作式 DIDS 将中央检测服务器的任务分配给若干个互相合作的基于主机的 IDS，这些 IDS 不分等级，各司其职，负责监控本地主机的某些活动，所有的 IDS 并发执行并相互协作。协作式 IDS 的特点就在于它的各个结点都是平等的，一个局部 IDS 的失效不会导致整个系统的瘫痪，也不会导致协同攻击检测的失败。因而，系统的可扩展性、安全性都得到了显著的提高。但同时它的维护成本却很高，并且增加了所监控主机的工作负荷，如通信机制、审计开销、踪迹分析等。而且主机之间的通信、审计以及审计数据分析机制的优劣直接影响了协作式入侵检测系统的效率。

10.3 防　火　墙

随着计算机网络的发展和普及，绝大多数机构都建立了自己的网络，并接入到Internet。Internet上大量有用的信息和服务对于人们而言是必需的。但是，Internet在提供便利的同时，也使得外面的世界能够接触到本地网络并对其产生影响。这便对机构产生了威胁。虽然给每个工作站和本地网络都配置强大的安全特性是可能的，但却并不是一个实际的办法。一种越来越为人们所接受的替代方法是防火墙。防火墙被嵌入在本地网络和Internet之间，从而建立受控制的连接并形成外部安全墙或者说是边界。这个边界的目的在于防止本地网络受到来自Internet的攻击，并在安全性将受到影响的地方形成阻塞点。防火墙可以是一台计算机系统，也可以由两台或更多的系统协同工作起到防火墙的作用。

防火墙是一种有效的防御工具，一方面它使得本地系统和网络免于受到网络安全方面的威胁，另一方面提供了通过广域网和Internet对外界进行访问的有效方式。

10.3.1 防火墙的概念

简单地讲，防火墙是一个由软件和硬件组合而成的、起过滤和封锁作用的计算机或者网络系统，它一般部署在本地网络(内部网)和外部网(通常是Internet)之间，内部网络被认为是安全和可信赖的，外部网络则是不安全和不可信赖的。防火墙的作用是阻止不希望的或者未授权的通信进出内部网络，通过边界控制强化内部网络的安全。

防火墙隔离了内部网络和外部网络，它被设计成只运行专用访问控制软件的设备，而没有其他服务，具有相对较少的缺陷和安全漏洞。此外，防火墙改进了登录和监测功能，可以进行专用的管理。如果采用了防火墙，内部网中的计算机不再直接暴露给来自Internet的攻击。因此，对整个内部网的主机的安全管理就变成了对防火墙的安全管理，使得安全管理更方便、易于控制。

防火墙放置于网络拓扑结构的合适结点上，使所有进出内部网络的通信必须进过防火墙，从而隔离内部和外部网络。所有通过防火墙的通信必须根据安全策略制定的过滤规则(访问控制规则)进行监控和审查，过滤掉任何不符合安全规则的信息，以保护内部网络不受外界的非法访问和攻击。防火墙本身应该是不可侵入的。防火墙是一种建立在被认为是安全可信的内部网络和被认为是不太安全可信的外部网络(如Internet)之间的访问控制机制，是安全策略的具体体现。

为了控制访问和加强站点安全策略，防火墙采用了4项常用技术：

(1) 服务控制。决定哪些Internet服务可以被访问，无论这些服务是从内而外还是从外而内。防火墙可以以IP地址和TCP端口为基础过滤通信；也可以提供代理软件，在服务请求通过防火墙时接收并解释它们；或者执行服务器软件的功能，比如邮件服务。

(2) 方向控制。决定在哪些特定的方向上服务请求可以被发起并通过防火墙。

(3) 用户控制。根据用户正在试图访问的服务器，来控制其访问。这个技术特性主要应用于防火墙网络内部的用户(本地用户)。它也可以应用到来自外部用户的通信；后者需要某种形式的安全认证技术，例如IPSec。

(4) 行为控制。控制一个具体的服务怎样被实现。举例来说,防火墙可以通过过滤邮件来清除垃圾邮件。它也可能只允许外部用户访问本地服务器的部分信息。

防火墙具有以下几个功能:

① 访问控制功能。这是防火墙最基本和最重要的功能,通过禁止或允许特定用户访问特定资源,保护内部网络的资源和数据。防火墙定义了单一阻塞点,它使得未授权的用户无法进入网络,禁止了潜在的、易受攻击的服务进入或是离开网络。

② 内容控制功能。根据数据内容进行控制,例如过滤垃圾邮件、限制外部只能访问本地 Web 服务器的部分功能等。

③ 日志功能。防火墙需要完整地记录网络访问的情况,包括进出内部网的访问。一旦网络发生了入侵或者遭到破坏,可以对日志进行审计和查询,查明事实。

④ 集中管理功能。针对不同的网络情况和安全需要,指定不同的安全策略,在防火墙上集中实施,使用中还可能根据情况改变安全策略。防火墙应该是易于集中管理的,便于管理员方便地实施安全策略。

⑤ 自身安全和可用性。防火墙要保证自己的安全,不被非法侵入,保证正常地工作。如果防火墙被侵入,安全策略被破坏,则内部网络就变得不安全。防火墙要保证可用性,否则网络就会中断,内部网的计算机无法访问外部网的资源。

另外,防火墙和可能具有流量控制、网络地址转换(NAT)、虚拟专用网(VPN)等功能。

防火墙正在成为控制对网络系统访问的非常流行的方法。事实上,在 Internet 上的 Web 网站中,超过 1/3 的 Web 网站都是由某种形式的防火墙加以保护,这是对黑客防范最严,安全性较强的一种方式,任何关键性的服务器,都建议放在防火墙之后。

防火墙并不能做到绝对的安全,它也有局限性,包括:

(1) 防火墙不能防御不经由防火墙的攻击。例如,如果允许从内部网络向外拨号,网络内部可能会有用户通过拨号连入 Internet,形成于 Internet 的直接连接,从而绕过了防火墙,成为一个潜在的后门攻击渠道。

(2) 防火墙不能防范来自内部的威胁。例如某个心怀不满的员工或者某个私下里与网络外部攻击者联手的雇员,从内部网进行破坏活动,因为该通信没有经过防火墙,则防火墙无法阻止。

(3) 防火墙不能防止病毒感染的程序和文件进出内部网。事实上,安装了防火墙的网络系统内部,运行着多种多样的操作系统和应用程序,想通过扫描所有进出网络的文件、电子邮件以及信息来检测病毒的方法是不实际的,也是不大可能实现的。这只能在每台主机上安装反病毒软件。

(4) 防火墙不能防止数据驱动式的攻击。一些表面正常的数据通过电子邮件或者其他方式复制到内部主机上,一旦被执行就形成攻击。

防火墙技术发展主要经历了四个阶段:第一代防火墙是基于路由器的,即防火墙与路由器一体,采用的主要是包过滤技术。它利用路由器本身对分组解析。第二代防火墙由一系列具有防火墙功能的工具集组成。这一代的防火墙将过滤功能从路由器中独立出来,并在其中加入告警和审计的功能。此时,用户可针对自己的需求构造防火墙。这一代的防火墙是纯软件产品,而且对系统管理员提出了相当复杂的要求,因为管理员必须掌握和精通足够的知识,才能让防火墙运转良好。第三代防火墙为应用层防火墙。它建立在通用操作系统之上。它包括分组过滤功能,装有专用的代理系统,监控所有协议的数据和指令,保护用户编程和用户可配置内核参数的配置,安全性和速度大为提高。防火墙技术和产品随着网络攻击和安全防护手段的发展而演变,第四代防火墙为动态包过滤技术,也称作状态检测技术。该技术能够做到对网络中多种通信协议的数据包作出通信状态的动态响应。

10.3.2 防火墙的分类

防火墙技术按照防范的方式和侧重点的不同可分为很多种类型,但总体来说可分为三大类:包过滤防火墙、应用层网关和电路层网关。

1. 包过滤防火墙

包过滤技术是最早的防火墙技术,工作在网络层。这种防火墙的原理是将 IP 数据报的各种包头信息与防火墙内建规则进行比较,然后根据过滤规则有选择地阻止或允许数据包通过防火墙。流入数据流到达防火墙后,防火墙就检查数据流中每个 IP 数据报的各种包头信息,例如源地址、目的地址、源端口、目的端口,协议类型,来确定是否允许该数据包通过。一旦该包的信息匹配了某些特征,则防火墙根据其内建规则对包进行相应的操作。例如,基于特定 Internet 服务的服务器驻留在特定端口的事实,如 TCP 端口 23 提供 Telnet 服务,包过滤技术可以通过规定适当的端口号来达到允许或阻止到特定服务连接的目的。包过滤的核心技术是安全策略及过滤规则的设计。包过滤防火墙一般由路由器充当,要求路由器在完成路由选择和数据转发之外,同时具有包过滤功能。

包过滤防火墙的主要工作原理如图 10-6 所示。

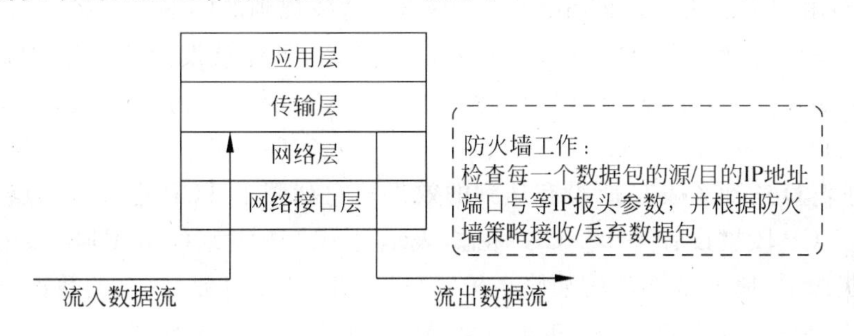

图 10-6　包过滤防火墙

由图 10-6 可见,包过滤防火墙的数据流向在 TCP/IP 协议栈内最多只经过下面的网络接口层、网络层和传输层三层,数据报不会上传到应用层。

包过滤防火墙的具体实现是基于过滤规则的。建立这类防火墙包括如下步骤:建立安全策略,写出所允许的和禁止的任务,将安全策略转化为一个包过滤规则表。过滤规则的设计主要依赖于数据包所提供的包头信息:源地址、目的地址、TCP/UDP 源端口号、TCP/UDP 目的端口号、标志位、用来传送数据包的协议等。由规则表和数据头内容的匹配情况来执行过滤操作。如果有一条规则和数据包的状态匹配,就按照这条规则来执行过滤操作。如果没有一条规则匹配,就执行默认操作。默认的策略可能是:

- 默认值设置为丢弃:那么所有没有被规定允许转发的数据包都将被丢弃。
- 默认值设置为转发:那么所有没有被规定需要丢弃的数据包都将被转发。

表 10-2 给出了包过滤规则表的一些例子。在每个表中,规则被从上到下依次应用。*

是一个通配符，用来表示符合要求的每一种可能。这里假设使用默认丢弃策略。

表 10-2 包过滤的实例

处理		内部主机	端口	外部主机	端口	标识	说　明
A	阻塞	*	*	SPIGOT	*		这些人不被信任
	通过	OUR-GW	25	*	*		与内部主机的 SMTP 端口有连接
B	阻塞	*	*	*	*		默认
C	通过	*	*	*	25		与外部主机的 SMTP 端口有连接
D	通过	本地主机	*	*	25		发往外部 SMTP 端口的包
	通过	*	25	*	*	ACK	外部主机的回复
E	通过	本地主机	*	*	*		本地主机的输出的请求
	通过	*	*	*	*	ACK	对本地请求的回复
	通过	*	*	*	＞1024		到非服务器的通信

(1) 规则表 A 规定允许进入防火墙内部的邮件通过(端口 25 专门供 SMTP 进入内部使用)，但是只能发往一台特定的网关主机，从特定的外部主机 SPIGOT 发来的邮件将被阻塞。

(2) 规则表 B 为默认策略。实际应用中，所有的规则表都把默认策略当做最后的规则。

(3) 规则表 C 规定内部的每一台主机都可以向外部发送邮件。一个目的端口为 25 的 TCP 包将被路由到目的机器上的 SMTP 服务器。这条规则的问题在于把端口 25 用来作为 SMTP 接收只是一个默认设置；而外部机器的端口 25 可能被设置用来做其他的应用。从这条规则可以看出，一个攻击者可以通过发送一个 TCP 源端口为 25 的数据包来获得对内部机器的访问权。

(4) 规则表 D 达到了表 C 所没有达到的效果。它利用了 TCP 连接的优点，一旦建立一个连接，那么 TCP 段被设置一个 ACK 标志，表示是另一方发来的数据段。因此，这个规则表就允许那些源 IP 地址是给定的某些主机，而目标 TCP 端口数是 25 的数据分组通过。并同时允许那些源端口数为 25 并且包含一个 ACK 标志的数据分组通过。当然必须清楚地指定源系统和目的系统，才能有效地定义这些规则。

(5) 规则表 E 是一种处理 FTP 连接的方法。为实现 FTP，需要建立两个 TCP 连接，以控制连接负责建立文件传输，数据连接负责实际文件的传输过程。数据连接使用与控制连接不同的端口，这个端口是在传输时动态分配的。大多数服务器使用低端口，它们往往是攻击者的目标；大多数对外部系统的呼叫则倾向于使用高端口，特别是大于 1023 的。因此，这个规则表在下列情况允许通过：

- 从内部发出的数据包。
- 对一个内部机器所建立的连接进行响应的数据包。
- 内部机器上发向高端口的数据包。

这个方案要求系统设置为只有某些适当的端口可用。

规则表 E 表明了在包过滤层上处理应用程序存在着困难。

包过滤防火墙技术有如下特点：包过滤技术是一种简单、有效的访问控制技术，它通过在网络间相互连接的设备下加载允许、禁止来自某些特定的源地址、目的地址、TCP 端口号等规则，对通过的数据包进行检查，限制数据包进出内部网络。它最大的优点是对用户透明，传输性能高。但由于它只能检测 IP 数据报的网络层和传输层的包头部分，因而只能进行较为初步的检测和控制。对于一些应用层携带恶意数据的拥塞攻击、远程溢出或会话劫持等高层次的攻击手段，则无能为力。

包过滤器防火墙的缺点：

(1) 包过滤器防火墙不检查上层数据，因此，对于那些利用特定应用漏洞的攻击，防火墙无法防范。例如，包过滤防火墙不能阻塞具体的应用程序指令；它一旦允许某个应用程序通过，那么程序内所有的操作都将被允许通过。

(2) 由于防火墙可用的信息有限，它所提供的日志功能也十分有限。包过滤器日志一般只记载那些曾经做出过访问控制决定的信息(源地址、目的地址和通信类型)。

(3) 多数包过滤防火墙不支持高级用户认证方案。又是这种局限性，导致了防火墙缺少上层功能。

(4) 这种防火墙通常容易受到利用 TCP/IP 规定和协议栈漏洞的攻击，例如网络层地址欺骗。许多包过滤防火墙不能察觉对数据包 OSI 第三层的地址信息的修改。入侵者通常会采用欺骗攻击来躲过防火墙的安全控制。

(5) 由于在这种防火墙做出安全控制决定时，起作用的只是少数几个因素，包过滤器防火墙对那种由于不恰当的设置而导致的安全威胁显得十分脆弱。换句话说，偶然性的改动可能会导致防火墙允许某些传输类型、源地址和目的地址的数据包通过，而事实上按照该系统的安全策略，这些数据包是应该被阻塞的。

2. 状态检测防火墙

传统的包过滤器仅仅依据各个数据包的信息就对其实行过滤操作，而不去考虑上层的上下文内容。简单包过滤防火墙必须允许所有使用高端口(介于 1024 和 65535)的基于 TCP 的通信通过。这就使得它容易受到未授权的用户的使用。

状态检测防火墙也叫自适应防火墙，或者动态包过滤防火墙。状态检测技术的原理是利用建立的外向 TCP 连接状态表，来跟踪每一个网络通信会话的状态，加强了处理 TCP 通信的规则。每个当前建立的连接都记录在连接状态表里，如果一个数据包的目的地是系统内部的一个介于 1024 和 65535 之间的端口，而且它的信息与连接状态表里某一条记录相符，包过滤器才允许它进入。正因为如此，状态检测防火墙提供了更完整传输层控制能力。状态检测包过滤的性能也明显优于简单包过滤防火墙，这个特点尤其体现在规则复杂的大型网络上。

表 10-3 是一个连接状态表的例子。

表 10-3　状态检查防火墙的状态表的一个实例

源地址	源端口	目的地址	目的端口	连接状态
192.168.1.100	1030	210.9.88.29	80	已建立
192.168.1.102	1031	216.32.42.123	80	已建立
192.168.1.101	1033	173.66.32.122	25	已建立

续表

源地址	源端口	目的地址	目的端口	连接状态
192.168.1.106	1035	177.231.32.12	79	已建立
223.43.21.231	1990	192.168.1.6	80	已建立
219.22.123.32	2112	192.168.1.6	80	已建立
210.99.212.18	3321	192.168.1.6	80	已建立
24.102.32.23	1025	192.168.1.6	80	已建立
223.212.212	1046	192.168.1.6	80	已建立

3. 应用层网关

应用级网关也叫做代理服务器,它在应用级的通信中扮演着一个消息传递者的角色工作在OSI的最高层,即应用层。其特点是完全阻隔了网络通信流,通过对每种应用服务编制专门的代理程序,实现监视和控制应用层通信流的作用。其典型网络结构如图10-7所示。

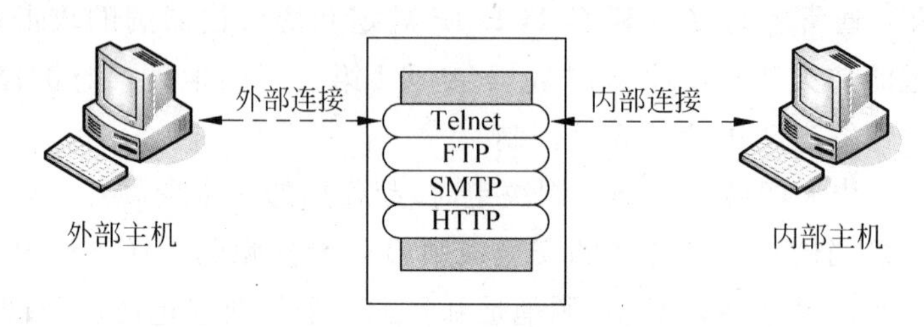

图10-7 应用层网关

在某种意义上,可以把这种防火墙看作一个翻译器,由它负责外部网络和内部网络之间的通信,当防火墙两端的用户使用TELNET和FTP之类的TCP/IP应用程序时,两端的通信终端不会直接联系,而是由应用层的代理来负责转发。代理会截获所有的通信内容,如果连接符合预定的访问控制规则,则代理将数据转发给目标系统,目标系统回应给代理,然后代理再将传回的数据送回客户机。如果网关无法执行某个应用程序的代理码,服务就无法执行,也不能通过防火墙发送。而且,网关可以被设置成为只能支持网络管理员所愿意接受的某些应用程序,而拒绝所用其他的服务。在这种特性中,由于网络连接都是通过中介来实现的,所以恶意的侵害几乎无法伤害到被保护的真实的网络设备。

应用代理网关防火墙彻底隔断内网与外网的直接通信,内网用户对外网的访问变成防火墙对外网的访问,然后再由防火墙转发给内网用户。所有通信都必须经应用层代理软件转发,访问者任何时候都不能与服务器建立直接的TCP连接,应用层的协议会话过程必须符合代理的安全策略要求。

应用代理网关的优点是可以检查应用层、传输层和网络层的协议特征,对数据包的检测能力比较强。它不再去试图处理TCP/IP层可能发生的所有情况,一一考虑它们是否应被允许通过,而是只需要去考虑一小部分那些允许进行的应用程序。而且,在应用层上进行日志管理和通信过程的审查要容易得多。

应用代理网关的缺点也非常突出,主要有:

(1) 难以配置。由于每个应用都要求单独的代理进程,这就要求网管能理解每项应用协议的弱点，并能合理的配置安全策略，由于配置繁琐，难于理解，容易出现配置失误，最终影响内网的安全防范能力。

(2) 处理速度非常慢。因为对于内网的每个访问请求，应用代理都需要开一个单独的代理进程，它要保护内网的 Web 服务器、数据库服务器、文件服务器、邮件服务器及业务程序等，就需要建立一个个的服务代理，以处理客户端的访问请求。这样，应用代理的处理延迟会很大。

4. 电路层网关

第三种防火墙是电路层网关(见图 10-8)。电路层网关工作在会话层，它不允许一个端到端的直接 TCP 连接，而是由网关建立两个 TCP 连接，一个连接网关与网络内部的 TCP 用户，一个连接网关与网络外部的 TCP 用户。连接建立之后，网关就起着一个中继的作用，将数据段从一个连接转发到另一个连接。它通过决定哪个连接被允许建立来实现其对安全性的保障。

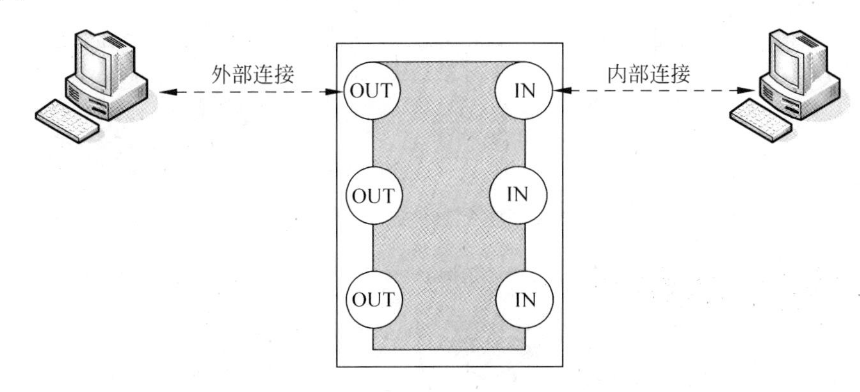

图 10-8　电路层网关

电路层网关的一个应用的例子是 SOCKS 包，RFC 1928 年定义了 SOCKS 5。SOCKS 由以下各成分组成：

- SOCKS 服务器，它运行在一个基于 UNIX 系统的防火墙上。
- SOCKS 客户库，它运行在防火墙保护着的网络内部主机上。
- 一些标准客户端程序，如 FTP 和 Telnet 的 SOCKS 版本。

当一个基于 TCP 的客户端希望与一个只有通过防火墙才能到达的目标建立连接时，它首先必须打开一个与 SOCKS 服务系统上某个合适的 SOCKS 端口的 TCP 连接。SOCKS 服务使用的 TCP 端口数是 1080。如果请求成功，客户端与服务系统就对将要使用的验证方法进行协商，然后发送一个转发请求，这个请求必须用协商得出的方法进行验证。SOCKS 服务器评估这个请求决定是否建立相应的连接。UDP 交换也以类似的步骤来进行。

10.3.3　防火墙的配置

除了使用简单的系统，例如单一的包过滤路由器或网关这样的防火墙之外，还有着配置更为复杂的防火墙，事实上这类防火墙更为常用。图 10-9 给出了三种常见的防火墙配置。

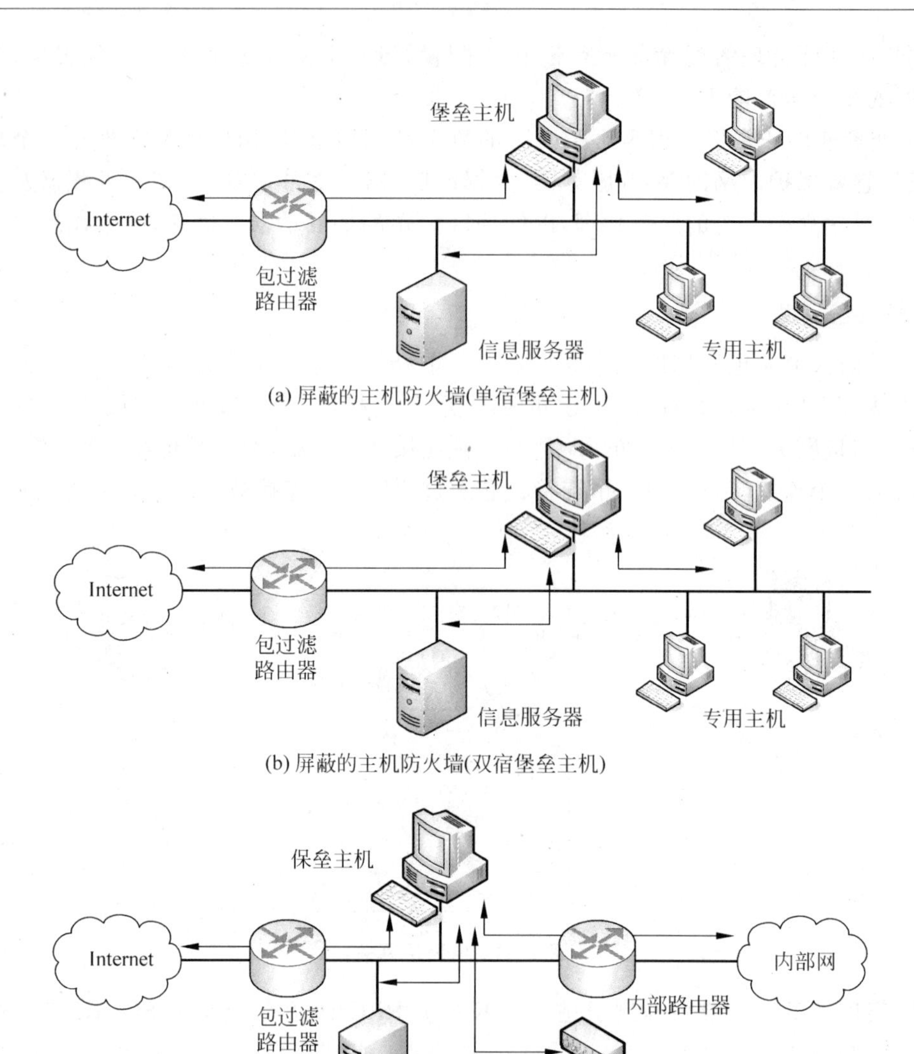

图 10-9 防火墙配置

1. 屏蔽主机防火墙(单宿堡垒主机)

堡垒主机是由防火墙的管理人员所指定的某个系统,它是网络安全的一个关键点。在防火墙体系中,堡垒主机有一个到公用网络的直接连接,是一个公开可访问的设备,也是网络上最容易遭受入侵的设备。堡垒主机必须检查所有出入的流量,并强制实施安全策略定义的规则。内部网络的主机通过堡垒主机访问外部网络,内部网也需要通过堡垒主机向外部网络提供服务。堡垒主机通常作为应用层网关和电路层网关的服务平台。单宿堡垒主机指只有一个网络接口的设备,以应用层网关的方式运作。

在单宿堡垒主机结构中,防火墙包含两个系统:一个包过滤路由器和一台堡垒主机。堡垒主机是外部网主机能连接到的唯一的内部网上的系统,任何外部系统要访问内部网的资源都必须先连接到这台主机。路由器按照如下方式配置:

(1) 对来自 Internet 的通信,只允许发往堡垒主机的 IP 包通过。

(2) 对来自网络内部的通信,只允许经过了堡垒主机的 IP 包通过。

这样,所有外部连接只能到达堡垒主机,所有内部网的主机也把所有出站包发往堡垒主机。堡垒主机执行着验证和代理的功能。这种配置比单一包过滤路由器或者单一的应用层网关更为安全。

① 这种配置实现了网络层和应用层的过滤,在系统安全策略允许的范畴内又有着相当的灵活性。

② 入侵者必须攻破两个独立的系统才有可能威胁到内部网络的安全。

这种配置较为灵活,可以提供直接的 Internet 访问。一个例子是,内部网络可能有一个如 Web 服务器之类的公共信息服务器,在这个服务器上,高级的安全不是必需的,这样,就可以将路由器配置为允许信息服务器与 Internet 之间的直接通信。

2. 屏蔽主机防火墙(双宿堡垒主机)

在单宿堡垒主机体系中,如果包过滤路由器被攻破,那么通信就可以越过路由器在 Internet 和内部网络的其他主机之间直接进行。屏蔽主机防火墙双堡垒主机结构在物理上防止了这种安全漏洞的产生(见图 10-9(b))。双宿堡垒主机具有至少两个网络接口。外部网络和内部网络都能与堡垒主机通信,但是不能直接通信,它们之间的通信必须经过双宿堡垒主机的过滤和控制。单宿堡垒主机体系所带来的双重安全性的好处在这种配置里依然存在。而且,信息服务器或者其他的主机在安全策略允许的范围内都可以和路由器直接通信。

双宿堡垒主机体系结构比较简单,它连接内部网络和外部网络,相当于内外网络之间的跳板,能够提供高级别的安全控制,可以完全禁止外部网络对内部网络的访问,同时可以允许内部网络用户通过双宿堡垒主机访问外部网络。这种体系的弱点是,一旦堡垒主机被攻破成为一个路由器,则外部网络用户可以直接访问内部网络资源。

3. 屏蔽子网防火墙

如图 10-9(c)所示,屏蔽子网防火墙是我们所探讨的配置里最为安全的一种。在这种配置中,使用了两个包过滤路由器,一个在堡垒主机和 Internet 之间,称为外部屏蔽路由器;另一个在堡垒主机和内部网络之间,称为内部屏蔽路由器。每一个路由器都被配置为只和堡垒主机交换流量。外部路由器使用标准过滤来限制对堡垒主机的外部访问,内部路由器则拒绝不是堡垒主机发起的进入数据包,并只把外出数据包发给堡垒主机。这种配置创造出一个独立的子网,子网可能只包括堡垒主机,也可能还包括一些公众可访问的设备和服务,比如一台或者更多的信息服务器以及为了满足拨号功能而配置的调制解调器。这个独立子网充当了内部网络和外部网络之间的缓冲区,形成一个隔离带,即所谓的非军事区(DeMilitarized Zone,DMZ)。在这里,Internet 和内部网络都有权访问 DMZ 子网里的主机,但是要通过子网的通信则被阻塞。这种配置有如下优点:

(1) 有三层防御来抵御入侵者:外部路由器、堡垒主机和内部路由器。

(2) 外部路由器只能向 Internet 通告 DMZ 子网,Internet 上的系统只能通过外部路由器访问 DMZ 子网;因此,内部网络对于 Internet 而言是不可见的。

(3) 类似地,从内部网络通过内部路由器也只能得知子网的存在;因此,网络内部的系统无法构造直接到 Internet 的路由,必须通过堡垒主机才能访问 Internet。

附录 习 题

第1章 概 述

1.1 什么是OSI安全框架?

OSI安全体系是一个提供了安全定义和特点要求的框架,并提供了满足这些要求的系统的方式方法。该框架定义了安全攻击,安全机制和安全服务。

1.2 被动和主动安全威胁之间有什么不同?

被动攻击的本质是窃听或监视数据传输;主动攻击包含数据流的改写和错误数据流的添加。

1.3 列出并简要定义被动和主动安全攻击的分类。

被动攻击包括信息内容泄露和流量分析。

- 信息内容泄露:信息收集造成传输信息的内容泄露。
- 流量分析:攻击者可以决定通信主机的身份和位置,可以观察传输的消息的频率和长度。这些信息可以用于判断通信的性质。

主动攻击包括假冒、重放、改写消息、拒绝服务。

- 假冒:指某实体假装成别的实体。
- 重放:指将攻击者将获得的信息再次发送,从而导致非授权效应。
- 改写消息:指攻击者修改合法消息的部分或全部,或者延迟消息的传输以获得非授权作用。
- 拒绝服务:指攻击者设法让目标系统停止提供服务或资源访问,从而阻止授权实体对系统的正常使用或管理。

1.4 列出并简要定义安全服务的分类。

鉴别服务:保证通信的实体是它所声称的实体。

访问控制:阻止对资源的非授权使用。

数据保密性:保护数据免于非授权泄露。

数据完整性:保证收到的数据确是授权实体所发出的数据。

不可否认性:防止整个或部分通信过程中,任一通信实体进行否认的行为。

1.5 列出并简要定义安全机制的分类。

特定安全机制	普遍的安全机制
可以并人适当的协议层以提供一些OSI安全服务	不局限于任何OSI安全服务或协议层的机制
加密	**可信功能**
运用数学算法将数据转换成不可知的形式。数据的变换和复原依赖于算法和零个或多个加密密钥	据某些标准被认为是正确的(例如,根据安全策略所建立的标准)

续表

数字签名	安全标签
附加于数据元之后的数据,是对数据元的密码变换,以使得(如接收方)可证明数据源和完整性,并防止伪造	资源(可能是数据元)的标志,指明该资源的安全属性
访问控制	**事件检侧**
对资源行使存取控制的各种机制	检测与安全相关的事件
数据完整性	**安全审计跟踪**
用于保证数据元或数据单元流的完整性的各种机制	收集可用于安全审计的数据,它是对系统记录和行为的独立回顾和检查
认证交换	**安全恢复**
通过信息交换来保证实体身份的各种机制	处理来自安全机制的请求,如事件处理、管理功能和采取恢复行为
流量填充	
在数据流空隙中插入若干位以阻止流量分析	
路由控制	
能够为某些数据选择特殊的物理上安全的路线并允许路由变化(尤其是在怀疑有侵犯安全的行为时)	
公证	
利用可信的第三方来保证数据交换的某些性质	

第 2 章 对称密码学

2.1 对称密码的基本因素是什么?

对称密码的基本因素包括明文、加密算法、秘密密钥、密文、解密算法。

2.2 两个人通过对称密码通信需要多少个密钥?

对称密码通信需要一个密钥,非对称密码通信需要两个密钥。

2.3 攻击密码的两种一般方法是什么?

密码分析与穷举攻击。

2.4 简要定义 Caesar 密码。

Caeser 密码简单地说就是对字母表中的每个字母使用它之后的第 3 个字母来代换。

2.5 什么是置换密码?

置换密码就是保持明文的字母不变,但是顺序被重新排列。

2.6 单表置换。

① 使加法密码算法称为对合运算的密钥 k 称为对合密钥,以英文为例求出其对合密钥,并以明文 M=WEWILLMEETATMORNING 为例进行加解密,说明其对合性。

② 一般而言,对于加法密码,设明文字母表和密文字母表含有 n 个字母,n 不小于 1 的正整数,求出其对合密钥 k。

答 ① 加法密码的明密文字母表的映射公式:

A 为明文字母表，即英文字母表；B 为密文字母表。

$$j=i+k \bmod 26$$

其中，显然当 $k=13$ 时，$j=i+13 \bmod 26$，于是有 $i=j+13 \bmod 26$。此时加法密码是对合的。称此密钥 $k=13$ 为对合密钥。

举例：因为 $k=13$，所以明文字母表 A 和密文字母表 B 为：

a	b	c	d	e	f	g	h	i	j	k	l	m	n	o	p	q	r	s	t	u	v	w	x	y	z
n	o	p	q	r	s	t	u	v	w	x	y	z	a	b	c	d	e	f	g	h	i	j	k	l	m

第一次加密：

M=W E W I L L M E E T A T M O R N I N G

C=J R J V Y Y Z R R G O G Z B E A V A T

第二次加密：

C=W E W I L L M E E T A T M O R N I N G，还原出明文，这说明当 $k=13$ 时，加法密码是对合的。称此密钥为对合密钥。

② 设 n 为模，若 n 为偶数，则 $k=n/2$ 为对合密钥。若 n 为奇数，$n/2$ 不是整数，故不存在对合密钥。

2.7 用 Vigenere 密码加密单词 explanation，密钥为 leg。

答 密钥为 legleglegle，明文为 explanation，密文为 PBVWETLXOZR。

2.8 假定有一段信息要用 Caesar 密码进行加密，密钥 $K=2$，明文 $M=$NUIST，请计算加密后的密文。

答 PWKUV

2.9 分组密码和流密码的区别是什么？

在流密码中，加密和解密每次只处理数据流的一个符号(如一个字符或一个比特)。在分组密码中，将大小为 $m(m>1)$ 的一组明文符号作为整体进行加密，创建出相同大小的一组密文。典型的明文分组大小是 64 位或者 128 位。

2.10 什么是分组密码？

答 分组密码的加密原理是将明文按照某一规定的 $n$bit 长度分组(最后一组长度不够时要用规定的值填充，使其成为完整的一组)，然后使用相同的密钥对每一分组分别进行加密。

2.11 DES 是什么？

答 DES 是数据加密标准的简称，它是一种是用最为广泛的加密体制。采用了 64 位的分组长度和 56 位的密钥长度。它将 64 位的输入经过一系列变换得到 64 位的输出。解密则使用了相同的步骤和相同的密钥。

2.12 DES 算法第 16 轮之后的 32 比特互换使得 DES 的解密过程与加密过程一样，只是密钥的使用不同。然而，为什么需要这 32 比特的互换，请练习下面的例子：

$A \| B$=将串 A 和串 B 连接起来

$T_i(R \| L)$=加密过程第 i 轮迭代所定义的变换(i 不为 1 和 16)

$TD_i(R \| L)$=解密过程第 i 轮迭代所定义的变换(i 不为 1 和 16)

$T_{17}(R \| L)= R \| L$，加密过程第 16 轮迭代之后的变换

(1) 证明下式：

$$\mathrm{TD_1}(\mathrm{IP}(\mathrm{IP}^{-1}(T_{17}(T_{16}(R_{15} \| L_{15})))))= R_{15} \| L_{15}$$

(2) 假设去掉了加密算法最后的32比特的交换，请判断下式是否成立：

$$\mathrm{TD_1}(\mathrm{IP}(\mathrm{IP}^{-1}(T_{16}(R_{15} \| L_{15}))))= R_{15} \| L_{15}$$

解 (1) 先从里向外计算。过程如下：

$T_{16}(L_{15} \| R_{15})=L_{16} \| R_{16}$

$T_{17}(L_{16} \| R_{16})=R_{16} \| L_{16}$

$\mathrm{IP}[\mathrm{IP}^{-1}(R_{16} \| L_{16})]=R_{16} \| L_{16}$

$\mathrm{TD_1}(R_{16} \| L_{16})=R_{15} \| L_{15}$

(2) $T_{16}(L_{15} \| R_{15})=L_{16} \| R_{16}$

$\mathrm{IP}[\mathrm{IP}^{-1}(L_{16} \| R_{16})]=L_{16} \| R_{16}$

$\mathrm{TD_1}(R_{16} \| L_{16})=R_{16} \| L_{16} \quad f(R_{16},K_{16})$

$\neq L_{15} \| R_{15}$

2.13 简述对称密码的优缺点。

答 优点：效率高，算法简单，系统开销小；适合加密大量数据；明文长度与密文长度相等。

缺点：需要以安全方式进行密钥交换；密钥管理复杂。

2.14

(1) 根据图A.1解释一下S盒的作用和工作原理。

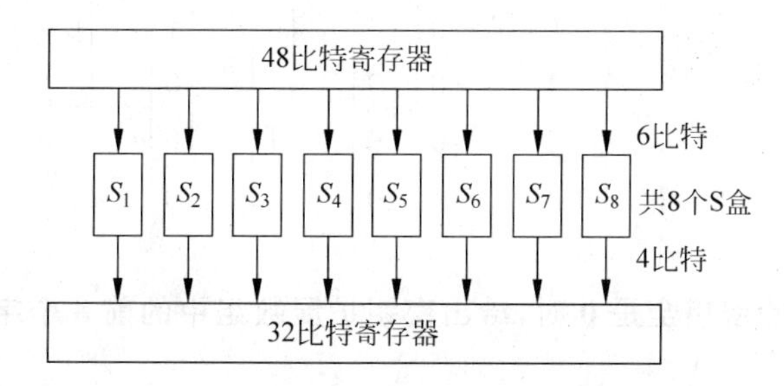

图A.1 原理图

(2) 在S盒1中，若输入位011001，输出为多少？

解 (1) S盒是DES算法的核心，它是算法中唯一的非线性部分，是算法安全的关键；有8个S盒，每个S盒输入6位，输出4位，即输入48位，输出32位；输入的6位中的第一位和第六位表示行数，中间4位表示列数，找到S盒中对应的数值。

(2) 因为输入是011001，所以行是1(01)

列：12(1100)

根据图A.2可知，第一行第十二列的数是9

所以输出为：1001

14	4	13	1	2	15	11	8	3	10	6	12	5	9	0	7
0	15	7	4	14	2	13	1	10	6	12	11	9	5	3	8
4	1	14	8	13	6	2	11	15	12	9	7	3	10	5	0
15	12	8	2	4	9	1	7	5	11	3	14	10	0	6	13

图A.2 S盒1

2.15 Rijndael 和 AES 有何不同？

答 Rijndael 允许的块长度为 128、192 和 256 位，而 AES 只允许 128 位。

2.16 行移位变换影响了 State 中的多少字节？

答 12B。

2.17 对 DES 和 AES 进行比较，说明两者的特点和优缺点。

答 DES：分组密码，Feist 结构，明文密文 64 位，有效密钥 56 位；有弱密钥，有互补对称性；适合硬件实现，软件实现麻烦；安全；算法是对合的。

AES：分组密码，SP 结构，明文密文 128 位，密钥长度可变≥128 位；无弱密钥，无互补对称性；适合软件和硬件实现；安全；算法不是对合的。

2.18

(1) 在 $GF(2^8)$ 上{01}的逆是什么？

(2) 验证{01}在 S 盒中的输入。

解 (1) {01}。

(2)

$$\begin{bmatrix}1&0&0&0&1&1&1&1\\1&1&0&0&0&1&1&1\\1&1&1&0&0&0&1&1\\1&1&1&1&0&0&0&1\\1&1&1&1&1&0&0&0\\0&1&1&1&1&1&0&0\\0&0&1&1&1&1&1&0\\0&0&0&1&1&1&1&1\end{bmatrix}\begin{bmatrix}1\\0\\0\\0\\0\\0\\0\\0\end{bmatrix}\oplus\begin{bmatrix}1\\1\\0\\0\\0\\1\\1\\0\end{bmatrix}=\begin{bmatrix}1\\1\\1\\1\\1\\0\\0\\0\end{bmatrix}\oplus\begin{bmatrix}1\\1\\0\\0\\0\\1\\1\\0\end{bmatrix}=\begin{bmatrix}0\\0\\1\\1\\1\\1\\1\\0\end{bmatrix}$$

结果位：{7C}

2.19 当 128 位的密钥全是 0 时，给出密钥扩展数组中的前 8 个字节。

解

w(0)={00 00 00 00}；w(1)={00 00 00 00}；w(2)={00 00 00 00}；w(3)={00 00 00 00}；
w(4)={62 63 63 63}；w(5)={62 63 63 63}；w(6)={62 63 63 63}；w(7)={62 63 63 63}。

2.20 使用密钥 1010 0111 0011 1011 来加密表示为 ASCII 码的明文 ok，即 0110 1111 0110 1011。由 S-AES 可得出密文 0000 0111 0011 1000 吗？

答 密钥扩展：

W0=1010 0111 W1=0011 1011 W2=0001 1100 W3=0010 0111

W4=0111 0110 W5=0101 0001

第 0 轮：

轮密钥加后：1100 1000 0101 0000

第 1 轮：

字节代换：1100 0110 0001 1001

行移位：1100 1001 0001 0110

列混淆：1110 1100 1010 0010

轮密钥加：1110 1100 1010 0010

第 2 轮

字节代换：1111 0000 1000 0101

行移位：0111 0001 0110 1001

轮密钥加：0000 0111 0011 1000

2.21 链路层加密和端到端加密的区别是什么？

答 对于链路层加密，每条易受攻击的通信链路都在其两端装备加密设备。所以通信链路的所以通信都受到保护，提供了较高的安全性。

对于端到端加密，加密过程在两个端系统上实现。源主机和终端加密数据，该数据以加密过的形式，通过网络不可变更地传输到目的地终端或者主机。

2.22 会话密钥和主密钥的区别是什么？

答 主密钥是被客户机和服务器用于产生会话密钥的一个密钥。这个主密钥被用于产生客户端读密钥，客户端写密钥，服务器读密钥，服务器写密钥。主密钥能够被作为一个简单密钥块输出。

会话密钥是指当两个端系统希望通信，他们建立一条逻辑连接。在逻辑连接持续过程中，所以用户数据都使用一个一次性的会话密钥加密。在会话和连接结束时，会话密钥被销毁。

第 3 章 公钥密码学

3.1 公钥加密系统的基本组成元素是什么？

答 明文，加密算法，公钥和私钥，密文，解密算法。

3.2 私钥和密钥之间有什么区别？

答 传统加密算法中使用的密钥被特别地称为密钥，用于公钥加密的两个密钥被称为公钥和私钥。私钥总是保密的，但仍然被称作私钥而不是密钥，这是为了避免与传统加密混淆。

3.3 公钥和私钥的作用是什么？

答 用户的私钥只有用户自己知道，其他人都不知道；而用户的公钥则是向外公开的，其他的人都可以使用。使用私钥加密的消息，用户之外的人都可以使用公钥进行解密，而使用公钥加密的消息，只有用户自己使用私钥才能解密。

3.4 什么是单向函数？

答 单向函数是满足下列性质的函数：每个函数值都存在唯一的逆；对定义域中的任意 x，计算函数值 $f(x)$是非常容易的；但对 f 的值域中的所有 y，计算 $f^{-1}(y)$在计算上也是不可行的，即求逆是不可行的。

3.5 使用 RSA 算法对下列数据实现加密和解密：

(1) $p=3$；$q=11$；$e=7$；$M=5$

(2) $p=5$；$q=11$；$e=3$；$M=9$

(3) $p=7$；$q=11$；$e=17$；$M=8$

(4) $p=11$；$q=13$；$e=11$；$M=7$

解 (1) $n=33$；$(n)=20$；$d=3$；$C=26$。

(2) $n=55$；$(n)=40$；$d=27$；$C=14$。

(3) $n=77$；$(n)=60$；$d=53$；$C=57$。

(4) $n=143$；$(n)=120$；$d=11$；$C=106$。

3.6 在使用 RSA 的公钥体制中，已截获发给某用户的密文 $C=10$，该用户的公钥 $e=5$，$n=35$，那么明文 M 等于多少？

解 $M=5$。

3.7 公钥密码学有关密钥分配的两种不同用途是什么？

答 公钥的分配和用于传统密码体制的密钥分配。

3.8 列举四种公钥分配方法？

答 公开发布、公开可访问目录、公钥授权和公钥证书。

3.9 使用公钥证书方案应满足哪些要求？

答 (1) 任何通信方都可以读取证书并确定证书拥有者的姓名和公钥。

(2) 任何通信方都可以验证证书出自证书管理员，而不是伪造的。

(3) 只有证书管理员才能产生并更新证书。

(4) 任何通信方都可以验证证书的当前性。

3.10 简要说明 Diffie-Hellman 密钥交换。

答 在这种方法中，有两个全局公开的参数，一个素数 q 和一个整数 α，并且 α 是 q 的一个原根。假定用户 A 和 B 希望协商一个共享的密钥以用于后续通信，那么用户 A 选择一个随机整数 $X_A<q$ 作为其私钥，并计算公钥 $Y_A=\alpha^{X_A} \bmod q$。类似地，用户 B 也独立地选择一个随机整数 $X_B<q$ 作为私钥，并计算公钥 $Y_B=\alpha^{X_B} \bmod q$。A 和 B 分别保持 X_A 和 X_B 是其私有的，但 Y_A 和 Y_B 是公开可访问的。用户 A 计算 $K=(Y_B)^{X_A} \bmod q$ 并将其作为密钥，用户 B 计算 $K=(Y_A)^{X_B} \bmod q$ 并将其作为密钥。

3.11 用户 A 和 B 使用 Diffie-Hellman 密钥交换技术来交换密钥，设公用素数 $q=71$，本原根 $\alpha=7$。

(1) 若用户 A 的私钥 $X_A=5$，则 A 的公钥 Y_A 为多少？

(2) 若用户 B 的私钥 $X_B=12$，则 B 的公钥 Y_B 为多少？

(3) 共享的密钥为多少？

解 (1) $Y_A=7^5 \bmod 71=51$。

(2) $Y_B=7^{12} \bmod 71=4$。

(3) $K=4^5 \bmod 71=30$。

3.12 设 Diffie-Hellman 方法中，公用素数 $q=11$，本原根 $\alpha=2$：

(1) 证明 2 是 11 的本原根。

(2) 若用户 A 的公钥 $Y_A=9$，则 A 的私钥 X_A 为多少？

(3) 若用户 B 的公钥 $Y_B=3$，则共享的密钥 K 为多少？

解 (1) 由 $\phi(11)=10$。

$2^{10}=1024=1 \bmod 11$

可以检验 2^n 当 $n<10$ 时，不会找到 1 mod 11 的值，证毕。

(2) 6，因为 $2^6 \bmod 11=9$。

(3) $K=3^6 \bmod 11=3$。

第4章 消息鉴别

4.1 消息认证是对付哪些类型的攻击?

答 攻击类型有伪造、内容篡改、序号篡改修改和时间篡改。

4.2 消息认证有哪两层功能?

答 底层是一个鉴别函数,其功能是产生一个鉴别符,鉴别符是一个用来鉴别消息的值,即鉴别的依据。在此基础上,上层的鉴别协议调用该鉴别函数,实现对消息真实性和完整性的验证。鉴别函数是决定鉴别系统特性的主要因素。

4.3 列举鉴别函数的3种方法。

答 基于消息加密,基于消息鉴别码(MAC),基于散列函数。

4.4 什么是MAC?

消息鉴别码(MAC),又称密码校验和,也是一种鉴别技术。MAC实现鉴别的原理是:用公开函数和密钥生成一个固定大小的小数据块,即MAC,并将其附加在消息之后传输。接收方利用与发送方共享的密钥进行鉴别。

4.5 对于消息认证,散列函数必须具有什么性质才可以用?

答 必须具备单向性、强对抗碰撞性和弱对抗碰撞性。

4.6 在下述站点认证协议中函数 f 起什么作用?去掉 f 行不行?为什么?

设A,B是两个站点,A是发方,B是收方。它们共享会话密钥 K_s,f 是公开的简单函数。A认证B是否是他的意定通信站点的协议如下:

(1) A产生一个随机数RN,并用 K_s 对其进行加密:$C=E(RN,K_s)$,并发C给B。同时A对RN进行 f 变换,得到 $f(RN)$。

(2) B收到C后,解密得到 $RN=D(C,K_s)$。B也对RN进行 f 变换,得到 $f(RN)$,并将其加密成 $C'=E(f(RN),K_s)$,然后发 C' 给A。

A对收到的 C' 解密得到 $f(RN)$,并将其与自己在第①步得到的 $f(RN)$ 比较。若两者相等,则A认为B是自己的意定通信站点。否则A认为B不是自己的意定通信站点。

答 去掉 f 是不行的。如果去掉 f,则在第②步的操作不需要密钥,于是非授权者截获 $RN=D(C,K_s)$ 后,发给A,A不能察觉C。于是C假冒成果。不去掉 f 时,在第②步的操作需要密钥,于是非授权者没有密钥,不能冒充。

4.7 简要说明SHA-512所使用的算法逻辑过程。

答 (1) 附加填充位;

(2) 附加长度;

(3) 初始化散列缓冲区;

(4) 以1024比特的分组为单位处理信息;

(5) 输出。

4.8 给出SHA-512中 $W_{16}, W_{17}, W_{18}, W_{19}$ 的值。

答 $W_{16}=W_0 \oplus \sigma_0(W_1) \oplus W_9 \oplus \sigma_1(W_{14})$

$$W_{17}=W_1\oplus\sigma_0(W_2)\oplus W_{10}\oplus\sigma_1(W_{15})$$
$$W_{18}=W_2\oplus\sigma_0(W_3)\oplus W_{11}\oplus\sigma_1(W_{16})$$
$$W_{19}=W_3\oplus\sigma_0(W_4)\oplus W_{12}\oplus\sigma_1(W_{17})$$

第5章 数字签名

5.1 什么是数字签名?

答 A想给B发送消息,B收到密文时,它能够用A的公钥进行解密,从而证明这条消息确实是A加密的,因为没有其他人拥有A的私钥,所以其任何人都不能创建用A的公钥能够解密的密文。因此,整个加密的消息就成为一个数字签名。

5.2 数字签名必须包含的特征是什么?

答

(1) 可验证性。信息接收方必须够验证发送方的签名是否真实有效。

(2) 不可伪造性。除了签名人之外,任何人不能伪造签名人的合法签名。

(3) 不可否认性。发送方在发送签名的消息后,无法抵赖发送的行为;接收方在收到消息后,也无法否认接收的行为。

(4) 数据完整性。数字签名使得发送方能够对消息的完整性进行校验。因此,数字签名具有消息鉴别的功能。

5.3 数字签名根据方法可分为哪两类?

答 直接数字签名和仲裁数字签名。

5.4 什么是公钥证书?

答 公钥证书由公钥加上所有者的用户ID以及可信的第三方签名的整个数据块组成。

5.5 公钥加密如何用来分发密钥?

答

(1) 准备消息。

(2) 利用一次性传统会话密钥,使用传统加密方法加密消息。

(3) 利用对方的公钥,使用公钥加密的方法加密会话密钥。

(4) 把加密的会话密钥附在消息上,并且把它发送给对方。

第6章 身份认证

6.1 设计KERBEROS是为了解决什么问题?

答 假设在一个开放的分布式环境中,工作站的用户希望得到分布在网络各处的服务器的服务。希望服务器能够将访问权限限制在授权用户范围内,并且能够认证服务请求。

6.2 在网络或Internet上,与用户认证有关的三个威胁是什么?

答

(1) 一个用户可能进入一个特定的工作站,并冒充使用那个工作站的其他用户。

(2) 一个用户可能改变一个工作站的网络地址,使得从此工作站发出的请求好像是从被伪装的工作站发出的。

(3) 一个用户可能窃听信息交换,并使用重放攻击来获取连接服务器,或者是破坏正常操作。

6.3 列出在分布式环境下进行安全用户认证的三种方式。

答

(1) 依靠每个用户工作站来确认用户或用户组,并依靠每个服务器通过给予每个用户身份的方法来强制实施安全方案。

(2) 要求服务器对用户系统进行认证,在用户身份方面信任用户系统。

(3) 需要用户对每个调用的服务证明自己的身份,也需要服务器向用户证明他们的身份。

6.4 对 Kerberos 提出的四点要求是什么?

答 安全、可靠、透明、可伸缩。

6.5 一个提供全套 Kerberos 服务的环境由哪些实体组成?

答 一台 Kerberos 服务器和若干客户端以及若干应用服务器。

6.6 在 Kerberos 环境下,域指什么?

答 一个提供全套服务的 Kerberos 环境被称为 Kerberos 域。

6.7 Kerberos 版本 4 和版本 5 的主要区别由哪些?

答 版本 5 要解决版本 4 在两方面的局限:环境方面的不足和技术山的缺陷。

6.8 X.509 标准的目的是什么?

答

(1) X.509 定义了一个使用 X.500 目录向其用户提供认证服务的框架。

(2) X.509 是一个重要的标准,因为 X.509 中定义的证书结构和认证协议在很大环境下都会使用。

(3) X.509 最初发布于 1988 年。

(4) X.509 基于公钥加密体制和数字签名的使用。

6.9 怎样撤销 X.509 证书?

答 每一个存放在目录中的证书撤销列表都由证书发放者签名,并且包括:发放者的名称,列表创建日期,下一个 CRL 计划发放日期和每一个被撤销证书的入口。当用户从消息中得到证书时,必须要确定证书是否被撤销。用户可以在每次收到证书时检查目录。为了避免由目录搜索带来的延迟,用户可以维护一个记录证书和被撤销证书列表的本地缓存。

第7章 IP 安 全

7.1 IPSec 提供哪些服务?

答 访问控制、无连接完整性、数据源认证、拒绝重返包、保密性、有限的通信量机密性。

7.2 哪些参数表示了 SA,哪些参数表现了一个特定 SA 的本质?

答 序列号计数器,序列计数器溢出,防重放窗口,AH 信息,ESP 信息,此安全关联的生存期，IPSec协议模式，最大传输单元路径，安全关联选择器。

7.3　传输模式与隧道模式有何区别？

答　传输模式是对IP载荷和IP包头的选中部分，IPv6的扩展报头进行认证；隧道模式是对整个内部IP包和外部IP报头的选中部分，外部IPv6的扩展报头进行认证。

7.4　什么是重放攻击？

答　重放攻击是指攻击者在得到一个经过认证的包后，在后来将其传送到目的站点的行为。

7.5　为什么ESP包括一个填充域？

答　ESP格式需要填充长度和邻接头域为右对齐的32为字，以及密文长度需要32位的整数倍，不足位用填充域来确保。

7.6　捆绑SA的基本方法是什么？

答

(1) 传输临界：这种方法指在没有激活隧道的情况下，对一个IP包使用多个安全协议。

(2) 隧道迭代：指通过IP隧道应用多层安全协议。

第8章　电子邮件安全

8.1　PGP提供的5种主要服务是什么？

答　数字签名、消息加密、压缩、电子邮件兼容性和分段

8.2　分离签名的用途是什么？

答　分离签名可以与其签名的消息分开存储和传送，这在许多情况下都有用。

8.3　PGP为什么在压缩前生成签名？

答　一是对未压缩的消息进行签名可以保存未压缩的消息和签名供未来验证时使用；二是即使有人想动态地对消息重新压缩后进行验证，用PGP现有的压缩算法仍然会比较困难。

8.4　什么是base 64转换？

答　一组三个8比特二进制数据映射为4个ASCII码字符。

8.5　电子邮件应用为什么使用base 64转换？

答　电子邮件工具通常限制消息的最大长度。未来适应这个限制，PGP自动将长消息分段，使之可以通过电子邮件发送。分段在所以其他操作(包括base 64转换)治好进行。因此，会话密钥和签名部分仅在第一个分段的开始出现。

8.6　RFC 822是什么？

答　RFC 822定义了一种电子邮件传输的文本消息格式，这是一种被广泛使用的基于Internet传递的文本邮件标准。

8.7　MIME是什么？

答　是指多用途网际邮件扩展是对RFC 822框架的扩展，用于解决关于电子邮件的SMTP，简单邮件传输或其他邮件传输协议和RFC 822存在的一些问题和局限性。MIME增强了电子邮件报文的能力，允许传输二进制数据。MIME编码技术用于将数据从8位的

编码格式转换成7位的ASCII码格式。

8.8　S/MIME是什么？

答　S/MIME是基于RSA数据安全性，对Internet电子邮件格式标准MIME的安全性增强。虽然PGP和S/MIME都基于IETF标准，但S/MIME侧重于适合商业和团体使用的工业标准.

8.9　S/MIME有哪些功能？

答　S/MIME提供的功能包括封装数据、签名数据、透明签名数据、签名并封装数据。

第9章　Web安全性

9.1　SSL由哪些协议组成？

答　SSL记录协议，SSL握手协议，SSL密码变更规格协议，SSL报警协议。

9.2　SSL连接和SSL会话之间的区别是什么？

答　连接是一种能够提供合适服务类型的传输。SSL会话是客户与服务器之间的一种关联。

9.3　列出定义SSL会话状态的参数，并简要给出各参数的定义。

答　会话标识：服务器用于标识活动的或恢复的会话状态所选的一个随机字节序列。

同位体证书：同位体的X.509 v3证书，此状态元素可以为空。

压缩方法：在加密前使用的压缩数据的算法。

密码规范：描述主要数据加密算法（如NULL、AES等）和计算MAC的散列算法（如MD5或SHA-1），同时也定义如散列大小等加密属性。

主密码：客户和服务器间48字节的共享密码。

可恢复性：表明会话是否可被用于初始化新连接的标志。

9.4　列出定义SSL会话连接的参数，并简要给出各参数的定义。

答　服务器和客户端随机数：服务器和客户端为每个连接选择字节序列。

服务器写MAC密码：服务器发送数据时在MAC操作中使用的密码。

客户端写MAC密码：客户端发送数据时在MAC操作中使用的密码。

服务器写密钥：服务器加密和客户端解密数据时使用的传统加密密钥。

客户端写密钥：客户端加密和服务器解密数据时使用的传统加密密钥。

初始化向量：使用CBC时，需要为每个密钥维护一个初始化向量**IV**。该域首先被SSL握手协议初始化，其后，每个记录的最后一个密码块被保存，以作为后续记录的**IV**。

序列号：会话的各方为每个连接传送和接收消息维护一个单独的序列号。当接收或发送一个修改密码规范协议报文时，序列号被设为0。序列号不能超过$2^{64}-1$。

9.5　SSL记录协议提供了哪些服务？

答　SSL记录协议提供了两种服务：

保密性：握手协议定义了加密SSL载荷的传统加密共享密钥。

消息完整性：握手协议也定义了生成消息认证代码（MAC）的共享密钥。

9.6 SSL记录协议执行过程中涉及到哪些步骤？

答 先将数据分段成可操作的块，然后选择压缩或不压缩数据，再生成MAC，加密，添加头并将最后的结构作为一个TCP分组送出。

9.7 列出SET的主要参与者，并简要给出他们的定义。

答 持卡人：在电子环境中，消费者和公司购买者使用个人电脑与商家通过Internet进行交互。

商家：商家是拥有持卡人所需商品或服务的个人或组织。

发卡机构：发卡机构是能够为持卡者提供支付卡的金融机构。

清算银行：为商家建立账号的金融机构，处理支付卡认证和支付。

支付网关：由清算银行或指定的第三方提供的功能，处理商家支付信息。

认证机构：被信任的、为持卡人、商家和支付网关发行X.509 v3公钥证书的实体。

9.8 双向签名目的是什么？过程如何？

答 双向签名的目的在于将两个接收者不同的消息连接起来。过程如下：

客户想给商家发送订购信息(OI)，给银行发送支付信息(PI)。

(1) 商家接收OI并验证签名。

(2) 银行接收PI并验证签名。

(3) 客户链接OI和PI，可以证明此连接。

第10章 系统安全

10.1 计算机病毒的概念及特征是什么？

答 计算机病毒是一种人为编制的、能够对计算机正常程序的执行或数据文件造成破坏，并且能够自我复制的一组指令程序代码。

计算机病毒具有以下特征：传染性、隐蔽性、潜伏性、多态性、破坏性。

10.2 什么是蠕虫病毒？具有哪些技术特性？

答 蠕虫病毒是一种结合黑客技术和计算机病毒技术，利用系统漏洞和应用软件的漏洞进行传播，通过复制自身将恶意病毒传播出去的程序代码。

蠕虫病毒具有如下的技术特性：跨平台、多种攻击手段、极快的传播速度、多态性、可变形性、传输载体、零时间探测利用。

10.3 病毒或蠕虫的生命周期中有哪些典型阶段？

答 潜伏阶段、传染阶段、触发阶段和发作阶段。

10.4 病毒防治有哪些技术？

答 病毒的防治技术分为“防”和“治”两部分。“防”毒技术包括预防技术和免疫技术；“治”毒技术包括检查技术和消除技术。

10.5 列出并简要定义三类入侵者。

答 (1) 假冒者：指未经授权使用计算机的人和穿透系统的存取控制，冒用合法用户账号的用户。

(2) 非法者：指未经授权访问数据、程序和资源的合法用户；或者已经获得授权访问，但是错误使用权限的合法用户。

(3) 秘密用户：夺取系统超级控制，并使用这种控制权逃避审计和访问控制，或者抑制审计记录的个人。

10.6 用于保护口令文件的两种通用技术是什么？

答 单向加密：系统只保存用户口令的密文。当用户提出验证口令请求时，系统加密此口令，并与保存的密文对比，判断真假。

访问控制：对口令文件的访问仅限于少数几个账号。

10.7 什么是入侵检测？典型过程如何？

答 入侵检测是指在计算机网络或计算机系统中的若干关键点收集信息并对收集到的信息进行分析，从而判断网络或系统中是否有违反安全策略的行为和被攻击的迹象。它是对入侵行为的发觉。

入侵检测的典型过程是：信息收集、信息(数据)预处理、数据的检测分析、根据安全策略做出响应。有的还包括检测效果的评估。

10.8 什么是入侵检测系统？IDS 包含哪些实体？

答 入侵检测系统(IDS)是完成入侵检测功能的软件、硬件的组合。入侵检测系统是对敌对攻击在适当的时间内进行检测并做出响应的一种工具。

IDS 包括下列几个实体：事件生成器、事件分析器、事件数据库、响应单元、目录服务器。

10.9 统计异常检测和基于规则的入侵检测之间有哪些区别？

答 统计异常检测是收集一段时间内合法用户的行为，然后用统计测试来观测其行为，判定该行为是否是合法行为。基于规则的检测是定义一个规则集，用于判定给定行为是否为入侵者的行为。简单地讲，统计方法试图定义正常的、期望的行为，而基于规则的方法定义正确的行为。

10.10 什么是防火墙？它有哪些功能和局限性？

答 防火墙指的是一个由软件和硬件组合而成的计算机或者网络系统，它一般部署在在内部网和外部网之间，用来阻止未授权或者非法通信的传输。

防火墙有如下功能：

(1) 防火墙定义了单一阻塞点，它使得未授权的用户无法进入网络，禁止了潜在的易受攻击的服务进入或是离开网络，同时防止了种种形式的 IP 欺骗和路由攻击。

(2) 防火墙提供了一个监控安全事件的地点。

(3) 防火墙还是一个便利的平台，这个平台提供了一些与网络安全无关的功能。

(4) 防火墙可以作为 IPSec 的平台。利用隧道模式方法，防火墙可以用来实现虚拟专用网络。

防火墙有如下局限性：

(1) 防火墙不能防御绕过了它的攻击。

(2) 防火墙不能消除来自内部的威胁。

(3) 防火墙不能防止病毒感染过的程序和文件进出网络。

10.11 列出并简要定义防火墙的分类。

答 包过滤防火墙：包过滤技术是最早的防火墙技术。这种防火墙的原理是依据 IP 数据报的各种包头信息，并将这些信息与防火墙内建规则进行比较，然后根据过滤规则阻止或允许数据包通过防火墙。

状态检测防火墙：状态检测防火墙也叫自适应防火墙，或者动态包过滤防火墙。状态检测技术的原理是利用建立的外向 TCP 连接状态表，来跟踪每一个网络通信会话的状态，加强了处理 TCP 通信的规则。

应用级网关：应用级网关也叫做代理服务器，它在应用级的通信中扮演着一个消息传递者的角色工作在 OSI 的最高层，即应用层。其特点是完全阻隔了网络通信流，通过对每种应用服务编制专门的代理程序，实现监视和控制应用层通信流的作用。

相关课程教材推荐

ISBN	书 名	定价(元)
9787302177852	计算机操作系统	29.00
9787302178934	计算机操作系统实验指导	29.00
9787302177081	计算机硬件技术基础(第二版)	27.00
9787302176398	计算机硬件技术基础(第二版)实验与实践指导	19.00
9787302177784	计算机网络安全技术	29.00
9787302109013	计算机网络管理技术	28.00
9787302174622	嵌入式系统设计与应用	24.00
9787302176404	单片机实践应用与技术	29.00
9787302172574	XML 实用技术教程	25.00
9787302147640	汇编语言程序设计教程(第 2 版)	28.00
9787302131755	Java 2 实用教程(第三版)	39.00
9787302142317	数据库技术与应用实践教程——SQL Server	25.00
9787302143673	数据库技术与应用——SQL Server	35.00
9787302179498	计算机英语实用教程(第二版)	23.00
9787302180128	多媒体技术与应用教程	29.50
9787302185819	Visual Basic 程序设计综合教程(第二版)	29.50

以上教材样书可以免费赠送给授课教师,如果需要,请发电子邮件与我们联系。

教学资源支持

敬爱的教师:

感谢您一直以来对清华版计算机教材的支持和爱护。为了配合本课程的教学需要,本教材配有配套的电子教案(素材),有需求的教师可以与我们联系,我们将向使用本教材进行教学的教师免费赠送电子教案(素材),希望有助于教学活动的开展。

相关信息请拨打电话 010-62776969 或发送电子邮件至 weijj@tup.tsinghua.edu.cn 咨询,也可以到清华大学出版社主页(http://www.tup.com.cn 或 http://www.tup.tsinghua.edu.cn)上查询和下载。

如果您在使用本教材的过程中遇到了什么问题,或者有相关教材出版计划,也请您发邮件或来信告诉我们,以便我们更好为您服务。

地址:北京市海淀区双清路学研大厦 A 座 708　　计算机与信息分社魏江江　收

邮编:100084　　电子邮件:weijj@tup.tsinghua.edu.cn

电话:010-62770175-4604　　邮购电话:010-62786544

参考文献

[1] 胡道元，闵京华，邹忠岿．网络安全（第2版）．北京：清华大学出版社，2008

[2] 冯登国．信息安全体系结构．北京：清华大学出版社，2008

[3] 肖国镇．密码学导引：原理与应用．北京：清华大学出版社，2007

[4] 刘建伟．网络安全实验教程．北京：清华大学出版社，2007

[5] 杨波．现代密码学（第2版）．北京：清华大学出版社，2008

[6] 刘建伟．网络安全——技术与实践．北京：清华大学出版社，2007

[7] 卿斯汉．安全协议．北京：清华大学出版社，2005

[8] 卿斯汉．操作系统安全．北京：清华大学出版社，2004

[9] 程胜利．计算机病毒及其防治技术．北京：清华大学出版社，2008

[10] 唐正军．入侵检测技术．北京：清华大学出版社，2009

[11] [美]斯托林斯．密码编码学与网络安全——原理与实践（第四版）．北京：电子工业出版社，2006